汽车双横臂独立悬架的设计计算

周冬生　孙九龙　曲兴涛　彭莫　著

北京航空航天大学出版社

内 容 简 介

本书的核心内容是汽车双横臂独立悬架的设计计算，同时简述了汽车悬架的一般知识和基础理论，介绍了相关弹性元件、稳定装置和阻尼元件的设计计算；为了学以致用，还特别列举了两型双横臂独立悬架的设计计算实例。

本书适用于汽车工程技术人员进行汽车悬架设计计算，也可供相关专业师生和技术人员参考。

图书在版编目(CIP)数据

汽车双横臂独立悬架的设计计算 / 周冬生等著. -- 北京：北京航空航天大学出版社，2023.4

ISBN 978-7-5124-4014-2

Ⅰ. ①汽… Ⅱ. ①周… Ⅲ. ①汽车—车悬架—设计计算 Ⅳ. ①U463.33

中国国家版本馆 CIP 数据核字(2023)第 013282 号

汽车双横臂独立悬架的设计计算

周冬生　孙九龙　曲兴涛　彭 莫　著

策划编辑　龚 雪　　责任编辑　张冀青

*

北京航空航天大学出版社出版发行

北京市海淀区学院路 37 号(邮编 100191)　http://www.buaapress.com.cn

发行部电话:(010)82317024　传真:(010)82328026

读者信箱:goodtextbook@126.com　邮购电话:(010)82316936

北京富资园科技发展有限公司印装　各地书店经销

*

开本:787×1 092　1/16　印张:12.25　字数:314 千字

2023 年 5 月第 1 版　2023 年10月第 2 次印刷

ISBN 978-7-5124-4014-2　定价:49.00 元

前　言

汽车悬架的形式多样、种类繁多，而双横臂独立悬架是最典型的，也是万花丛中最为鲜艳的一朵！

双横臂独立悬架是一种稳定、安全和舒适的悬架，可适用于广泛的车型，如轿车、货车和越野车，乃至中、重型挂车，都可以装用。除此之外，它还具有极强的可设计性，例如其上、下横臂轴线，既可以是平行的，也可以是内交或外交的。摆臂倾角可大可小、可正可负，加之纵向轴销布置的灵活性，即可获得所需的悬架瞬时中心和瞬时轴线，进而获得理想的侧倾和纵倾的瞬时中心和力矩臂。这既保证了整车的转向特性、车身稳定性的统一协调，也改善和提高了整车的性能。

正因如此，作者才撰写了本书，全面深入地介绍这种悬架。

本书共有4章。

第1章介绍了汽车悬架的一般知识和基础理论，以便为读者深入理解双横臂独立悬架奠定基础。

第2章介绍了双横臂独立悬架的设计计算，是本书的核心内容。本章介绍了如何设计悬架模型，如何确定相关点的坐标，如何掌握悬架的运动特性，尤其对双横臂独立悬架8种典型形式进行了分析，并且导出了弹性元件的受力公式和悬架换算刚度公式等。

第3章详细介绍了与双横臂独立悬架相关的各种弹性元件、稳定装置和阻尼元件，以及如何进行匹配设计等。

第4章介绍了两型悬架的设计计算实例。它们分别是双横臂双螺簧双减振器独立悬架和双横臂扭杆弹簧独立悬架。两型悬架都配有稳定装置，可帮助读者学以致用。

实事求是，理论联系实际，是本书撰写过程中始终秉持的原则。

在撰写本书的过程中，宋鹏、刘洋、迟尚霖、陈德华、陈崇晔等做了不少工作，在此，一并对他们表示真诚的感谢！

由于作者水平所限，书中必然存在欠妥和疏漏之处，敬请同行和广大读者批评指正。

作　者

2023年1月

目　　录

第 1 章　汽车悬架的基本知识

汽车悬架的基本知识，包括汽车悬架的一般知识和基础理论两个方面，下面进行分述。

1.1　一般知识

汽车悬架的一般知识包括悬架的定义、功能、形式分类、名词术语以及基本要求等。

1.1.1　悬架的定义

汽车悬架就是把汽车悬挂质体悬置和架设起来的装置，也就是联系汽车悬挂质体和非悬挂质体所有总成部件（传动轴除外）的总称。

1.1.2　悬架的功能

汽车悬架具有承载、传力（矩）、缓冲、衰振、散能和调节车身高度等主要功能。悬架的品质不仅决定着汽车的平顺性、操稳性和车身稳定性，而且还关系着汽车动力性的发挥，关系着汽车平均技术速度的高低，关系着客车、货车的运营成本以及军用汽车的使命任务周期，特别还关系着承载系统和行驶系统的动载及相关零部件的使用寿命等。

1.1.3　悬架的形式分类

汽车悬架的形式就是悬架的类型与模式，它虽五花八门、纷纭复杂，但可按其功能原理、导向机构和弹性元件进行具体分类。

1. 按功能原理划分

按功能原理的不同，悬架可分为主动悬架、被动悬架及半主动悬架。

主动悬架（Full-active Suspension）就是靠自身能源通过执行元件对振动进行“主动”干预的悬架。

被动悬架（Passive Suspension）则是弹性特性和阻尼特性受到外界激励时，只能被动地做出响应的悬架。

半主动悬架（Semi-active Suspension）以及执行元件频带宽较窄的慢主动悬架（Slow-active Suspension）是介于上述二者之间的悬架。它虽无能源，但增加了自动调节装置，其阻尼是根据汽车行驶状态的动力系统要求进行无级调节的。

2. 按导向机构划分

按导向机构的不同，悬架可分为相关悬架、独立悬架和半独立悬架，如图 1-1 所示。

(1) 相关悬架

相关悬架（Interrelating Suspension）也叫非独立悬架，它是指左、右车轮装在一根整体的刚性轴或非断开式驱动桥桥壳上的悬架，是左、右车轮相互关联的悬架。

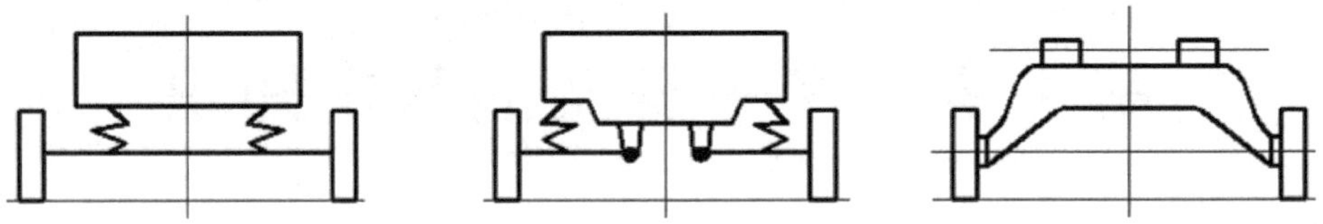

(a) 相关悬架　　(b) 独立悬架　　(c) 半独立悬架

图 1-1　悬架的相关与独立

相关悬架的优点：

① 结构简单，制造、维修方便，成本低廉。

② 工作可靠，寿命较长。

③ 悬架跳动时，轮距、前束不变，轮胎磨损较小。

④ 车身侧倾时，车轮外倾角不变，不影响侧向力的传递。

⑤ 侧倾中心较高，侧倾力臂较小，可减小车身侧倾角。

⑥ 板簧相关悬架，易于通过支架和摆耳的布置来获得不足转向趋势。

相关悬架的缺点：

① 车桥、车轮一起跳动，占用空间较大，影响发动机和行李箱的布置。

② 板簧相关前悬架，由于弹簧较短，故刚度较大，频率较高。

③ 驱动桥的非悬挂质量较大，影响平顺性，破坏接地性。

④ 当汽车行经不平路面时，因左、右车轮跳动高度不一致，车身、车桥将会发生倾斜。

⑤ 当汽车直线行驶于不平路面时，因左、右车轮跳动高度不一样导致轴转向，进而破坏直线行驶的稳定性。

⑥ 作为驱动桥，输入的驱动力矩将引起左、右车轮的负荷转移。

(2) 独立悬架

独立悬架(Independent Suspension)是指左、右车轮分别装于车身之上，且其运动互不相关的悬架。

独立悬架有哪些优缺点呢？一般来说，这是相对于相关悬架而言的。相关悬架的优点往往是独立悬架的缺点；反之，相关悬架的缺点往往是独立悬架的优点。

独立悬架的优点：

① 非悬挂质量小，悬架受到并传给车身的冲击载荷小，有利于提高乘坐舒适性和货物安全性，同时还能提高轮胎的抓地性，保证行驶的安全性。

② 左、右车轮的跳动是相互独立的，可减少车身的倾斜和振动。

③ 占用空间小，便于总体布置，特别是可降低发动机的高度和整车质心的高度，有利于行驶的稳定性。

④ 易于实现驱动轮转向等。

(3) 半独立悬架

半独立悬架(Semi-independent Suspension)，也称复合纵臂式后支持桥(Compound Crank Rear Axle)，它是在前置发动机前驱动情况下的后支持桥，其特点是有一个与两纵臂构成一体的具有扭转弹性的冲压横梁，如图 1-2 所示。

该横梁具有扭转弹性，因此其悬架与非独立悬架完全不同，可近似看成半独立悬架或半相

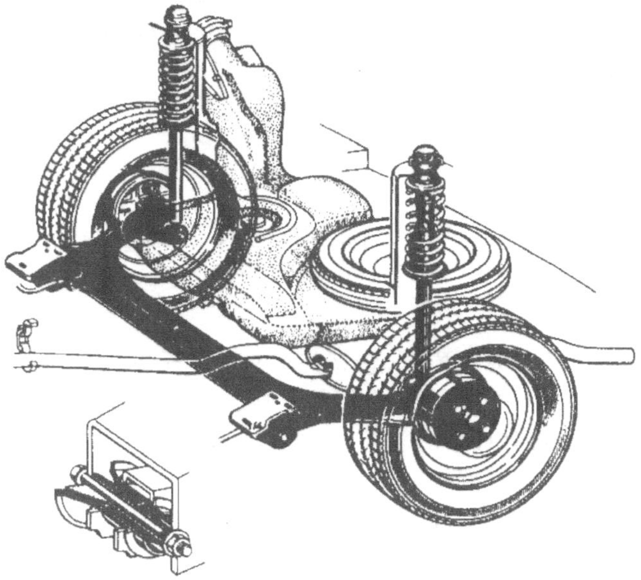

图 1－2　复合纵臂式后支持桥

关悬架。这种悬架具有如下优点：

① 质量小，结构简单，制造方便。

② 侧倾刚度较大，也可不装横向稳定杆。

③ 占用空间尺寸小，有利于整车总布置，行李箱下还可放置燃油箱和轮胎。

④ 左、右车轮同向跳动时，轮距和外倾角不变；反向跳动时，外倾角变化也不大。

⑤ 具有抵抗车身侧倾引起的轴转向效应的能力，扭转梁随动臂的两支撑点装有异形橡胶衬套，其纵向刚度小，侧向扭转刚度较大，既可缓和冲击振动，又能减轻侧向力作用下的过多轴转向效应，保证具有较好的操纵稳定性能。

3．按弹性元件划分

按弹性元件的不同，悬架可分为钢板弹簧悬架、螺旋弹簧悬架、扭杆弹簧悬架、空气弹簧悬架、油气弹簧悬架以及橡胶弹簧悬架等。

不同弹性元件构成的悬架形式有着不同的用途和不同的优势。

钢板弹簧有纵置或横置，对称或非对称，多片或少片，等断面或变断面以及等刚度或变刚度之分，但其结构都比较简单，成本较低，维修保养容易，寿命较长。纵置板簧还能用作导向机构，传递力和力矩，提供较大的纵、横向角刚度。不过，双横臂独立悬架不采用钢板弹簧。

螺旋弹簧结构、工艺简单，维修方便，其丝径、圈径、节距和螺旋角四大参数可变，刚度的可设计性很大，特别是变丝径螺旋弹簧，其单位质量负荷较高，可充分发挥材料的潜能。缺点是不能传递侧向力和力矩。

扭杆弹簧有圆形或管形或片形、单杆或组合杆、并联或串联等多种形式，它可纵置、横置，占用空间极小，质量轻，工作可靠，保修简易，特别是单位质量储能量较高，材料利用率较高。

空气和油气弹簧悬架质量轻、寿命长，能实现低频工作，能使车身的高度不随载荷的变化而变化，特别具有良好的接地性，适合货车、客车以及多轴汽车装用。

橡胶弹簧有其独特的优点，用其做成的橡胶悬架行程大，行驶安静、平滑，能耐受高强度冲击，具有良好的平顺性、柔顺性和自阻尼特性，可实现免维护和20年的长寿命，特别适于运送危险物品和行驶于越野路面。

1.1.4 悬架的名词术语

1. 悬挂质量

悬挂质量是指悬挂质体(车身、大梁等)的质量，它有整车悬挂质体质量 M' 和各轴悬挂质体质量 M_i' 之分。

2. 非悬挂质量

非悬挂质量是指非悬挂质体的质量，它有整车非悬挂质体质量 M'' 和各轴非悬挂质体质量 M_i'' 之分。所谓非悬挂质体，是指车轮、车桥等悬挂质体以外的质体。悬置于车身和车桥之间的钢板弹簧、减振器以及各种杆系的质量，一般在悬挂和非悬挂之间各计一半。

3. 悬架瞬时轴线

悬架瞬时轴线的提法是一个新概念。它是指车辆在满载状态下，车轮非悬挂质体相对于车身(悬挂质体)做旋转运动的瞬时轴线。

4. 悬架瞬时中心

悬架瞬时中心是指车辆在满载状态下，悬架相对于车身(悬挂质体)的运动瞬心。它有横向悬架瞬时中心和纵向悬架瞬时中心之分。

悬架瞬时中心只是悬架瞬时轴线上的一个点。悬架瞬时轴线上的任何点都可以称为悬架瞬时中心，一般关心的是横向悬架瞬时中心和纵向悬架瞬时中心。

5. 侧倾瞬时轴线

侧倾瞬时轴线，是指车辆在满载状态时，车身(悬挂质体)在侧倾力矩的作用下相对于地面做侧倾运动所环绕的轴线。

6. 侧倾力矩臂

侧倾力矩臂是指过悬挂质体质心所作铅垂线与侧倾瞬时轴线的交点至车身质心间的距离。

7. 纵倾瞬时轴线

纵倾瞬时轴线是指车辆在满载状态时车身(悬挂质体)在倾覆力矩的作用下相对于地面做纵倾运动所环绕的轴线。

8. 倾覆力矩臂

倾覆力矩臂是指各悬架约束反力的合力与中性面的交点至车身质心间的垂直方向的距离。

9. 摆振瞬时轴线

摆振瞬时轴线是指车辆在满载状态时，车身(悬挂质体)在垂直振动加速度的作用下，相对于地面做摆振运动所环绕的轴线。

10. 摆振瞬时轴线距

摆振瞬时轴线距，是指悬挂质体质心面至摆振瞬时轴线的距离。

1.1.5 悬架的基本要求

① 保证承载的稳定性以及力和力矩的稳定传递。

② 必须具有良好的平顺性和柔顺性，也就是要具有较低的振动频率（乘坐车应在 0.9～1.5 Hz 范围内）和较小的振动加速度（乘坐车不大于 4 m/s^2，货车不大于 7 m/s^2）。

③ 必须具有足够的动行程和动容量，保证悬架不被“击穿”。

④ 必须使车轮定位参数合理，在全程跳动范围内，车轮外倾角的变化不得大于 3°，轮距变化不得大于 40 mm；必须具有良好的操纵稳定性能，在侧向加速度 $j=0.4g$ 时，前后轴的轴偏角差应在 1°～3°的范围内。

⑤ 必须合理布置导向杆系和转向杆系，既要避免运动干涉，防止车轮与转向盘摆振，也要避免过大地牵动车轮转向。

⑥ 选择合适的侧倾中心和纵倾中心，保证适度的车身角位移。

⑦ 选择合适的平均阻尼比（$\psi=0.25$～0.35），保证适度的减振能力和良好的抓地性能，并降低垂直振动和角振动的加速度。

⑧ 减轻非悬挂质量，以降低动量，防止对车身的过大冲击。

⑨ 必须使悬架构件具有足够的强度和刚度，提高使用寿命。

⑩ 合理设计，给总布置留出空间。

1.2　基础理论

要想完全理解双横臂独立悬架的设计计算，就必须了解相关的基本法则、原理和定理，必须掌握中性面和角刚度等一系列的基础理论。下面分别介绍相关定理、换算线刚度、组合线刚度、中性面、二面距、角刚度和角刚度比等。

1.2.1　相关定理

与车身运动相关的原则、法则、原理、公理和定理，虽多而繁杂但又十分重要，现分述如下：

1. 虚位移原理

假定悬架系统是常定的理想约束系统（刚性连接、无摩擦、无滑动），该系统在主动力系作用下，平衡的充分必要条件是虚位移所生之元功和为零，即

$$\sum_{i=1}^{n}\Delta W_i=0 \tag{1-1}$$

例如，在图 1-3 所示的单横臂悬架中，主动力系的力仅有 ΔP 和 δP，轮胎和弹簧的变形分别为 Δf 和 δf，虚位移所生之元功和为

$$\sum\Delta W_i=\Delta P\Delta f-\delta P\delta f=0$$

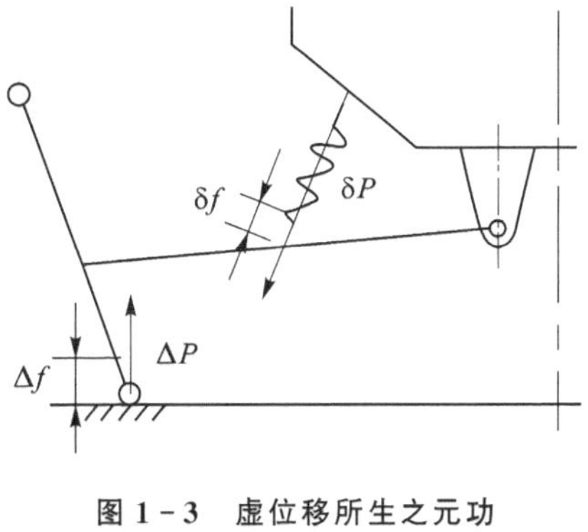

图 1-3　虚位移所生之元功

2. 等效法则

在图 1-4(a) 中，刚度为 c 的弹簧放在杠杆比为 m/n 的地方，如果在车轮着地处，也就是杠杆比 $m/n=1$ 的地方，放置一个刚度等于 K 的弹簧［见图 1-4(b)］取代原弹簧，则其力学性质不变，效果不变。这个后放置的弹簧就称为等效弹簧（当量弹簧）。

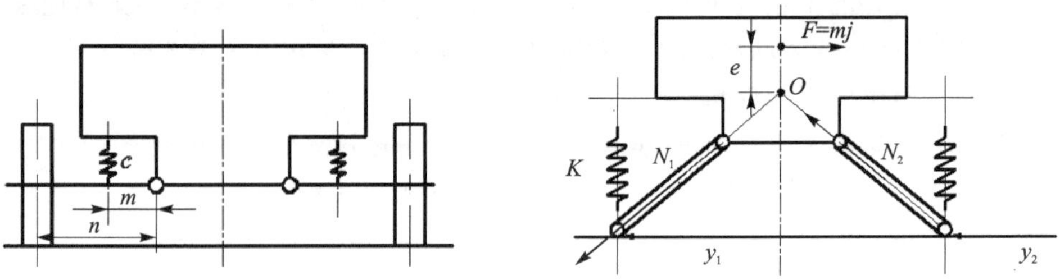

(a) 原弹簧　　(b) 等效弹簧

图 1-4　原弹簧及等效弹簧

3. 硬化公理

由数个可以相对运动的构件组成的系统，在平衡的瞬时，可以把它们看成一个刚性的整体。所谓刚性整体，是指在此刻构件间不存在相对位移。这个公理对于寻求悬架瞬时中心和简化机构是很有用的。下面举例说明。

【例 1】双纵臂悬架导向机构。

双纵臂悬架导向机构在受到制动力或驱动力后，上、下杆对车身都有作用力，其方向必都沿着各自的杆向，如图 1-5 所示。悬架对车身作用力的合力，即上、下杆对车身作用力的合力，必通过两杆延线的交点，也就是纵向悬架瞬时中心 C_L。根据硬化公理，在平衡的时刻，可以把上下杆和车轮看成一个刚性的整体。点 C_L 和车轮着地中心 E 是这个刚体上仅有的两个受力点。显然，这两点处的合力大小相等、方向相反，作用线就是这两点的连线。合力的大小可以由它在水平方向的投影等于该轮的制动力或驱动力求得。

由上述可知，此处的双纵臂悬架已被简化为一个等价的单纵臂悬架。在这里，我们把 C_LE 的长度 R 称为推杆，把夹角 α 叫作推杆角。

如果两杆平行，则悬架瞬时中心在无穷远处，推杆线与地面重合。

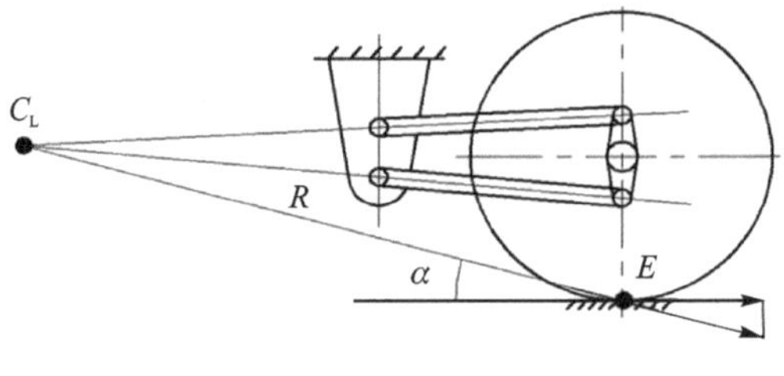

图 1-5　双纵臂的悬架中心

4. "二心"一致性

"二心"是指瞬时转动中心(瞬心)和力矩中心。所谓"二心"一致性，是指在单自由度下，如果悬挂质体具有一个绝对瞬时转动中心，而且位于中性面上，那么力矩中心必在绝对瞬时转动中心上。这个结论是郭孔辉院士提出来的。

假设悬架为理想约束，若在某一瞬时悬挂质体绕瞬时转动中心 O 旋转一个微小位移 $\delta\theta$(见图 1-6)，那么导向杆系约束反力所生之元功和为零，即

$$\sum_{i=1}^{n} N_i r_i \delta\theta = \left(\sum_{i=1}^{n} N_i r_i\right)\delta\theta = 0$$

式中　N_i——某一约束反力；

r_i——N_i 到瞬时转动中心的距离；

$N_i r_i$——第 i 个约束反力对瞬时转动中心的力矩；

$\sum_{i=1}^{n} N_i r_i$——n 个约束反力对瞬时转动中心的力矩和。

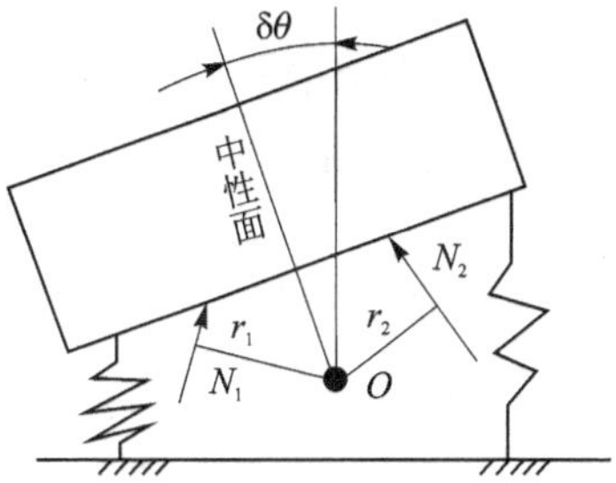

图 1-6　瞬心和力矩中心

由力学可知，所有分力对某一点的力矩和，必等于其合力 N 对该点的力矩。设合力到瞬时转动中心的距离为 r，那么便有

$$\sum_{i=1}^{n} N_i r_i \delta\theta = Nr\delta\theta = 0 \tag{1-2}$$

由于 N 和 $\delta\theta$ 不为零，故唯一能使虚功为零的条件就是 $r=0$，即约束反力的合力通过瞬时转动中心。

由前述可知，侧倾力矩中心就是导向杆系约束反力的合力与中性面的交点。若瞬时转动中心在中性面上，则这个瞬时转动中心就是导向杆系与中性面的交点，即侧倾力矩中心。假设自由度不为 1，瞬时转动中心就不止 1 个，那么只有位于中性面上的那个可能的瞬时转动中心才是侧倾力矩中心。

5. 三心定理

力学中的“三心定理”，对求解复杂导向机构的力矩中心是很有用的。它是通过求瞬时转动中心的办法来求取力矩中心的。

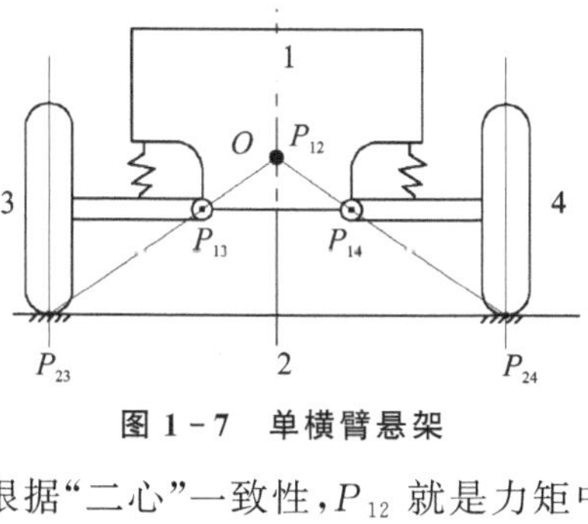

图 1-7　单横臂悬架

三心定理：三个可相对运动的杆件的三个相对瞬时转动中心必排列在一条直线上。

图 1-7 所示是一个单横臂悬架，车轮 3 与地面 2 的瞬心是 P_{23}，车身 1 与车轮 3 的瞬心是 P_{13}。由“三心定理”可知，车身 1 与地面 2 的相对瞬心 P_{12} 必在 P_{23} 和 P_{13} 的连线上。4 为另一个车轮。

同理可知，P_{12} 又必在 P_{24} 和 P_{14} 的延长线上，也就是说，P_{12} 就是车身与地面的瞬时转动中心。根据“二心”一致性，P_{12} 就是力矩中心 O。

值得说明的有如下两点：

① 根据三心定理，在多数情况下可以较为容易地找到瞬心，而“二心”一致性则又可以判定它为力矩中心。然而这是有条件的，那就是单自由度、一个瞬心的假设，即瞬心必须在中性面上。严格来说，车身对称面及质心面往往不与中性面重合。因此，利用三心定理寻找力矩中心，虽然较为方便，但不一定准确。

“导向杆系约束反力的合力与中性面的交点就是力矩中心”的说法，有时虽然比较麻烦，但较为准确，但有时它也比较简单，所以两种方法均可酌情选用。此外，从设计者的角度出发，应尽可能地在横向上使中性面落在质心面和几何对称面上。

② 图1-7中的点 P_{12}、P_{13}、P_{14} 和 P_{23}、P_{24} 必须在同一平面上，即必须落在过车轮着地中心 P_{23} 和 P_{24} 且垂直于 x 轴的平面上，否则所谈理论是不成立的。

6. 变形一致性原则

在多轴汽车系统中，车身无论是侧倾运动、纵倾运动，还是摆振运动，在相关载荷的作用下，各弹性元件的变形都将遵守一致性原则。也就是说，各弹性元件无论刚度大小，其变形量均与所在的位置成比例，如图1-8和图1-9所示。

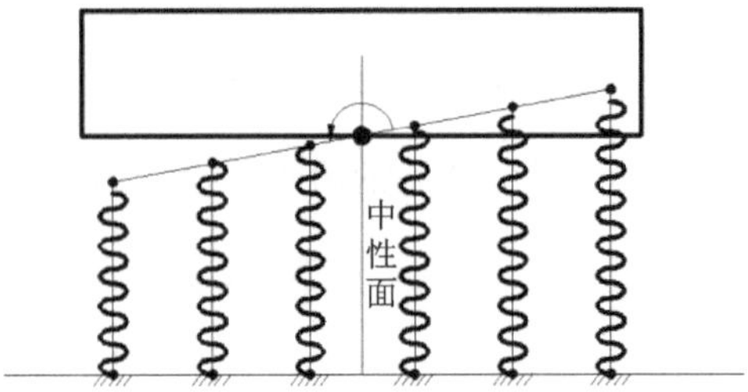

图1-8 车身绕纵倾瞬时轴线转动

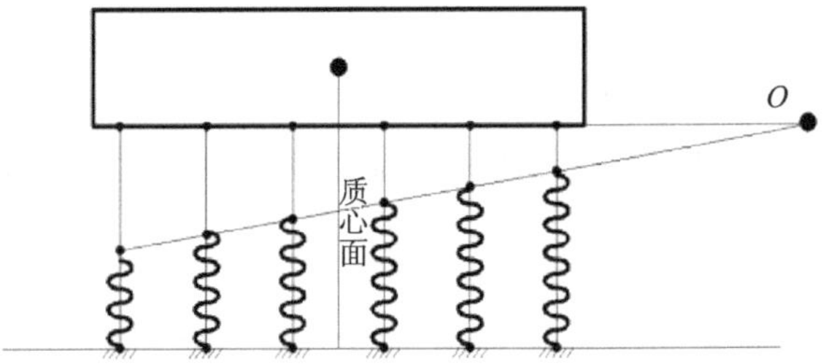

图1-9 车身绕摆振瞬时轴线摆振

7. 同轴侧倾原则

汽车车身在侧向加速度和侧倾力矩的作用下，必然绕着侧倾瞬时轴线侧倾。在二轴汽车中，这条轴线就是前后悬架侧倾瞬时中心的连线。在多轴汽车中，尽管各悬架的侧倾瞬时中心高低不一，很难形成统一的侧倾轴线，但车身依然要绕着一个叫调和轴线的同一轴线侧倾。

8. 等角侧倾原则

汽车车身在侧倾力矩的作用下绕着同一侧倾轴线侧倾时，必然遭到各轴悬架反倾力矩的反抗。虽然各悬架的外力矩和反倾力矩的大小都不相同(侧倾瞬时中心和质心高度不同、力矩臂不等，而且各轴侧向力和角刚度等都不相同)，但半刚体的车身依然在相关部件的变形下保持等角侧倾。

1.2.2 换算线刚度

悬架换算线刚度是悬架计算的基础，它包括的范围很广，如弹簧和轮胎的串联组合线刚度为

$$c=\frac{c_{胎}\ c_{簧}}{c_{胎}+c_{簧}} \tag{1-3}$$

又如非对称钢板弹簧，若两端弹簧的线刚度为 c_1、c_2，那么它们的并联组合线刚度为

$$c=\frac{c_1c_2}{c_1l_1^2+c_2l_2^2}l^2 \tag{1-4}$$

各种独立悬架的换算线刚度公式是最为有用的，然而它的计算公式推导论证比较复杂。下面仅介绍通用公式的推证，至于具体悬架，仅举一个例子，其他公式此处不再推证。

所谓独立悬架的换算线刚度，就是在车轮处，即杠杆比等于1处的地面上，垂直地面放置一个弹簧，这个弹簧与放置在杠杆比不为1处的实际弹簧的作用相当。有人把这个假设的弹簧命名为等效弹簧，它的线刚度即换算线刚度。

各种独立悬架的换算线刚度公式一般采用虚位移原理来推证，即假定悬架系统是常定的

理想约束系统。该系统在主动力系作用下，平衡的充分必要条件是虚位移所生之元功和为零，即

$$\sum_{i=1}^{n} \Delta W_i = 0$$

系统在外力作用下，地面相对于车身的垂直位移 Δf 即等效弹簧的垂直变形。换算线刚度 K 与 Δf 的乘积，就是在车轮着地点作用于系统的微元力 ΔP。在主动力系中，除了力 ΔP 外，还有一个实际弹簧的变形力 $\delta P = c\delta f$。其中，c 是实际弹簧的组合线刚度，δf 是弹簧轴线方向的变形。这是因为导向杆系的约束反力的合力通过瞬心，其功为零，而且各铰接部位刚性无摩擦，地面无滑动摩擦。因此，由虚位移原理可得

$$\sum \Delta W = 2\Delta P \Delta f - 2\delta P \delta f = 2K \Delta f^2 - 2c \delta f^2 = 0$$

单边悬架的换算线刚度为

$$K = c\left(\frac{\delta f}{\Delta f}\right)^2 \tag{1-5}$$

由式(1-5)可知，只要求出了 δf 及 Δf 与悬架结构和原弹簧刚度的关系，各种悬架的 K 值也就确定了。

1.2.3　组合线刚度

组合线刚度 c 是指多簧质量系统中各簧线刚度 c_i 换算到系统悬挂质体质心面处的等效线刚度。当知道了组合线刚度和摆振瞬时中心距后，便可计算确定各簧的变形量及负荷等参数。

组合线刚度的表达式如下：

$$c = \sum_{i=1}^{n} c_i - \frac{\left[\sum_{i=1}^{n} c_i (l - l_i)\right]^2}{\sum_{i=1}^{n} c_i (l - l_i)^2} = \sum_{i=1}^{n} c_i - \frac{\sum_{i=1}^{n} (l - l_i) c_i}{R_0} \tag{1-6}$$

式中　l——质心面至第一簧的距离(mm)；

l_i——各簧至第一簧的距离(mm)；

R_0——摆振瞬时中心距(mm)，参见 2.4 节。

由式(1-6)可知，组合线刚度一般小于各簧线刚度之和。

知道了组合线刚度 c，就可以由下式求出质心处的静变形：

$$f = \frac{P}{c} \quad (\text{mm}) \tag{1-7}$$

已知 c、f 和 R_0 后，便可以由下述各式计算出各簧静变形 f_i、频率 n_i 和变形力(负荷分配)P_i：

$$f_i = \left(1 - \frac{l - l_i}{R_0}\right) f \quad (\text{mm}) \tag{1-8}$$

$$n_i = \sqrt{\frac{250}{f_i}} \quad (\text{Hz}) \tag{1-9}$$

$$P_i = \left(1 - \frac{l - l_i}{R_0}\right) \frac{c_i}{c} P \quad (\text{N}) \tag{1-10}$$

值得注意的是，假设 P 为整车负荷，l 为整车质心面至第一轴的距离，l_i 为各轴至第一轴的距离，c_i 为各轴的悬架刚度（轮胎和弹簧的组合刚度），则 P_i 便是分配于各车轴的负荷了。

1.2.4 中性面

何为中性面？可利用图 1-10 来说明这个问题。若在图 1-10 的左上端施加一个垂直于地面的载荷，右端必然翘起来；反之，若载荷施于右上端，则左端必然翘起来。若载荷沿着簧在质体上面移动，则质体只做平上平下运动之处便是所求的中性面。因此，多簧质量系统的中性面就具有这个特性，若沿此面作用一个垂直负荷，则系统各簧的变形相等。对于汽车来说，中性面也就是侧倾瞬时中心或纵倾瞬时中心所在的平面。因此，只有知道了中性面的位置，才能确定侧倾瞬时中心和纵倾瞬时中心的位置以及侧倾力矩臂和纵倾力矩臂的大小。这对于研究车身稳定性和平顺性等都是十分重要的。

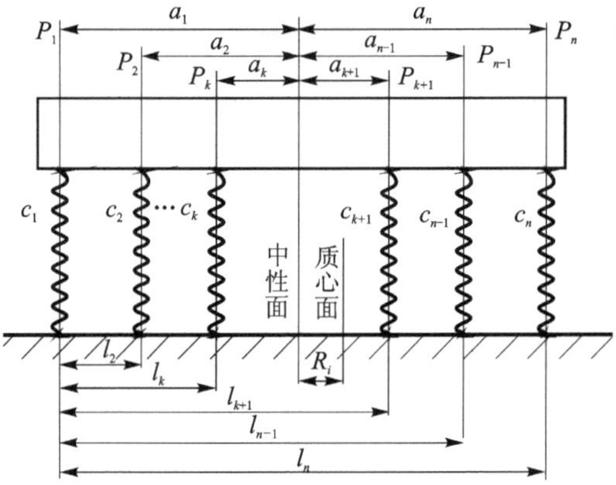

图 1-10 中性面的位置

1. 确定第一簧至中性面的距离 a_1

设中性面在第 K 和 $K+1$ 个弹簧之间，K 为 1 到 $n-1$ 之间的任意整数。假设在中性面处作用一垂直载荷 P 时各簧的变形力为 P_i。由于系统在中性面处的组合线刚度 c_0 等于各簧线刚度 c_i 之和，即

$$c_0 = \sum_{i=1}^{n} c_i \tag{1-11}$$

再根据此时各簧变形相等的特点，便有

$$\frac{P_i}{c_i} = \frac{P}{\sum_{i=1}^{n} c_i} \tag{1-12}$$

于是各簧变形力为

$$P_i = \frac{c_i}{\sum_{i=1}^{n} c_i} P \tag{1-13}$$

现假设各簧至中性面的距离为 a_i，根据各簧对中性面所取力矩之和为零的关系可得

$$\sum_{i=1}^{n} P_i a_i = 0 \tag{1-14}$$

将式(1-13)代入式(1-14),则有

$$\sum_{i=1}^{n} c_i a_i = 0 \tag{1-15}$$

在图1-10中,假设各簧至第一簧的距离为 l_i,按其几何关系,有

$$a_i = a_1 - l_i \tag{1-16}$$

把式(1-16)代入式(1-15)后可解得第一簧至中性面的距离:

$$a_1 = \frac{\sum_{i=1}^{n} c_i l_i}{\sum_{i=1}^{n} c_i} \quad (\mathrm{mm}) \tag{1-17}$$

式中 c_i——各簧的线刚度(N/mm);

l_i——各簧至第一簧的距离(mm)。

当 $n=2$ 时有两种情况:

① 在纵向上,即二轴汽车的情况,此时 $a_1 = \dfrac{c_2}{c_1 + c_2}$;

② 在横向上,若左右簧刚度相等,$c_1 = c_2 = c$,令轮距为 B,则 $a_1 = \dfrac{1}{2}B$。

式(1-17)完全确定了中性面的位置,但对于变刚度簧,车身在外界变负荷作用的过程中,a_1 的数值也可能随 c_i 的变化而发生轻微的变化。

2. 确定任一簧至中性面的距离 a_x

式(1-17)虽已完全确定了中性面的位置,然而这并非一般表达式,在某些情况下,还需知道各簧至中性面的距离。由图1-10的几何关系可知:

$$a_x = a_1 - l_x \tag{1-18}$$

将式(1-17)代入式(1-18)可得

$$a_x = \frac{\sum_{i=1}^{n} c_i (l_i - l_x)}{\sum_{i=1}^{n} c_i} \tag{1-19}$$

式中 a_x——任一弹簧至中性面的距离(mm);

l_x——任一弹簧至第一簧的距离(mm)。

式(1-17)和式(1-19)的物理概念是鲜明的。若将它们的分子、分母同乘以各簧的变形 f_i,则均可转化为一个力矩平衡式。

式(1-19)的值可正可负,这是中性面位置的方位描述:当计算数值为正时,说明中性面在该簧右侧;当计算数值为负时,说明中性面在该簧左侧。

1.2.5 二面距

大家知道,当多簧质量系统质体质心受到纵向加速度作用时,质体将绕着一个瞬心(角振动中心)做角位移运动。这个瞬心,就是位于中性面上的倾覆力矩中心。倾覆力矩中心所在平面至质心面的距离,便是所谓的二面距。

假设质心面至第一簧的距离为 l，那么二面距便可由下式表示：

$$R_i = l - a_1 \quad (\text{mm}) \tag{1-20}$$

式中 l——质心面至第一簧的距离(mm)；

a_1——中性面至第一簧的距离(mm)。

在式(1-20)中，若 $l=a_1$，则 $R_i=0$。此时，摆振瞬时中心距 $R_0\to\infty$，参见第2章。这意味着中性面和悬挂质体质心面重合，各簧变形及振动频率相等。

- 若 $l>a_1$，则中性面及摆振中心面都在质心面的左侧，变形 $f_1<f_n$。
- 若 $l<a_1$，则中性面及摆振中心面都在质心面的右侧，变形 $f_1>f_n$。

为保证汽车前部转向轮良好附着，一般希望具有上述特性。若设第一轴和末轴的偏频为 N_1 和 N_n，则建议按下式决定它们的关系：

$$\xi = \frac{N_n}{N_1} = \sqrt{\frac{f_1}{f_n}} \tag{1-21}$$

对于二轴汽车，ξ 可在1.05～1.10之间取值；对于多轴汽车，ξ 可在1.05～1.15之间取值。

1.2.6 角刚度与角刚度比

1. 角刚度

多簧质量系统的角刚度 C_θ，是指该系统在外力矩的作用下所产生的反抗力矩 M 对于角位移 θ 的变化率，即 $C_\theta=\mathrm{d}M/\mathrm{d}\theta$。汽车的角刚度是抵抗车身倾斜的重要因素。研究车身稳定性和车身受力状况时，必须考虑这一因素。

图1-11所示是悬挂质体绕力矩中心倾斜的力学模型，我们可借助它来建立多簧质量系统角刚度的计算公式。

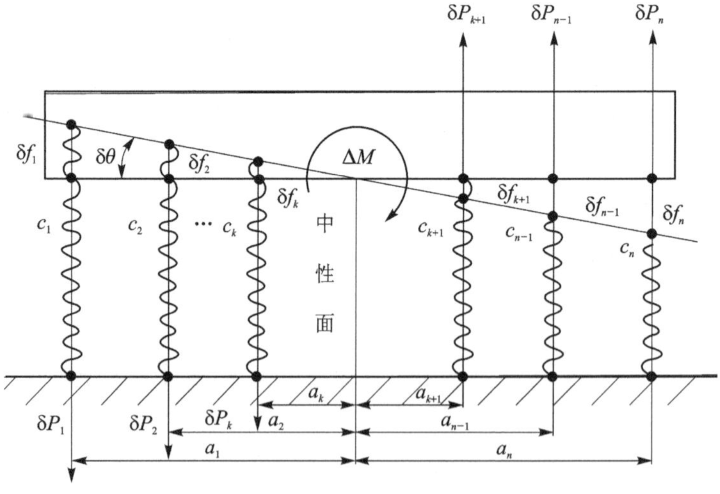

图1-11 悬挂质体绕纵倾瞬时轴线倾斜

在图1-11中，c_i 为各簧的垂直线刚度，a_i 为各簧至中性面的距离。假设悬挂质体在外力矩 ΔM 的作用下，绕中性面上的倾覆力矩中心转过了一个微元角 $\delta\theta$，各簧变形为 δf_i，变形

力为 δP_i。此时各簧变形力所提供的反抗力矩 δM 与外力矩 ΔM 构成平衡，即 $\Delta M = \delta M = \sum_{i=1}^{n} c_i \delta f_i a_i$，加之各簧的变形 $\delta f_i = a_i \delta\theta$。故按定义便可得到系统角刚度的表达式：

$$C_\theta = \sum_{i=1}^{n} c_i a_i^2 \quad (\text{N} \cdot \text{mm/rad}) \tag{1-22}$$

式中　c_i——各簧的线刚度(N/mm)；

a_i——各簧至中性面的距离(mm)。

当将式(1-19)中的 i 和 x 作适当变换，并代入式(1-22)且经整理后，可以得到多簧质量系统的角刚度与各簧线刚度及其位置参数的一般关系式：

$$C_\theta = \frac{\sum_{i=1}^{n}\sum_{j=1}^{n} c_i c_j (l_i - l_j)}{2\sum_{i=1}^{n} c_i} \tag{1-23}$$

公式分析如下：

根据多轴汽车的实际情况且便于分析，令 $l_n = L$，$l_i = K_i L$，$l_j = K_j L$。于是式(1-23)变为

$$C_\theta = \frac{\sum_{i=1}^{n}\sum_{j=1}^{n} c_i c_j (K_i - K_j)^2 L^2}{2\sum_{i=1}^{n} c_i} \tag{1-24}$$

由式(1-24)可知，系统角刚度与各簧的线刚度成正比，与两端弹簧距的平方成正比。对于多轴汽车而言，当总轴距 L 确定之后，K_i、K_j 又是如何影响角刚度值的呢？

一般而言，当 $K_i(K_j) = \frac{c_n}{c_1 + c_n}$ 时，角刚度取得极小值。实际上，当把 $l_i = K_i L = \frac{c_n}{c_1 + c_n}$ 代入式(1-23)之后，便可得到第 i 簧至中性面的距离 $a_i = 0$。这说明该中间簧的位置与中性面重合，不起抵抗车身倾斜的作用。

例如，当 $n=3$ 时，角刚度为

$$\begin{aligned} C_\theta &= \frac{c_1 c_2 (l_1 - l_2)^2 + c_1 c_3 (l_1 - l_3)^2 + c_2 c_3 (l_2 - l_3)^2}{c_1 + c_2 + c_3} \\ &= \frac{L^2}{c_1 + c_2 + c_3}\left[(c_1 c_2 + c_2 c_3) K_2^2 - 2 c_1 c_3 K_2 + (c_1 c_3 + c_2 c_3)\right] \end{aligned} \tag{1-25}$$

C_θ 对 K_2 的一阶导数为

$$C'_\theta = \frac{2L^2}{c_1 + c_2 + c_3}\left[(c_1 c_2 + c_2 c_3) K_2 - c_2 c_3\right]$$

令 $C'_\theta = 0$，可解得 $K_2 = \frac{c_3}{c_1 + c_3}$。又由于其二阶导数

$$C''_\theta = \frac{2L^2}{c_1 + c_2 + c_3}(c_1 c_2 + c_2 c_3) > 0$$

所以 C_θ 在 $K_2 = \frac{c_3}{c_1 + c_3}$ 时有极小值。

由此可知，设计独立三轴汽车时，为使纵向角刚度值增大，当各簧线刚度和总轴距确定之后，中轴位置应适当离开此点。因此，此时的中性面位置为

$$a_1 = \frac{c_3}{c_1 + c_3}L$$

若中轴落到了中性面上，则弹簧不起抵抗车身倾斜的作用。

式(1-23)既适合计算汽车的纵向角刚度，也适合计算一个车轴的横向角刚度。当把 C_θ 作为纵向角刚度时，c_i、c_j 代表各轴的组合线刚度。例如，当 $n=2$ 时，若 c_1、c_2 为前后轴的组合线刚度，L 为轴距，则有

$$C_\theta = \frac{c_1 c_2}{c_1 + c_2}L^2 \tag{1-26}$$

当把 C_θ 作为横向角刚度时，n 只能是 2，c_i、c_j 代表左、右悬架的换算组合线刚度。由于左、右悬架刚度可以认为相等，所以有

$$C_\theta = \frac{1}{2}cB^2 \tag{1-27}$$

式中，B 在相关悬架中是弹簧中心距，在独立悬架中代表轮距，在横向稳定装置中为立柱中心距。

整车横向角刚度应是各轴横向角刚度之和，即

$$C_\theta = \sum_{i=1}^{n} C_{\theta i} \tag{1-28}$$

在外力矩和力矩臂一定的情况下，要想减小车身的倾角，就得加大角刚度。但过分加大角刚度也是有害的，因为角振动的自然振动频率为

$$N_\theta = \left(\frac{C_\theta}{J}\right)^{\frac{1}{2}}$$

若转动惯量 J 一定，则增大 C_θ 值，车身或车轴等的角振动频率将会增大，相关零部件的负荷亦会增大。如果用提高弹簧线刚度的办法增大角刚度，还会导致平顺性等整车性能变差。过大的角刚度，甚至会造成转弯时内轮离地和加速轮胎磨损。

鉴于上述情况，建议汽车角刚度按式(1-29)和式(1-31)取值。

作为整车横向角刚度检验值：

$$C_{\theta T} \geqslant \left(1 + \frac{j_t}{\theta_t g}\right)Pe_s \tag{1-29}$$

式中 j_t——侧向加速度(g)；

g——重力加速度；

θ_t——车身侧倾角(rad)；

P——整车悬挂负荷(N)；

e_s——侧倾力矩臂(mm)。

若按 $j_t=0.4g$、$\theta_t \leqslant 3.3°$ 计算，则有如下近似关系：

$$C_{\theta T} \geqslant 8Pe_s \tag{1-30}$$

作为整车纵向角刚度检验值：

$$C_{\theta T} \geqslant \left[\left(1 + \frac{j_1}{\theta_1 g}\right)e_1 + R_i \frac{j}{g}\right]P \tag{1-31}$$

式中　j_1——纵向加速度(g)；

θ_1——车身纵倾角(rad)；

e_1——倾覆力矩臂(mm)；

R_i——二面距(mm)。

若忽略二面距的影响，并按 $j_1=0.4g$、θ_1 不大于 1.2°计算，便可得到如下近似关系：

$$C_{\theta T} \geqslant 20e_1P \tag{1-32}$$

2. 角刚度比

角刚度比是一个说明各车轴间角刚度匹配关系的参数。二轴汽车的角刚度比，就是前后车轴角刚度的比值，即

$$\lambda = C_{\theta 1}/C_{\theta 2}$$

然而，在多轴汽车中，角刚度比的表达式却并不那么简单。由于各轴角刚度的匹配关系，角刚度比不仅与汽车的转向特性有关，而且与汽车车身的受力有关。加之多轴汽车轴间关系的复杂性，对于角刚度比只能用不同的定义去研究不同的问题。

(1) 角刚度比与转向特性的关系

汽车在侧向加速度的作用下，将引起同一车轴内外车轮的负荷转移。负荷转移量的大小，是与该车轴的角刚度值成正比的。又由于弹性车轮的偏离系数与负荷的关系是一条上凸曲线，所以车轴偏离角的大小也是与该车轴的角刚度值成正比的，如图 1-12 所示。

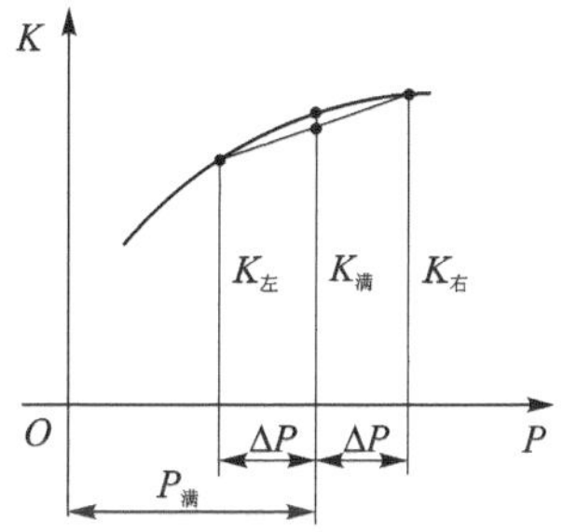

图 1-12　载荷 P 和偏离系数 K 的关系

如果满载时轮胎的负荷为 $P_{满}$，相应的偏离系数为 $K_{满}$，那么在侧向力 P_y 的作用下左、右车轮负荷将发生变化。设左轮为 $P_{左}=P_{满}-\Delta P$，则右轮为 $P_{右}=P_{满}+\Delta P$。由于左、右轮负荷变化，所以偏离系数也会随之变化：$K_{左}<K_{满}$，$K_{右}>K_{满}$，特别是 $\dfrac{K_{左}+K_{右}}{2}<K_{满}$。由此说明，平均 K 值减小了。

然而，对于车轮的偏离角 $\delta=\dfrac{P_y}{K}$，若 K 值减小，则 δ 增大，也就是说，车桥偏离角 $\dfrac{\delta_{左}+\delta_{右}}{2}$ 加大了。

在二轴汽车中，如果讨论的车桥是前桥，那就是 δ_1 增大了。而 $\delta_1>\delta_2$，便是“不足转向”趋势。

当前后桥角刚度比 $\lambda=C_{\theta 1}/C_{\theta 2}>1$ 时，在侧倾力矩的作用下，分配于前桥的力矩就大，那么左右车轮负荷转移就比后桥大，平均 K 值就比后桥下降得多，偏离角前桥就大于后桥，从而增大了“不足转向”的程度。

可见，在二轴汽车中：

- $\lambda>1$ 是“不足转向”趋势；
- $\lambda=1$ 是“中性转向”趋势；
- $\lambda<1$ 是“过度转向”趋势。

在多轴汽车的不同车轴上，角刚度不同，在同一侧向加速度的作用下，偏离角也不一样。

其中，任意两个不同偏离角的车轴，均可构成一个瞬心，构成一个新的转向趋势。也就是说，任意两轴间的角刚度比，均会给整车的转向特性带来影响：或者加强、或者削弱整车原始转向程度。所有的两两关系，其效果是有的加、有的减、有的严重、有的轻微。这是一个复杂的矛盾统一体，绝非是一个简单的角刚度比所能描绘清楚的。

为了近似度量这一复杂事物，可在忽略轴间距影响的前提下，采用总角刚度比来评价多轴汽车角刚度匹配造成的转向特性趋势。

所谓总角刚度比，就是各低序号车轴的角刚度分别与各高序号车轴的角刚度，两两相比所得比值的和的均值。

假设车轴总数为 n，那么各低序号车轴角刚度与各高序号车轴角刚度的比值一共有 $\frac{n(n-1)}{2}$ 项。所以总角刚度比为

$$\lambda_n = \frac{2}{n(n-1)} \sum_{i=1}^{n-1} \sum_{j=1}^{n-i} \frac{C_{\theta i}}{C_{\theta i} + C_{\theta j}} \tag{1-33}$$

式中　n——总轴数；

i、j——轴序号；

λ_n——转向特性总角刚度比；

$C_{\theta i}$、$C_{\theta j}$——i、j 轴的角刚度(N·mm/rad)。

总角刚度比是多轴汽车整车由于轴间角刚度的分配关系造成的转向特性趋势的综合描述。

- 如果 $\lambda_n > 1$，则为“不足转向”趋势；
- 如果 $\lambda_n = 1$，则为“中性转向”趋势；
- 如果 $\lambda_n < 1$，则为“过多转向”趋势。

(2) 角刚度比与车身受力的关系(等角侧倾问题)

汽车角刚度的匹配与车身受力有着紧密的关系。从理论上说，我们可以选择这样一个匹配，使车身承受导致损坏的附加力矩；也可选择另外一个匹配，让车身完全不承受附加力矩。

汽车在侧向加速度 j 的作用下，侧倾外力矩 M 在各轴上的分配不一定是相等的，也就是说，$M_1 \neq M_2 \neq \cdots \neq M_n$，$P_{y1}e_1 \neq P_{y2}e_2 \neq \cdots \neq P_{yn}e_n$。这不仅是因为悬挂质量在各轴上的分配不一定相等，侧向力 P_{yi} 不等，而且由于各轴悬架机构的不同，悬挂质体质心高度不等，侧倾力矩臂 e_i 也就不一定相等。

同时，汽车在侧向加速度的作用下，各轴的角刚度将提供一个反抗力矩。这个反抗力矩与外力矩构成平衡，即 $C_{\theta i}\theta_i = P_{yi}e_i$。这就是说，车身在各轴处的倾角 $\theta_i = P_{yi}e_i / C_{\theta i}$，由于各轴角刚度等因素不相匹配，$\theta_i$ 值就不一定相等，于是车身将承受一系列的附加力矩。

如果各轴角刚度的匹配能与各轴的悬挂负荷 P_i 以及力矩臂 e_i 的大小相应，那么车身将保持等角侧倾而不承受这些额外的力矩。假设整车悬挂负荷为 P，横向角刚度为 C_θ，侧倾角为 θ，那么 $\theta_i = \theta$，$\frac{M_i}{C_{\theta i}} = \frac{M}{C_\theta}$，$\frac{C_{\theta i}}{C_\theta} = \frac{M_i}{M}$。根据外力矩等于侧向力与侧倾力矩臂之积的关系，可得 $M = \frac{P}{g} j e_s$，$M_i = \frac{P_i}{g} j e_i$。于是各相关车轴与整车的横向角刚度之比为

$$\lambda_i = \frac{C_{\theta i}}{C_\theta} = \frac{P_i e_i}{P e_s} \tag{1-34}$$

当把式(1－10)代入式(1－34)后，便可得到各相关车轴的等角侧倾角刚度比的表达式：

$$\lambda_i=\left(1-\frac{l-l_i}{R_0}\right)\frac{c_i e_i}{c e_s} \tag{1-35}$$

式中　l_i——相关车轴至质心面的距离(mm)；

c_i——相关车轴的线刚度(N/mm)；

e_i——相关悬架的侧倾力矩臂(mm)；

R_0——摆振中心距(mm)；

c——组合线刚度(N/mm)；

e_s——整车侧倾力矩臂(mm)。

由式(1－35)可知，等角侧倾角刚度比(相对角刚度)是与相对位置 $(l-l_i)/R_0$、相对线刚度 c_i/c 及相对侧倾力矩臂 e_i/e_s 有关的。

注意：各轴等角侧倾角刚度比之和等于1，即 $\sum_{i=1}^{n}\lambda_i=1$。在分配各轴角刚度时，应尽量按公式 $C_{\theta i}=\lambda_i C_\theta$ 取值，特别是相邻车轴的角刚度值不可相差太多。

等角侧倾角刚度比的取值范围是个较为复杂的问题。现仅以二轴汽车为例作一简单分析，如图 1－13 所示。

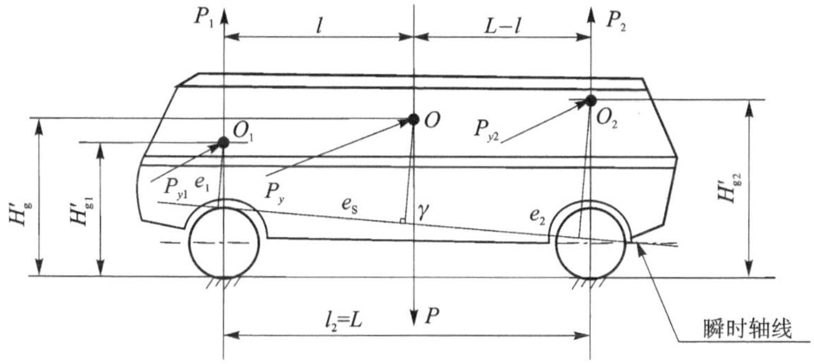

图 1－13　二轴汽车侧倾受力

二轴汽车等角侧倾角刚度比分别为

$$\lambda_1=\frac{1}{1+\dfrac{(l-l_1)e_2}{(l-l_2)e_1}} \tag{1-36}$$

$$\lambda_2=\frac{1}{1+\dfrac{(l-l_2)e_1}{(l-l_1)e_2}} \tag{1-37}$$

由式(1－36)可知，λ_1 的数值完全取决于质心面的位置和力矩臂的大小。

作为质心面：当 $l-l_2=0$ 时，质心落在后轴上，$\lambda_1=0$；当 $l-l_2=\dfrac{L}{2}$ 时，若 $e_1=e_2$，则 $\lambda_1=\dfrac{1}{2}$；当 $l-l_2=L$ 时，质心落在前轴上，此时 $\lambda_1=1$。

作为侧倾力矩臂：当 $e_1=0$ 时，侧倾轴线通过前悬挂质体质心，$\lambda_1=0$；当 $e_1=e_2$ 且 $l_1=l_2$

时，$\lambda_1=\dfrac{1}{2}$；当 $e_2=0$ 时，侧倾轴线通过后悬挂质体质心，$\lambda_1=1$。

特别需要指出的是，前后轴悬架的侧倾力矩中心完全可能设计在侧倾轴线的异侧，也就是说，e_1 或者 e_2 还可取负值。出现这种情况时，λ_1 值便可远远大于 1 了。例如，当 $e_1=-e_2$ 时，若 $l_1=l_2$，则 $\lambda_1\to\infty$。这种情况下的车身，好似一条扁担遭受扭转。

从上述二轴汽车的分析可知，λ_i 值一般以$\dfrac{1}{n}$为中心左右波动，波动范围为 0～1。当力矩臂 e_i 取负值时，λ_i 值会远离这一范围。

在质心位置和侧倾力矩臂已定的情况下，使附加力矩为零的角刚度比值就已被确定，并可计算出来。反之，不管角刚度比数值有多大，在质心位置已定的情况下，仍可通过调整侧倾力矩臂的大小和方向来使车身不受附加力矩。

总之，匹配角刚度，必须综合考虑转向特性和车身受力两个因素。

【例 2】独立三轴汽车，其悬挂负荷 $P=73\ 500$ N(质心面在一、二轴之间)；各轴弹簧的线刚度：$c_1=255$ N/mm，$c_2=275$ N/mm，$c_3=265$ N/mm；各轴至第一轴的距离：$l_1=0$，$l_2=2\ 400$ mm，$l_3=4\ 500$ mm；悬挂质体质心面至第一轴的距离：$l=2\ 000$ mm；横向簧心距：$B=1\ 800$ mm。

① 用式(1-6)计算系统组合线刚度，计算结果：$c=770$ N/mm。

② 用式(1-7)计算悬挂质体质心处的静变形，计算结果：$f=93$ mm。

③ 用式(1-8)计算各簧静变形量，计算结果：

$$f_1=114\ \text{mm},\quad f_2=91.8\ \text{mm},\quad f_3=72.5\ \text{mm}$$

④ 用式(1-9)计算质心面和各轴处的振动频率，计算结果：

$n_1=88.9$ 次/分，　$n_2=99$ 次/分，　$n_3=111.4$ 次/分，　质心面处 $n=97.1$ 次/分

⑤ 用式(1-13)计算各簧变形力(负荷分配)，计算结果：

$$P_1=29\ 051\ \text{N},\quad P_2=25\ 247.6\ \text{N},\quad P_3=19\ 201.3\ \text{N}$$

⑥ 用式(1-17)计算中性面至第一簧的距离，计算结果：$a_1=2\ 330$ mm，与中轴至第一轴的距离 2 400 mm 相差 70 mm，偏离值 $C_0l_0/(C_1+C_3)$ 为 107 mm。

⑦ 用式(1-20)计算二面距，计算结果：$R_i=-330$ mm。负值说明中性面在悬挂质体质心面的右侧。

⑧ 用式(1-21)计算末轴与首轴的偏频比，计算结果：$\xi=1.25$。

⑨ 用式(1-22)或式(1-23)计算整车纵向角刚度，计算结果：

$$C_\theta=2\ 633\ 575\ 472\ \text{N}\cdot\text{mm/rad}$$

⑩ 用式(1-27)计算各轴横向角刚度，计算结果：

$$C_{\theta1}=4.131\times10^8\ \text{N}\cdot\text{mm/rad}$$

$$C_{\theta2}=4.455\times10^8\ \text{N}\cdot\text{mm/rad}$$

$$C_{\theta3}=4.293\times10^8\ \text{N}\cdot\text{mm/rad}$$

⑪ 用式(1-28)计算整车横向角刚度，计算结果：$C_\theta=1.287\ 9\times10^9$ N·mm/rad。

⑫ 用式(1-30)计算横向角刚度的检验值，设侧倾力矩臂 $e_s=1\ 000$ mm，计算结果：$C_{\theta T}=5.88\times10^8$ N·mm/rad，显然 $C_\theta>C_{\theta T}$。

⑬ 用式(1-32)计算纵向角刚度的检验值，设倾覆力矩臂 $e_1=1\ 500$ mm，计算结果：$C_{\theta T}=$

2.205×10^{9} N·mm/rad，显然 $C_{\theta}>C_{\theta T}$。

⑭ 用式(1-33)计算转向特性总角刚度比，计算结果：$\lambda_{n}=0.976<1$，故属过多转向趋势。

⑮ 用式(1-34)计算等角侧倾角刚度比，假设各轴侧倾力矩臂均等于1 000 mm，计算结果：$\lambda_{1}=0.35$，$\lambda_{2}=0.345$，$\lambda_{3}=0.305$。

⑯ 用式 $C'_{\theta i}=\lambda_{i}C_{\theta}$ 计算各轴等角侧倾角刚度，计算结果：

$$C_{\theta 1}=4.507\,65\times10^{8}\ \text{N}\cdot\text{mm/rad}$$

$$C_{\theta 2}=4.443\,255\times10^{8}\ \text{N}\cdot\text{mm/rad}$$

$$C_{\theta 3}=3.928\,095\times10^{8}\ \text{N}\cdot\text{mm/rad}$$

由第⑩条的数值可知，一轴数值偏低，三轴数值偏高，中轴数值居中。假如各轴线刚度不能改变，那就应改变一、三轴的导向机构设计，使一轴的侧倾力矩臂相应缩短，使三轴的侧倾力矩臂相应加长。

第 2 章　悬架机构的设计计算

双横臂独立悬架是使用最为广泛的悬架，无论是轿车、货车、越野车，乃至中、重型挂车，都可以采用双横臂独立悬架。双横臂独立悬架还是可设计性极强的典型悬架，在横向上，其上、下摆臂轴线既可交于车轮内侧，也可交于车轮外侧，还可以是平行的；摆臂的倾角可大可小，可正可负；在纵向上，其摆臂轴销线既可交于车轮的前方，也可交于车轮的后方，其倾角也可随意改动。这就是说，悬架的瞬时轴线和瞬时中心都是可调的，纵、横向的力矩中心位置也都是可变的。

双横臂独立悬架还适装于除钢板弹簧以外的所有弹性元件。

本章重点讨论其导向机构、弹性元件的受力以及换算刚度（包括换算线刚度和角刚度）等。

2.1　导向机构

本节具体研究空间模型、运动学特性和悬架瞬时轴线等问题。

2.1.1　空间模型

双横臂悬架空间模型如图 2－1 所示。图中除上、下三角架外，还有扭杆、减振器以及转向机构等。相关点的坐标列于表 2－1 中。

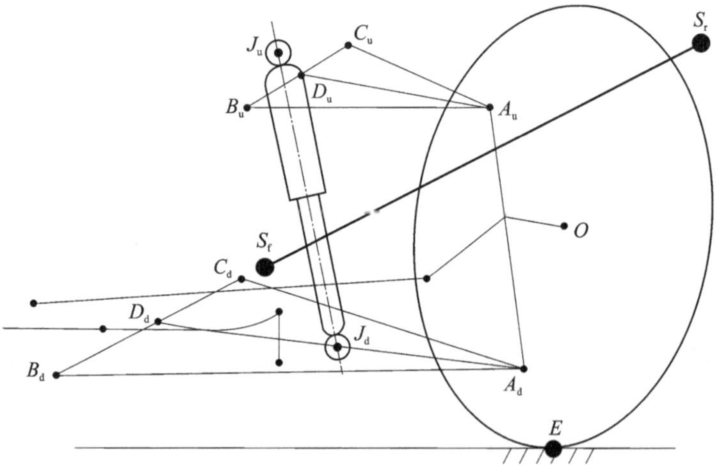

图 2－1　双横臂悬架的空间模型

表 2－1　双横臂悬架相关点的代号及坐标

相关点	X	Y	Z
A_u（主销上支点）	X_{Au}	Y_{Au}	Z_{Au}
B_u（上三角架前支点）	X_{Bu}	Y_{Bu}	Z_{Bu}

续表 2-1

相关点	X	Y	Z
C_u(上三角架后支点)	X_{Cu}	Y_{Cu}	Z_{Cu}
D_u(上臂内支点)	X_{Du}	Y_{Du}	Z_{Du}
A_d(主销下支点)	X_{Ad}	Y_{Ad}	Z_{Ad}
B_d(下三角架前支点)	X_{Bd}	Y_{Bd}	Z_{Bd}
C_d(下三角架后支点)	X_{Cd}	Y_{Cd}	Z_{Cd}
D_d(下臂内支点)	X_{Dd}	Y_{Dd}	Z_{Dd}
J_u(减振器上支点)	X_{Ju}	Y_{Ju}	Z_{Ju}
J_d(减振器下支点)	X_{Jd}	Y_{Jd}	Z_{Jd}
S_f(扭杆前端点)	X_{Sf}	Y_{Sf}	Z_{Sf}
S_r(扭杆调节臂中心点)	X_{Sr}	Y_{Sr}	Z_{Sr}
O(车轮中心点)	X_O	Y_O	Z_O
E(车轮接地中心点)	X_E	Y_E	Z_E

1. 模型设计要点

双横臂悬架常做成双叉杆式或 A 臂式，也称为三角架，如图 2-1 所示。利用轴销把上三角架 $A_uB_uC_u$ 和下三角架 $A_dB_dC_d$ 将车身和车轮联结起来。

双横臂悬架模型的设计，主要是各相关点坐标的给定，也就是三角架和三角架轴销坐标的给定，同时也是弹性元件和减振器等部件具有代表性点的坐标值的给定。悬架性能的好坏，主要取决于这些坐标值是否给定得当合理。

在具体介绍设计要点之前，先给定本书采用的坐标系，并定义两个关键的平面。

① 坐标系的原点定为车轮着地中心点。车轮前、后为 X 轴，左、右为 Y 轴，上、下为 Z 轴。

② 过坐标原点，且垂直于 X 轴的平面，叫作横向(Transverse)平面，简称 T 平面；过坐标原点，且垂直于 Y 轴的平面，叫作纵向(Longitudinal)平面，简称 L 平面。

主要的设计要点如下：

① 在空间允许的情况下，三角架在车身上的 B、C 两点要适当拉开，即适当加大开度。因为大开度可减轻轴承载荷。同理，B、C 两个轴承座的长度也要适当加大。

② 上、下臂 B、C 两个轴承座，一般是同轴的，但在轴承座有弹性元件时，也会带有轻微的不同轴度。这样可防止悬架飘浮，保证运动的稳定。

③ 在空间允许的情况下，三角架的长度要适当加大。较长的三角架就能使摆臂 $\overline{AD}$ 加长，进而获得较大的行程和容量。

④ 上、下摆臂 $\overline{AD}$，因空间等关系，总是做成 $\overline{A_dD_d} > \overline{A_uD_u}$。为保证悬架运动中车轮偏转不致过大，比值 $\overline{A_uD_u}/\overline{A_dD_d}$ 不得小于 0.6，而应争取达到 0.7 以上。

⑤ 应保证上、下摆臂 $\overline{A_uD_u}$ 和 $\overline{A_dD_d}$ 均落在 T 平面内，也就是，应使点 A_u、A_d 和 D_u、D_d 的 X 坐标均为零。在有困难的情况下，也应争取让 x 坐标接近于零。

点 A_u、A_d 是上、下三角架连接车轮的两个纵向轴销的中点，这两个轴销的轴线亦应落在同一平面上。

⑥ 上、下摆臂的延长线可以是平行的，也可以是相交的。相交的交点在车轮内侧的叫作内交，在车轮外侧的叫作外交，平行的交点在无穷远处。这个交点就是横向悬架瞬时中心。交点的远近和高低，取决于摆臂轴线与水平面夹角的大小和正负。

轴线内交及交点 Z 坐标高者，车身相对于地面的瞬时侧倾中心就高；反之，轴线外交及交点 Z 坐标低者，车身相对于地面的瞬时侧倾中心就低，乃至可能钻入地平面之下（参见本章下文）。侧倾中心高者，有利于减小车身侧倾，低者有利于转向特性。

三角架连接车轮的两个轴销的轴线，可以是平行的，也可以是前交或后交的。其交点叫作纵向悬架瞬时中心，它与其他车轴悬架一起决定着纵倾瞬时中心的位置。

⑦ 弹簧和减振器一般都是同轴安装于下臂的中部，当空间有限时，也可装于上臂。越野车为躲过传动轴，弹簧和减振器必须偏置，但二者须各置一边。此外，也可以考虑“双簧双减”的方案，或者采用扭杆弹簧。

2. 上下摆臂的坐标

为简化分析和计算，常将上、下三角架简化为摆臂，也就是图 2-2 中的 A_uD_u 和 A_dD_d。因此确定上、下臂的坐标，也就是在已知三角架三点 A、B、C 坐标的情况下，确定 D_u 和 D_d 两点的坐标。具体步骤如下：

（1）计算“三角架”各边的空间长度

设 X、Y、Z 为三角架各点的坐标，那么“三角架”各边的实际长度可根据图 2-2 来计算。

$$l_{AB}=\sqrt{(X_A-X_B)^2+(Y_A-Y_B)^2+(Z_A-Z_B)^2} \tag{2-1}$$

$$l_{BC}=\sqrt{(X_B-X_C)^2+(Y_B-Y_C)^2+(Z_B-Z_C)^2} \tag{2-2}$$

$$l_{CA}=\sqrt{(X_C-X_A)^2+(Y_C-Y_A)^2+(Z_C-Z_A)^2} \tag{2-3}$$

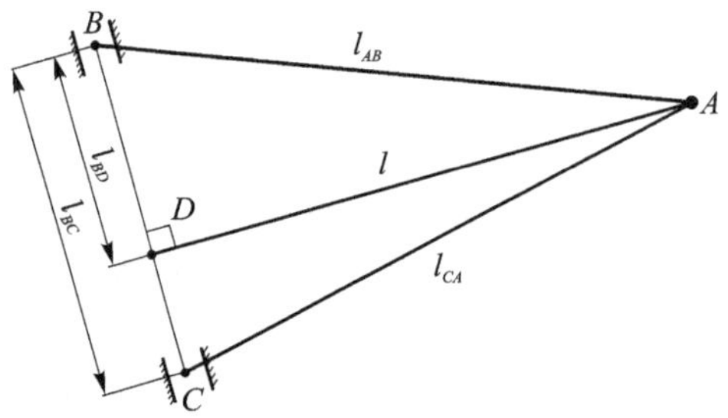

图 2-2　摆臂坐标的确定

（2）确定臂端坐标

在实际边长的三角形中，过 A 点作边长 l_{BC} 的垂线 AD（长度为 l）便是臂长，其垂足 D 是臂的另一端点，与点 D 相关的 BD（长度为 l_{BD}）和臂长 AD（长度为 l）可用下式计算：

$$l_{BD}=\frac{\pm(l_{AB}^2+l_{BC}^2-l_{CA}^2)}{2l_{BC}} \tag{2-4}$$

$$l=\sqrt{l_{AB}^2-l_{BD}^2} \tag{2-5}$$

式（2-4）中，垂足在三角形中部或在外下部者取正，其余取负。

垂足的坐标可用下列公式计算：

$$\begin{cases} X_D = X_B \pm \dfrac{(X_C - X_B)l_{CD}}{l_{BC}} \\ Y_D = Y_B \pm \dfrac{(Y_C - Y_B)l_{CD}}{l_{BC}} \\ Z_D = Z_B \pm \dfrac{(Z_C - Z_B)l_{CD}}{l_{BC}} \end{cases} \tag{2-6}$$

垂足在$\triangle ABC$中部者取正号,其余为负号。

3. 悬架瞬时中心和力矩中心

为方便求出横向悬架瞬时中心和纵向悬架瞬时中心,把模型分别建立在 YZ 平面和 XZ 平面上。

(1) 横向悬架瞬时中心和侧倾力矩中心

横向导向机构分别由上臂 A_uD_u 和下臂 A_dD_d 构成,如图 2-3 所示。它属于摆臂外交式。

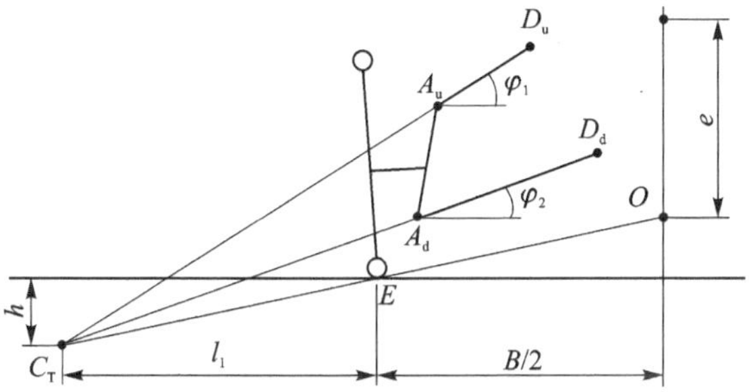

图 2-3　横向导向机构

点 A_u、D_u 以及 A_d、D_d 的连线的延长线交于车轮外侧的点 C_T,该点便是横向悬架瞬时中心。请注意 A_uD_u 和 A_dD_d 是满载时的空间直线,其延长线若不交于一点,在设计时,务必要保证 A_u、D_u、A_d、D_d、E 五点基本共面,即应使其 x 轴坐标基本为零。因此,上、下三角架的设计是不可以随便的。

点 C_T 与车轮着地中心点 E 的连线的延长线与车身中心线(中性面)的交点 O 就是侧倾力矩中心或侧倾瞬时中心。侧倾力矩中心与悬挂质体质心的高度差便是侧倾力矩臂 e。

横向悬架中心 C_T 的位置由高度 h 和长度 l_1 决定,而在横向平面内上、下臂所在直线的方程为

$$\frac{Y - Y_{Au}}{Y_{Du} - Y_{Au}} = \frac{Z - Z_{Au}}{Z_{Du} - Z_{Au}}$$

$$\frac{Y - Y_{Ad}}{Y_{Dd} - Y_{Ad}} = \frac{Z - Z_{Ad}}{Z_{Dd} - Z_{Ad}}$$

解此方程,便可求出点 C_T 的坐标 Y_{CT}、Z_{CT},因此有

$$h = Z_E - Z_{CT} \tag{2-7}$$

$$l_1 = Y_E - Y_{CT} \tag{2-8}$$

(2) 摆臂角 φ_1 和 φ_2

摆臂角可根据 A_u、D_u、A_d、D_d 四点的坐标由下式计算:

$$\varphi_1=\arctan\left(\frac{|Z_{Du}-Z_{Au}|}{|Y_{Du}-Y_{Au}|}\right) \tag{2-9}$$

$$\varphi_2=\arctan\left(\frac{|Z_{Dd}-Z_{Ad}|}{|Y_{Dd}-Y_{Ad}|}\right) \tag{2-10}$$

(3) 纵向瞬时悬架中心

纵向导向机构由上臂销轴 B_uC_u 和下臂销轴 B_dC_d 构成，两销轴延线的交点 C_l 就是纵向瞬时悬架中心，如图 2-4 所示。关于纵向力矩中心，则需要前、后悬架配合导出。

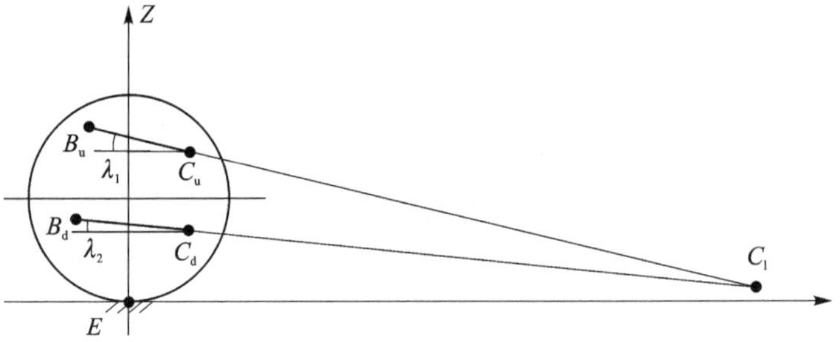

图 2-4 纵向导向机构

(4) 臂轴销角 λ_1 和 λ_2

上臂轴销角 λ_1 与下臂轴销角 λ_2 可根据 B_u、C_u、B_d、C_d 四点的坐标由下式计算：

$$\lambda_1=\arctan\left(\frac{Z_{Bu}-Z_{Cu}}{X_{Cu}-X_{Bu}}\right) \tag{2-11}$$

$$\lambda_2=\arctan\left(\frac{Z_{Bd}-Z_{Cd}}{X_{Cd}-X_{Bd}}\right) \tag{2-12}$$

2.1.2 运动学特性

悬架运动学特性是指当车轮跳动时，前轮定位参数、轮距、前轮侧向滑移量等参数相应变化的规律。这一规律是由导向机构所决定的，它直接影响汽车的使用性能，特别是操纵稳定性、平顺性、转向轻便性和轮胎的使用寿命等。

1. 车轮定位参数

(1) 主销内倾角和后倾角

主销内倾角和后倾角均定义为正，反之为负。主销内倾角 γ_i 与后倾角 γ_r 可根据 A_u、A_d 两点的坐标由下式计算：

$$\gamma_i=\arctan\left(\frac{Y_{Au}-Y_{Ad}}{Z_{Au}-Z_{Ad}}\right) \tag{2-13}$$

$$\gamma_r=\arctan\left(\frac{X_{Au}-X_{Ad}}{Z_u-Z_{Ad}}\right) \tag{2-14}$$

(2) 车轮外倾角和前束角

车轮外倾角 γ_o 由轮心 O 与接地点 E 的坐标确定，定义车轮外倾角外倾为正。外倾角用下式计算：

$$\gamma_o=\arcsin\left(\frac{Y_E-Y_O}{R}\right) \tag{2-15}$$

式中，R 为轮胎的静半径。

车轮的前束角 θ_T 由车轮的轮心 O 与接地点 E 的坐标确定，定义前束角内收为正。前束角用下式计算：

$$\theta_T = \arctan\left(\frac{X_O - X_E}{Y_O - Y_E}\right) \tag{2-16}$$

(3) 主销后拖距及内倾距

设主销延线与地面的交点为 P，其坐标分别为

$$X_P = X_{Au} + \frac{Z_E - Z_{Au}}{Z_{Au} - Z_{Ad}}(X_{Au} - X_{Ad}) \tag{2-17}$$

$$Y_P = Y_{Au} + \frac{Z_E - Z_{Au}}{Z_{Au} - Z_{Ad}}(Y_{Au} - Y_{Ad}) \tag{2-18}$$

从而主销的后拖距为

$$a_r = X_E - X_P \tag{2-19}$$

主销的偏移距为

$$a_i = Y_E - Y_P \tag{2-20}$$

2. 导向机构随上、下臂的运动关系

导向机构随摆臂运动的问题是三维空间的问题，此处把它放在 YZ 平面内的二维空间来处理。其理由是，在理论上我们认为 A_u、D_u、A_d、D_d、E(O_3、O_4、O_2、O_1、O_5)五点的横坐标相等。其实这个问题本来就是个平面问题，何必把问题复杂化呢？再则，在二维空间内可以轻易地获得显式函数的结果，问题大为简化。

此处利用简明的复数法来建立机构随下臂或上臂运动的数学模型。在所研究的问题里，导向机构其实就是一个"四杆机构"，图 2-3 中的 A_d 和 D_d 分别与图 2-5 中的 O_2 和 O_1 对应，对比观察图 2-3 和图 2-5。我们把"四杆机构"的杆长设为 R_k($k=1,2,3,4$)，若弹性元件装于下臂之上，则杆 R_1 这个下臂就是主动臂。作用于主动臂臂端 $A_d(O_2)$点的力(力矩)使下臂绕枢轴点 $D_d(O_1)$逆时针旋转。

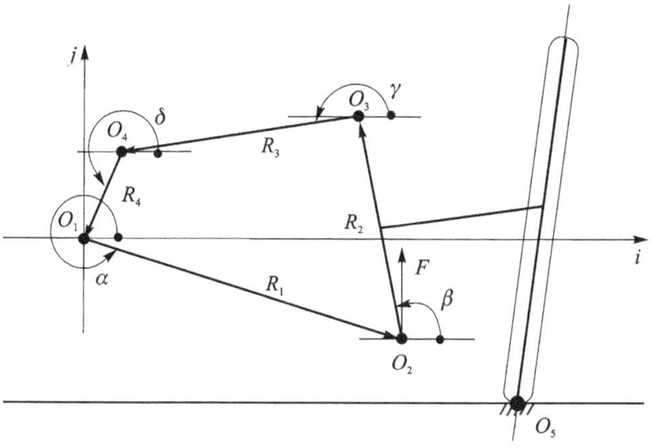

图 2-5　导向机构的运动规律

假设下臂转过了 α 角，其他各杆转角分别为 β、γ 和 δ。由于 R_k 和 δ 为已知参数，α 为独立变量，要推求的只有 β 和 γ。

若弹性元件装于上臂之上，则杆 R_3 这个上臂就是主动臂。作用于主动臂臂端 $A_u(O_3)$点的力（力矩）使上臂绕枢轴点 $D_u(O_4)$逆时针旋转。假设上臂转过了 γ 角，其他各杆的转角分别为 α、β 和 δ。由于 R_k 和 δ 为已知参数，γ 为独立变量，则要推求的只有 α 和 β。

在图 2-5 中，四杆机构全部为铰点，且复数 R_k 构成封闭环路，即

$$\sum_{k=1}^{4} R_k = R_1 + R_2 + R_3 + R_4 = 0 \tag{2-21}$$

按指数写法，则为

$$\sum_{k=1}^{4} R_k e^{ix} = R_1 e^{i\alpha} + R_2 e^{i\beta} + R_3 e^{i\gamma} + R_4 e^{i\delta} \tag{2-22}$$

根据欧拉公式，有

$$e^{ix} = \cos x + i \sin x \tag{2-23}$$

所以，复数实部为

$$R_1 \cos \alpha + R_2 \cos \beta + R_3 \cos \gamma + R_4 \cos \delta = 0 \tag{2-24}$$

由复数虚部得

$$R_1 \sin \alpha + R_2 \sin \beta + R_3 \sin \gamma + R_4 \sin \delta = 0 \tag{2-25}$$

若弹性元件装在下臂上，则 α 为独立变量，故可由式(2-24)和式(2-25)解得

$$\sin \beta = \frac{A_1 A_2 + \sqrt{A_2^2 - A_1^2 + 1}}{1 + A_2^2} \tag{2-26}$$

式中

$$A_1 = \frac{R_3^2 - [R_1^2 + R_2^2 + R_4^2 + 2R_1 R_4 \cos(\alpha - \delta)]}{2R_2(R_1 \cos \alpha + R_4 \cos \delta)}$$

$$A_2 = \frac{R_1 \sin \alpha + R_4 \sin \delta}{R_1 \cos \alpha + R_4 \cos \delta}$$

在已知 β 后，由式(2-25)可解得

$$\sin \gamma = (R_1 \sin \alpha + R_2 \sin \beta + R_4 \sin \delta)/R_3 \tag{2-27}$$

若弹性元件装在上臂之上，则 γ 为独立变量，故可由式(2-24)和式(2-25)解得

$$\beta = 180° - \arcsin\left(\frac{A_1 A_2 + \sqrt{A_2^2 - A_1^2 + 1}}{1 + A_2^2}\right) \quad (90° < \beta < 180°) \tag{2-28}$$

式中

$$A_1 = \frac{R_1^2 - [R_2^2 + R_3^2 + R_4^2 + 2R_3 R_4 \cos(\gamma - \delta)]}{2R_2(R_3 \cos \gamma + R_4 \cos \delta)}$$

$$A_2 = \frac{R_3 \sin \gamma + R_4 \sin \delta}{R_3 \cos \gamma + R_4 \cos \delta}$$

在已知 β 后，由式(2-25)解得

$$\alpha = 360° - \arcsin[(R_2 \sin \beta + R_3 \sin \gamma + R_4 \sin \delta)/R_1] \quad (270° < \alpha < 450°) \tag{2-29}$$

3. 车轮着地点随摆臂运动的关系

在图 2-6 中，弹性元件无论装在下臂上还是装在上臂上，车轮着地点的变化都是 R_1、R_5、R_6、r_k 和 R 所构成的闭环决定的。因此，复数 R 以及对应的 x、y 便可由下式给出：

$$R = R_1 e^{i\alpha} + R_5 e^{i\beta} + R_6 e^{i(\beta+\lambda_1)} + r_k e^{i(\beta+\lambda_1+\lambda_0)} \tag{2-30}$$

$$x = R_1 \cos\alpha + R_5 \cos\beta + R_6 \cos(\beta + \lambda_i) + r_k \cos(\beta + \lambda_i + \lambda_0) \tag{2-31}$$

$$y = R_1 \sin\alpha + R_5 \sin\beta + R_6 \sin(\beta + \lambda_i) + r_k \sin(\beta + \lambda_i + \lambda_0) \tag{2-32}$$

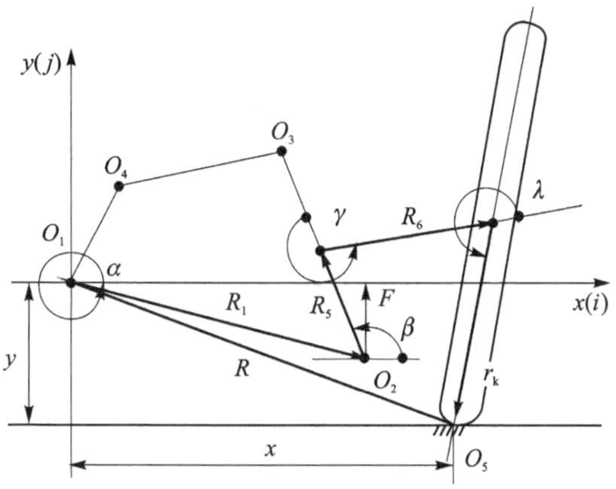

图 2-6　车轮着地点随下臂运动的关系

4. 相关参数与摆臂运动的关系

相关参数指轮距 B、车轮外倾角 γ_o、主销内倾角 γ_i、悬架中心 C_T 和力矩中心 O 等，如图 2-7 所示。

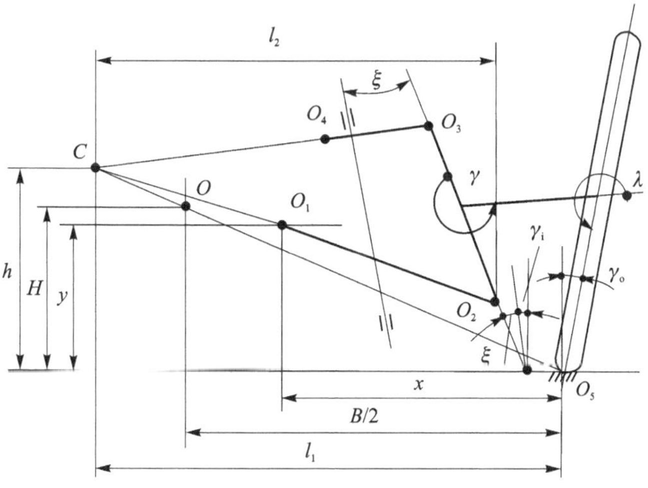

图 2-7　相关参数与摆臂运动的关系

这些参数不但随摆臂的运动而改变，而且对悬架刚度、行驶稳定性和车身稳定性等都有至关重要的作用。

根据图 2-5～图 2-7 的关系，加上已经导出的结果，便可得到下列相关参数的表达式。

① 车轮外倾角 γ_o 的表达式：

$$\gamma_o = 630° - \lambda_0 - \lambda_i - \beta \tag{2-33}$$

② 主销内倾角 γ_i 的表达式：

$$\gamma_i = \beta - 90° - \xi \tag{2-34}$$

式中，ξ 为主销与杆 $O_2O_3(R_2)$ 的夹角。

③ 轮距的表达式：

$$B = S + 2x \tag{2-35}$$

式中，S 为左、右悬架摆臂枢轴点间的距离。

④ 杠杆参数 l_1 和 l_2，不仅是确定瞬时悬架中心 C_T 和力矩中心 O 的过渡参数，也是推求悬架刚度必不可少的参数。这两个参数由图 2－7 的几何关系可得

$$l_1 = l_2 \pm [x - R_1\cos(\alpha - 360°)] \tag{2-36}$$

$$l_2 = \pm \frac{R_2\sin(\gamma - \beta)\cos(\alpha - 360°)}{\sin(\alpha - \gamma)} \tag{2-37}$$

⑤ 瞬时悬架中心 C_T 的纵坐标 h 的表达式：

$$h = \pm l_1\tan(\alpha - 360°) - |y + x\tan(\alpha - 360°)| \tag{2-38}$$

对于式(2－36)～式(2－38)中的“±”号，摆臂内交者取正，反之取负。

⑥ 力矩中心 O 的纵坐标 H 的表达式：

$$H = Bh/2l_1 \tag{2-39}$$

5. 摆臂临界角

当四杆机构杆长 R_k、δ 角确定之后，摆臂转角的变化范围将受到机构运动的限制。它可能的最小转角称为反弹临界角，可能的最大转角称为压缩临界角。

研究临界角的目的，在于合理分配有效行程，正确设计扭杆零载荷角和安装限位装置等。临界角分弹簧装于上臂和下臂两种情况，每种情况里又有杆长 $R_4>R_2$ 和 $R_2>R_4$ 两种情况，以及分别还有压缩和反弹两种情况，一共是 8 种情况，参见表 2－2。

表 2－2 摆臂临界角的确定

<table>
<tr><th>类　型</th><th colspan="2">临界角的情况</th></tr>
<tr><td>弹簧装于上臂</td><td>(A) $R_4>R_2$，瞬心在车轮外侧
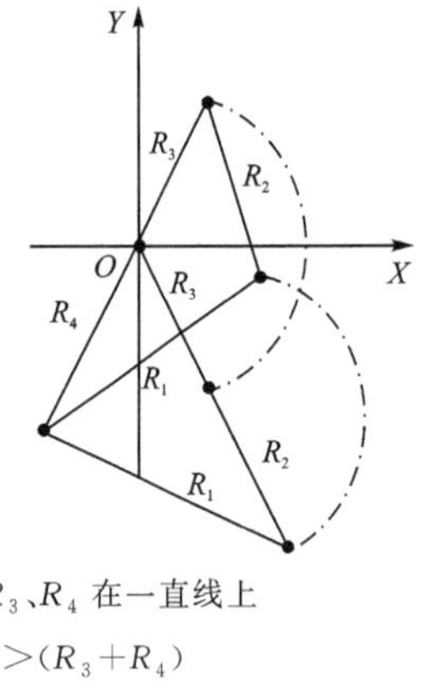

① 压缩：R_3、R_4 在一直线上
$(R_1+R_2)>(R_3+R_4)$
$\gamma_{cp}=\delta_o$
② 反弹：R_2、R_3 在一直线上
$(R_1+R_4)>(R_2+R_3)$
$\gamma_{cr}=\delta_o+Z-180°$
$Z=\arccos\left[\frac{R_4^2+(R_2+R_3)^2-R_1^2}{2R_4(R_2+R_3)}\right]$</td><td>(B) $R_2>R_4$，瞬心在车轮内侧
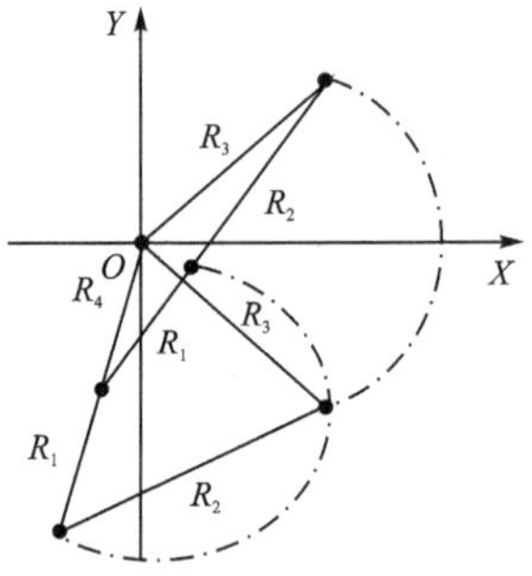

① 压缩：R_1、R_2 在一直线上
$(R_1+R_2)<(R_3+R_4)$
$\gamma_{cp}=\delta_o+Z-180°$
$Z=\arccos\left[\frac{R_3^2+R_4^2-(R_1+R_2)^2}{2R_4\cdot R_3}\right]$
② 反弹：R_1、R_4 在一直线上
$(R_1+R_4)<(R_2+R_3)$
$\gamma_{cr}=\delta_o+Z-180°$
$Z=\arccos\left[\frac{R_3^2+(R_1+R_4)^2-R_2^2}{2R_3(R_1+R_4)}\right]$</td></tr>
</table>

续表 2-2

<table>
<tr><th>类 型</th><th colspan="2">临界角的情况</th></tr>
<tr><td>弹簧装于下臂</td>
<td>(A) $R_4>R_2$，瞬心在车轮外侧
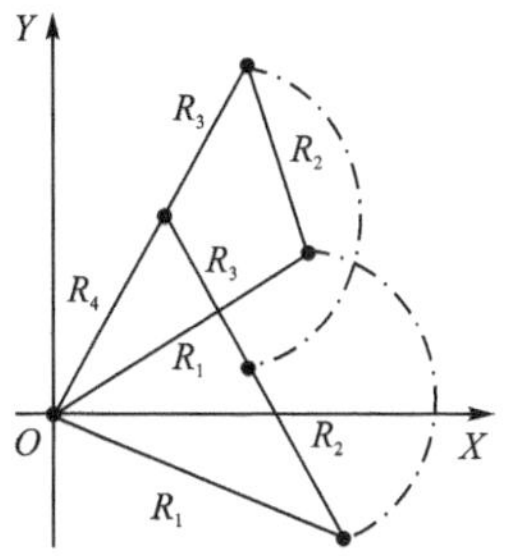

① 压缩：R_3、R_4 在一直线上
$(R_1+R_2)>(R_3+R_4)$
$\alpha_{cp}=\delta_o-Z+180°$
$Z=\arccos\left[\frac{R_1^2+(R_3+R_4)^2-R_2^2}{2R_1(R_3+R_4)}\right]$
② 反弹：R_2、R_3 在一直线上
$(R_1+R_4)>(R_2+R_3)$
$\alpha_{cp}=\delta_o-Z+180°$
$Z=\arccos\left[\frac{R_1^2+R_4^2-(R_2+R_3)^2}{2R_1\cdot R_4}\right]$</td>
<td>(B) $R_2>R_4$，瞬心在车轮内侧
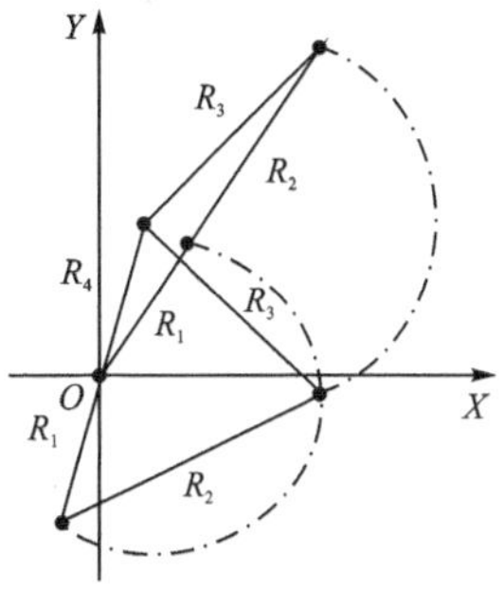

① 压缩：R_1、R_2 在一直线上
$(R_1+R_2)<(R_3+R_4)$
$\alpha_{cp}=\delta_o-Z+180°$
$Z=\arccos\left[\frac{R_4^2+(R_1+R_2)^2-R_3^2}{2R_4(R_1+R_2)}\right]$
② 反弹：R_1、R_4 在一直线上
$(R_1+R_4)<(R_2+R_3)$
$\alpha_{cr}=\delta_o$</td></tr>
</table>

2.1.3 悬架瞬时轴线和瞬时中心

1. 定义和定位

悬架瞬时轴线就是车身(悬挂质体)绕着车轮(非悬挂质体)做相对运动的轴线。瞬时中心则是轴线上的某一个点。轴线上有无穷多个点，它们都可以称为瞬时中心，不过我们关心的是由导向机构在纵向和横向上决定的两个瞬时中心，也就是图 2-3 和图 2-4 中的点 C_l 和点 C_T。

所谓瞬时，是指不断变化的某一载荷时刻。我们比较关心的是满载时刻的悬架轴线和悬架中心。

确定了满载时刻悬架中心的位置，就能确定该时刻的悬架轴线。

由图 2-3 可知，横向悬架中心 C_T 的位置由高度 h 和长度 l_1 所决定。在横向平面内，上、下摆臂所在的直线方程分别为

$$\frac{Y-Y_{Au}}{Y_{Du}-Y_{Au}}=\frac{Z-Z_{Au}}{Z_{Du}-Z_{Au}},\qquad \frac{Y-Y_{Ad}}{Y_{Dd}-Y_{Ad}}=\frac{Z-Z_{Ad}}{Z_{Dd}-Z_{Ad}}$$

解此方程，便可求出横向悬架瞬时中心 C_T 的坐标 Y_{CT} 和 Z_{CT}，因此有

$$h=Z_E-Z_{CT} \tag{2-40}$$

$$l_1=Y_E-Y_{CT} \tag{2-41}$$

同理，利用图 2-4 可写出上、下轴销的直线方程，求出点 C_l 的坐标 X_{Cl} 和 Z_{Cl}，把点 C_T 和点 C_l 两点连接起来构成一条空间直线。这条直线就是满载时刻的瞬时悬架轴线，见图 2-8。

确定了纵向悬架瞬时中心之后，就可以确定上、下轴销线约束反力的合力，并将机构化为一个单纵臂悬架，进而就可与该车其他车轴悬架一起求出整车纵向力矩中心。

确定了横向悬架瞬时中心，不仅可以确定车身相对于地面转动的侧倾力矩中心，还可导出弹性元件的受力和求出悬架的换算刚度等，将在下文介绍。

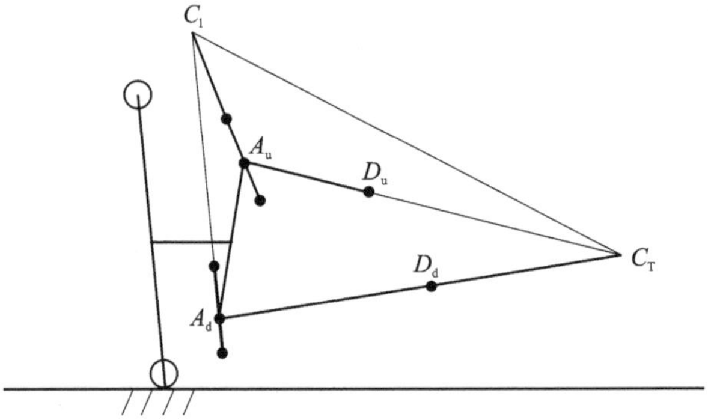

图 2-8　瞬时悬架轴线

2. 纵向导向机构的受力

双横臂在车轮处的轴销线相交于车轮后方，制动力 P_τ 作用于车轮着地中心 E，上、下轴销臂的约束反力 N_u、N_d 的方向与轴销线相同，N_u、N_d 的合力 N 必通过轴销线的交点即纵向悬架瞬时中心 C_1，如图 2-9 所示。

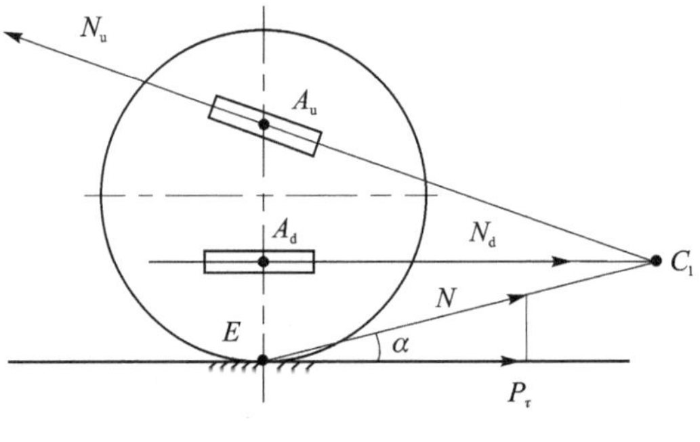

图 2-9　纵向导向机构的受力

根据硬化公理，在平衡的时刻，可将轴销和车轮看成一个刚体，而 C_1、E 两点是这个刚体上的两个作用点，显然 C_1、E 两点处的合力 N 大小相等、方向相反，作用线就是 $\overline{EC_1}$ 线，合力 N 在水平面上的投影等于制动力 P_τ。

由此可知，双横臂在纵向上的导向机构已被转化为一个单臂机构了。

3. 瞬时侧倾中心

瞬时侧倾中心，就是在横向上悬架的悬挂质体相对于地平面运动的瞬时转动中心。双横臂悬架在横向上的上、下摆臂轴线可以是平行的，也可以是内交的或外交的。不同的形式，侧倾中心的位置就不同。现分述如下：

(1) 摆臂平行

在上、下摆臂平行的情况下，瞬时侧倾中心(力矩中心)在中性面与地面的交点处。

(2) 摆臂内交

图 2 - 10 所示为摆臂内交式悬架的瞬时侧倾中心，是内收式双横臂独立悬架，可采用三心定理来求瞬时侧倾中心。在左半部，车轮 3 与上杆 4 的相对瞬时转动中心是 P_{34}，而上杆 4 与车身 1 的相对瞬时转动中心是 P_{14}，根据三心定理，车轮 3 与车身 1 的瞬时转动中心必然在 P_{34} 和 P_{14} 的连线上。

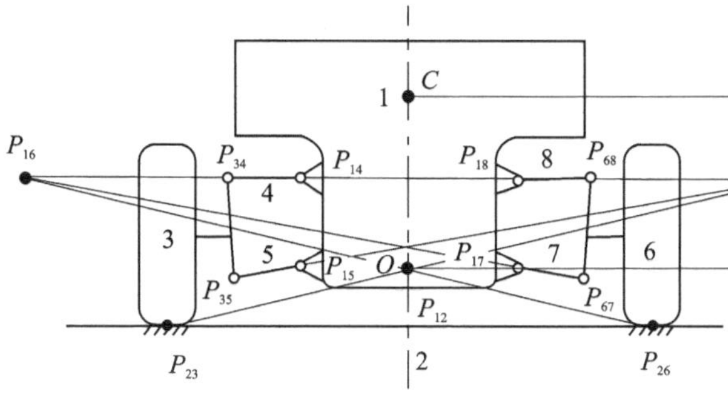

图 2 - 10　摆臂内交式悬架的瞬时侧倾中心

同样，下杆 5 与车轮 3 和车身 1 的相对瞬时转动中心分别为 P_{35} 和 P_{15}。根据三心定理，车身 1 与车轮 3 的相对瞬时转动中心必然在 P_{35} 和 P_{15} 的连线上。因此，两条连线的交点 P_{13} 就是车身对左轮的瞬时转动中心。

知道了左轮对车身的相对瞬时转动中心(悬架中心)P_{13}，而且知道车轮 3 对地面 2 的相对瞬时转动中心就是 P_{23}，根据三心定理，车身 1 对地面 2 的瞬时转动中心 P_{12} 必在 P_{23} 和 P_{13} 的连线上。

按同样的步骤可以求出，车身 1 对地面 2 的瞬时转动中心 P_{12} 必在 P_{26} 和 P_{16} 的连线上。

由于横向侧倾瞬时中心与侧倾力矩中心的一致性，故 P_{12} 就是侧倾力矩中心 O。

如果双横臂的上、下臂是水平的，则力矩中心在地平线与中性面的交点处。

(3) 摆臂外交

图 2 - 11 所示为摆臂外交式悬架的瞬时侧倾中心，同内交式一样，仍可利用三心定理证明点 O 就是瞬时侧倾中心，e_r 就是瞬时侧倾力矩臂。由上文可知，点 O 的位置和 e_r 值的大小均随摆臂的状态而定。点 O 内交式的在地平面之上，平行式的就在地平线上，外交式的却在地平面之下。相应的 e_r 值则由小变大。值得注意的是，e_r 小者有利于车身稳定性，不利于稳态

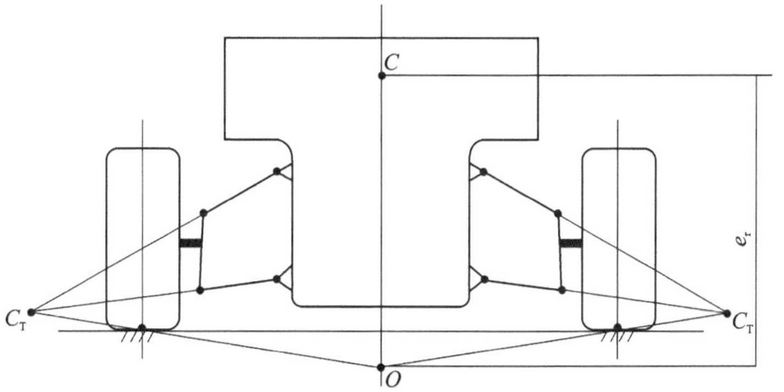

图 2 - 11　摆臂外交式悬架的瞬时侧倾中心

转向特性;e_r 大者则与之相反。

2.2 弹性元件的受力

在汽车悬架设计中,必须要知道弹性元件的受力或力矩,否则无法进行弹性元件的设计。在双横臂悬架中,一共有 8 种典型的情况:上、下摆臂外交 4 种,分别为弹簧装于上臂、弹簧装于下臂、扭杆装于上臂和扭杆装于下臂;上、下摆臂内交 4 种,分别为弹簧装于上臂、弹簧装于下臂、扭杆装于上臂和扭杆装于下臂。下面分别研究。

2.2.1 摆臂外交

1. 弹簧装于下臂

弹簧装于下臂,摆臂外交情况下,已知车轮受满载静载荷 P 作用,可利用图 2-12 来推求弹簧轴线方向的受力 F_S。

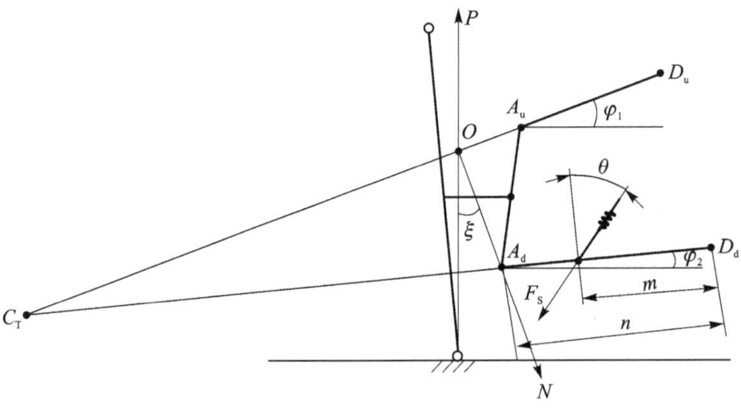

图 2-12 弹簧装于下臂(摆臂外交)的受力

弹簧装于下臂,故上臂为二力杆。P、Q 和 N 三力汇于点 O,则有

$$Q\cos\varphi_1 = N\sin\xi,\quad P = Q\sin\varphi_1 + N\cos\xi$$

于是

$$N = \frac{P\cos\varphi_1}{\cos(\xi-\varphi_1)}$$

式中 φ_1——上臂在满载时相对于水平面的夹角;

ξ——N 力线与垂直平面的夹角。

分力 $N\cos|\xi-\varphi_2|$ 和 $F_S\cos\theta$ 分别对臂端点 D_d 取矩,则有

$$nN\cos(\xi-\varphi_2) = mF_S\cos\theta$$

式中 φ_2——下臂在满载时相对于水平面的夹角;

θ——螺簧轴线与下臂垂直线的夹角。

由此可得弹簧的轴线力为

$$F_S = \frac{n\cos|\xi-\varphi_2|}{m\cos\theta}N = \frac{n\cos\varphi_1\cos|\xi-\varphi_2|}{m\cos\theta\cos(\xi-\varphi_1)}P \tag{2-42}$$

弹簧轴线力 F_S 的计算公式,是随上、下摆臂端点 A_u、D_u、A_d、D_d 的坐标值而变的,公式

以具体的坐标值来决定。

2. 弹簧装于上臂

如图 2-13 所示，弹簧装于上臂，故下臂为二力杆。P、Q、N 三力汇于点 O，则有

$$N\sin\xi = Q\cos\varphi_2,\quad P = N\cos\xi - Q\sin\varphi_2$$

于是

$$N = \frac{P\cos\varphi_2}{\cos(\xi+\varphi_2)},\quad F = \frac{P\cos\varphi_2\cos(\xi+\varphi_1)}{\cos(\xi+\varphi_2)}$$

故弹簧受力为

$$F_{\mathrm{S}} = \frac{nF}{m\cos\theta} = \frac{n\cos\varphi_2\cos(\xi+\varphi_1)}{n\cos\theta\cos(\xi+\varphi_2)}P \tag{2-43}$$

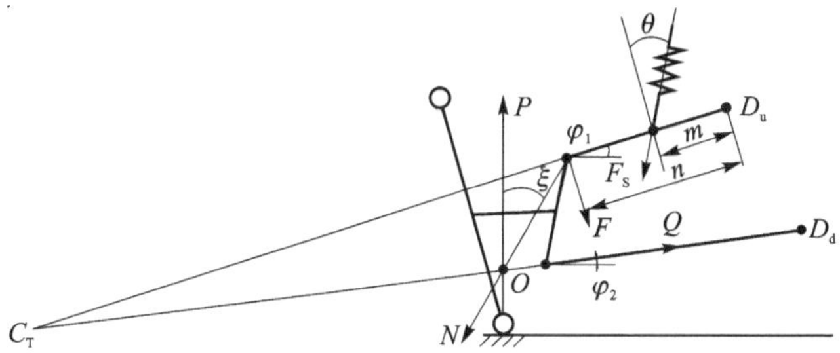

图 2-13　弹簧装于上臂(摆臂外交)的受力

3. 扭杆装于下臂

如图 2-14 所示，扭杆装于下臂，故上臂为二力杆。P、N、Q 三力汇于点 O，则有

$$N\sin\xi = Q\cos\varphi_1,\quad P = N\cos\xi = Q\sin\varphi_1$$

于是

$$N = \frac{P\cos\varphi_1}{\cos(\xi-\varphi_1)}$$

扭杆端部受力为

$$F - N\cos(\xi-\varphi_2) = \frac{\cos\varphi_1\cos(\xi-\varphi_2)}{\cos(\xi-\varphi_1)}P \tag{2-44}$$

扭杆承受的扭矩为

$$T_{\mathrm{f}} = FR_1 = \frac{R_1\cos\varphi_1\cos(\xi-\varphi_2)}{\cos(\xi-\varphi_1)}P \tag{2-45}$$

式中　φ_1、φ_2——上、下臂在满载时与水平面的夹角；

ξ——N 力线与垂直平面的夹角。

4. 扭杆装于上臂

如图 2-15 所示，扭杆装于上臂，故下臂为二力杆。P、N、Q 三力汇于点 O，则有

$$N\sin\xi = Q\cos\varphi_2,\quad P = N\cos\xi - Q\sin\varphi_2$$

于是

$$N = \frac{P\cos\varphi_2}{\cos(\xi+\varphi_2)}$$

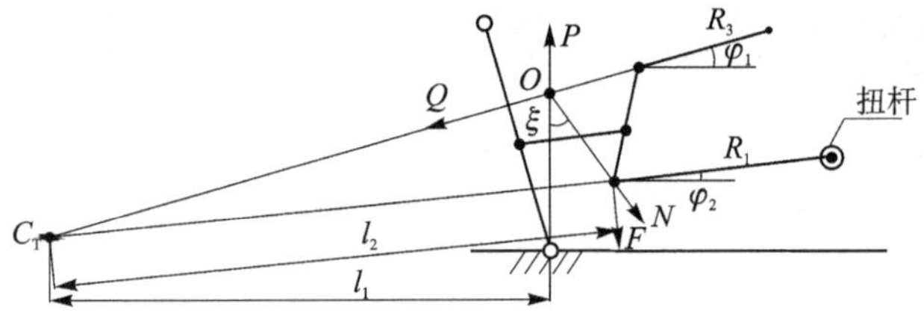

图 2-14　扭杆装于下臂(摆臂外交)的受力

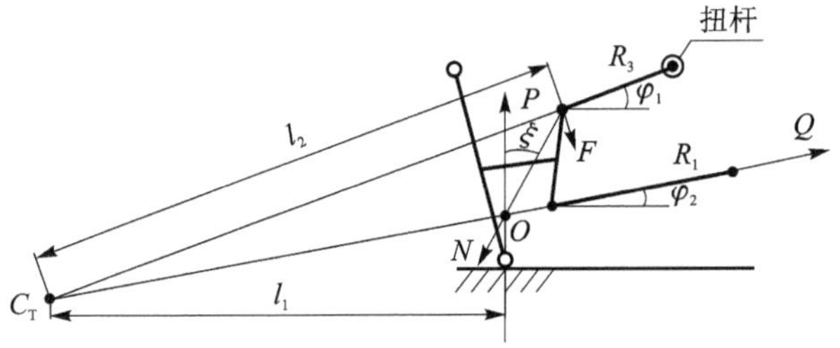

图 2-15　扭杆装于上臂(摆臂外交)的受力

扭杆端部受力为

$$F=N\cos(\xi+\varphi_1)=\frac{\cos\varphi_2\cos(\xi+\varphi_1)}{\cos(\xi+\varphi_2)}P \tag{2-46}$$

扭杆承受的扭矩为

$$T_f=FR_3=\frac{R_3\cos\varphi_2\cos(\xi+\varphi_1)}{\cos(\xi+\varphi_2)}P \tag{2-47}$$

式中　φ_1、φ_2——上、下臂在满载时与水平面的夹角；

ξ——N 力线与垂直平面的夹角。

2.2.2　摆臂内交

1. 弹簧装于下臂

弹簧装于下臂，在摆臂内交的情况下，已知车轮受满载静载荷 P 作用，可利用图 2-16 来推求弹簧在轴线方向的受力 F_S。

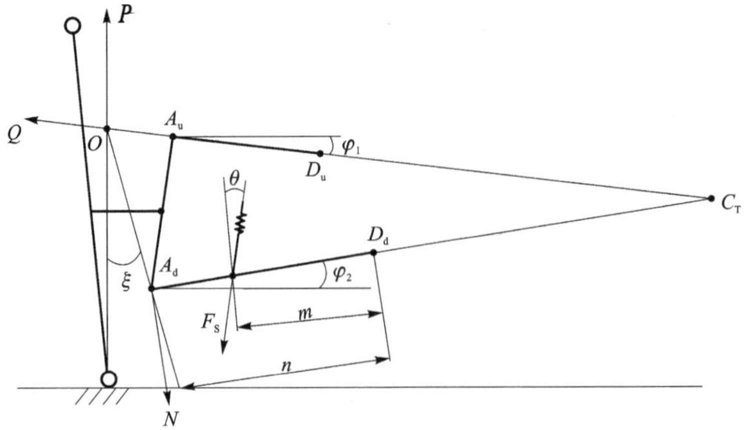

图 2-16　弹簧装于下臂(摆臂内交)的受力

弹簧装于下臂，故上臂为二力杆。由图 2－16 可知，力 P、Q 和 N 汇于点 O，故有

$$Q\cos\varphi_1 = N\sin\xi,\quad P = N\cos\xi - Q\sin\varphi_1$$

所以有

$$N = \frac{P\cos\varphi_1}{\cos(\varphi_1+\xi)}$$

式中　φ_1——上臂在满载时相对于水平面的夹角；

　　ξ——N 力线与垂直平面的夹角。

分力 $N\cos(\varphi_2-\xi)$ 和 $F_S\cos\theta$ 分别对下臂臂端点 D_d 取矩，则有

$$nN\cos(\varphi_2-\xi) = mF_S\cos\theta$$

式中　φ_2——下臂在满载时相对于水平面的夹角；

　　θ——弹簧轴线与下臂垂直线的夹角。

由此可得弹簧的轴线力为

$$F_S = \frac{n\cos(\varphi_2-\xi)}{m\cos\theta}N = \frac{n\cos\varphi_1\cos(\varphi_2-\xi)}{m\cos\theta\cos(\varphi_1+\xi)}P \tag{2-48}$$

2. 弹簧装于上臂

如图 2－17 所示，弹簧装于上臂，故下臂为二力杆。P、Q 和 N 三力汇于点 O，则有

$$N\sin\xi = Q\cos\varphi_2$$

$$P = N\cos\xi - Q\sin\varphi_2$$

$$N = \frac{\cos\varphi_2}{\cos(\varphi_2+\xi)}P$$

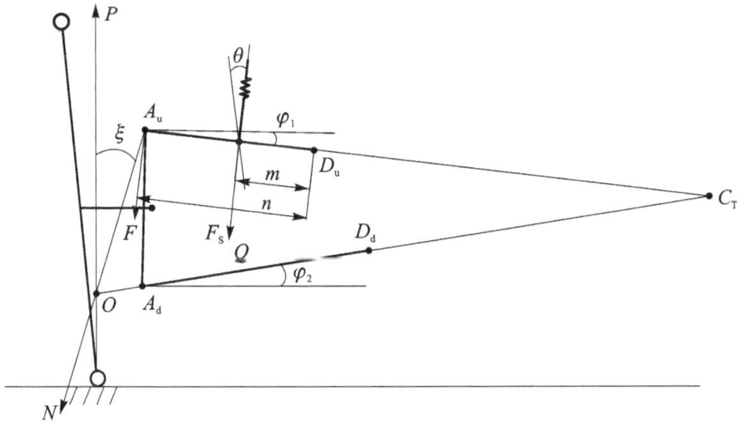

图 2－17　弹簧装于上臂（摆臂内交）的受力

分力 $N\cos(\xi-\varphi_1)$ 和 $F_S\cos\theta$ 分别对上臂臂端点 D_u 取矩，则有 $nN\cos(\xi-\varphi_1)=mF_S\cos\theta$，于是弹簧的轴向力为

$$F_S = \frac{n\cos(\xi-\varphi_1)}{m\cos\theta}N = \frac{n\cos\varphi_2\cos(\xi-\varphi_1)}{m\cos\theta\cos(\xi+\varphi_2)}P \tag{2-49}$$

3. 扭杆装于下臂

在摆臂内交的情况下，扭杆装于下臂，如图 2－18 所示，上臂为二力杆，P、N 和 Q 三力汇于点 O，则有

$$N\sin\xi = Q\cos\varphi_1$$
$$P = N\cos\xi - Q\sin\varphi_1$$

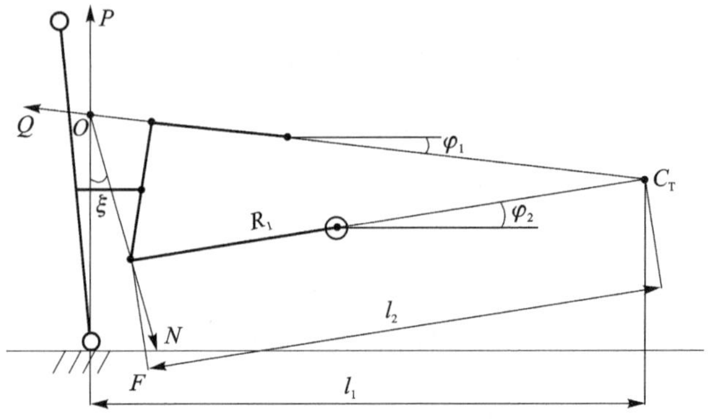

图 2-18　扭杆装于下臂(摆臂内交)的扭杆力矩

于是

$$N = \frac{\cos\varphi_1}{\cos(\xi + \varphi_1)}P$$

扭杆臂端部受力为

$$F = N\cos(\xi - \varphi_2) = \frac{\cos\varphi_1\cos(\xi - \varphi_2)}{\cos(\xi + \varphi_1)}P$$

扭杆承受的扭矩为

$$T_f = FR_1 = \frac{R_1\cos\varphi_1\cos(\xi - \varphi_2)}{\cos(\xi + \varphi_1)}P \tag{2-50}$$

上式中　ξ——N 力线与垂直平面的夹角；

φ_1、φ_2——上、下臂在满载时与水平面的夹角。

4. 扭杆装于上臂

如图 2-19 所示，扭杆装于上臂，故下臂为二力杆。P、Q 和 N 三力汇于点 O，则有

$$N\sin\xi = Q\cos\varphi_2$$
$$P = N\cos\xi - Q\sin\varphi_2$$

于是

$$N = \frac{\cos\varphi_2}{\cos(\xi + \varphi_2)}P$$

扭杆端部受力为

$$F = N\cos(\xi - \varphi_1) = \frac{\cos\varphi_2\cos(\xi - \varphi_1)}{\cos(\xi + \varphi_2)}P$$

扭杆承受的扭矩为

$$T_f = FR_3 = \frac{R_3\cos\varphi_2\cos(\xi - \varphi_1)}{\cos(\xi + \varphi_2)}P \tag{2-51}$$

上式中　ξ——N 力线与垂直平面的夹角；

φ_1、φ_2——上、下臂在满载时与水平面的夹角。

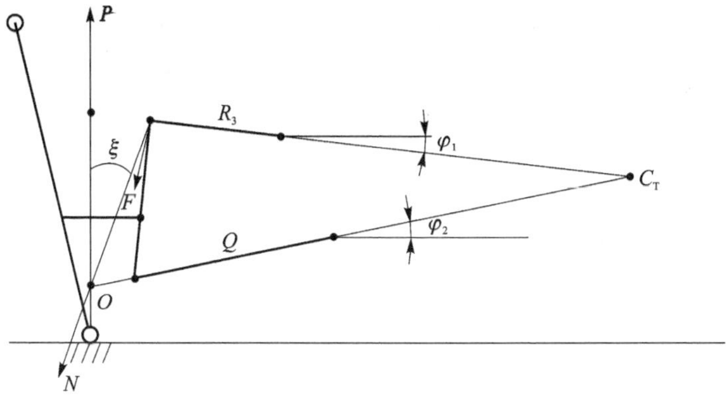

图 2-19　扭杆装于上臂(摆臂内交)的扭杆力矩

上述 8 种典型情况可酌情选用,但大多选用摆臂内交结构,以减小侧倾力矩臂,从而降低车身侧倾角。现将 8 种情况的弹簧轴向力 F_S 和扭杆力矩 T_f 的计算公式集中列于表 2-3 中,以方便查阅。

表 2-3　双横臂悬架的弹簧力和力矩

<table>
<tr><td rowspan="4">摆臂外交</td><td rowspan="2">弹簧装于上臂</td><td>$F_S=\dfrac{n\cos\varphi_2\cos(\xi+\varphi_1)}{m\cos\theta\cos(\xi+\varphi_2)}P$</td><td rowspan="2">扭杆装于上臂</td><td>$T_f=\dfrac{R_3\cos\varphi_2\cos(\xi+\varphi_1)}{\cos(\xi+\varphi_2)}P$</td></tr>
<tr><td>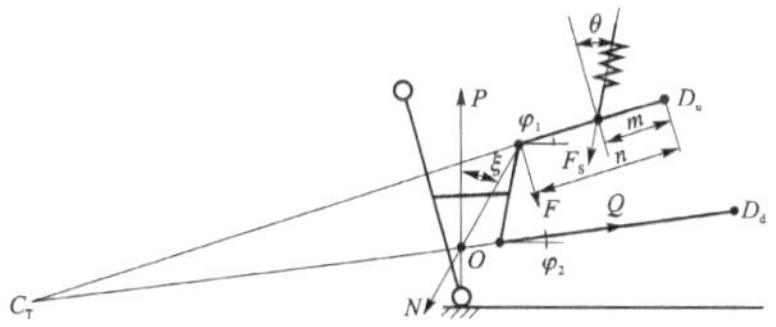</td><td>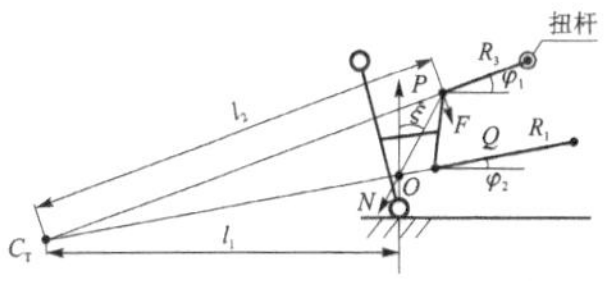</td></tr>
<tr><td rowspan="2">弹簧装于下臂</td><td>$F_S=\dfrac{n\cos\varphi_1\cos(\xi-\varphi_2)}{m\cos\theta\cos(\xi-\varphi_1)}P$</td><td rowspan="2">扭杆装于下臂</td><td>$T_f=\dfrac{R_1\cos\varphi_1\cos(\xi-\varphi_2)}{\cos(\xi-\varphi_1)}P$</td></tr>
<tr><td>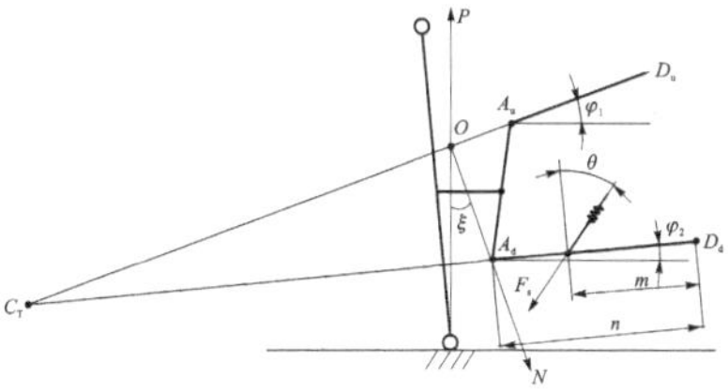</td><td>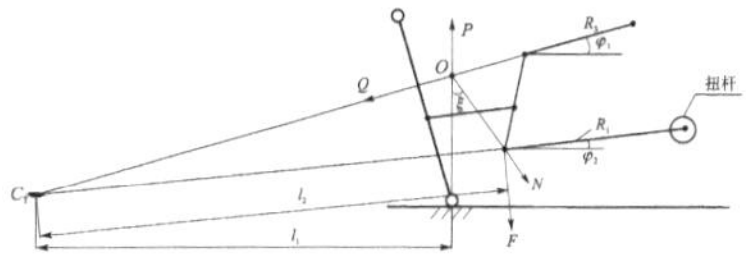</td></tr>
</table>

续表 2-3

摆臂内交	弹簧装于上臂	$F_S=\dfrac{n\cos\varphi_2\cos(\xi-\varphi_1)}{m\cos\theta\cos(\xi+\varphi_2)}P$ 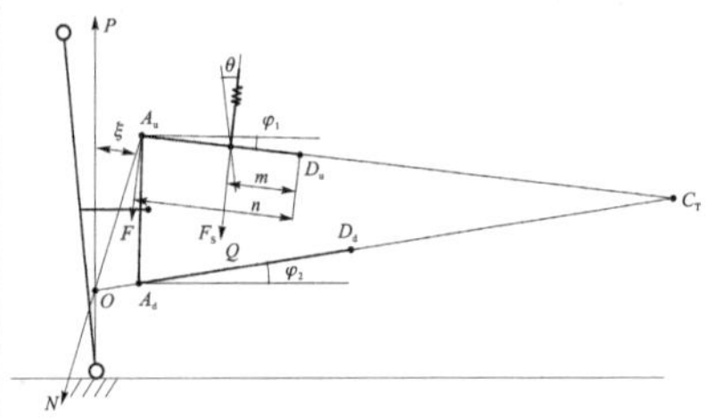	扭杆装于上臂	$T_f=\dfrac{R_3\cos\varphi_2\cos(\xi-\varphi_1)}{\cos(\xi+\varphi_2)}P$ 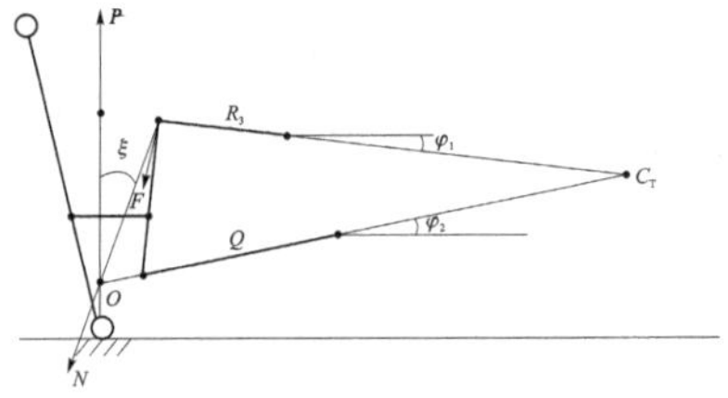
	弹簧装于下臂	$F_S=\dfrac{n\cos\varphi_1\cos(\varphi_2-\xi)}{m\cos\theta\cos(\varphi_1+\xi)}P$ 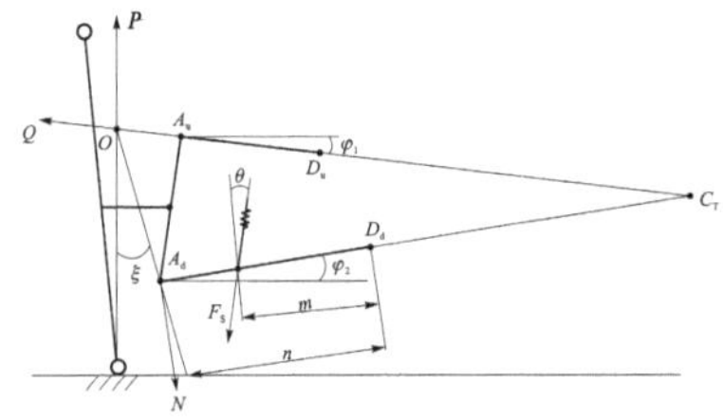	扭杆装于下臂	$T_f=\dfrac{R_1\cos\varphi_1\cos(\xi-\varphi_2)}{\cos(\xi+\varphi_1)}P$ 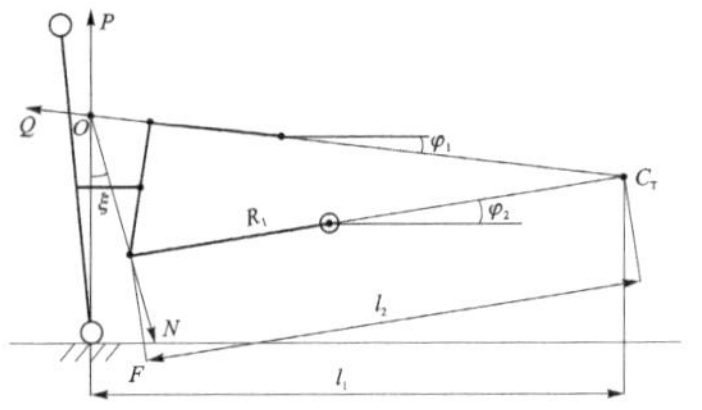

2.3 换算刚度

双横臂独立悬架的换算线刚度与角刚度是悬架设计的重要参数，它们共有 8 种典型的情况：摆臂外交 4 种，分别为弹簧装于上臂、弹簧装于下臂、扭杆装于上臂和扭杆装于下臂；摆臂内交 4 种，分别为弹簧装于上臂、弹簧装于下臂、扭杆装于上臂和扭杆装于下臂。此外，还有摆臂平行和双扭杆的情况。下面具体研究。

2.3.1 摆臂平行

在上、下摆臂平行的情况下，运动瞬时中心在无穷远处，如图 2-20 所示。

由于车轮着地中心 E 以及下臂端点 A_d 同在一个刚体上，所以当车轮转过一个微元角 $\delta\alpha$ 时，点 E 和点 A_d 的向上垂直位移量均为 Δf，而当下臂绕点 D_d 旋转时，弹簧的垂直向上的位移量 $\delta f=\dfrac{m}{n}\Delta f$。将 $\delta f/\Delta f$ 代入换算刚度的一般表达式后，便可得到这种悬架的换算线刚度：

$$K=c\left(\frac{m}{n}\right)^2 \tag{2-52}$$

式中，c 为弹簧刚度。

2.3.2 摆臂外交

1. 弹簧装于上臂

图 2-21 所示为弹簧装于上臂（摆臂外交）的换算刚度。

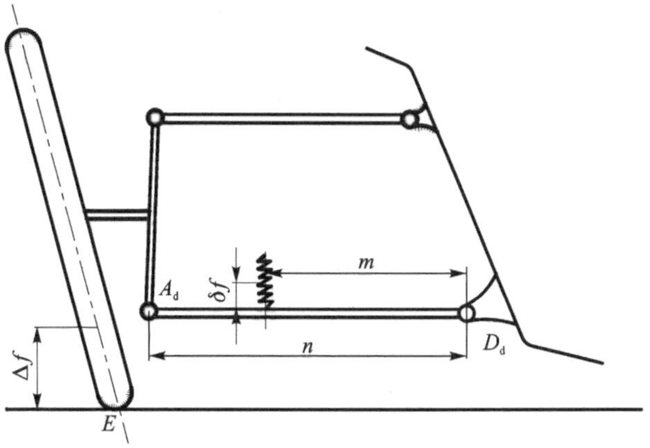

图 2-20　摆臂平行双横臂悬架的换算刚度

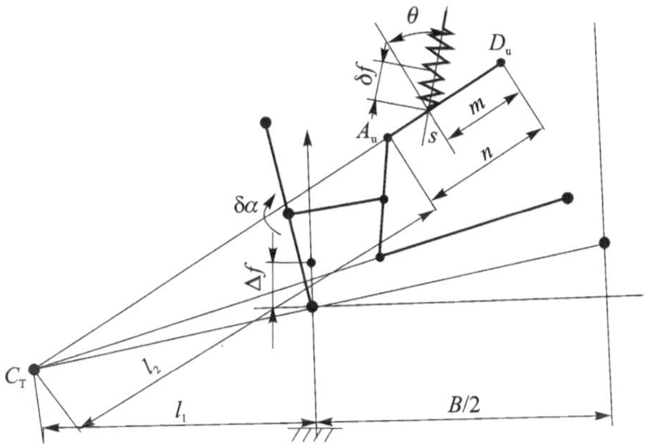

图 2-21　弹簧装于上臂(摆臂外交)双横臂悬架的换算刚度

假设车轮相对于车身绕横向悬架中心 C_T 转过一个微元角 $\delta\alpha$，那么由图 2-21 可知，车轮的垂直位移为

$$\Delta f = l_1 \cdot \delta\alpha \quad \left(\text{即 } \delta\alpha = \frac{\Delta f}{l_1}\right)$$

当上臂绕点 D_u 旋转时，点 A_u 的位移 δA_u 与点 S 的位移 δS 的关系为

$$\delta S = \frac{m}{n}\delta A_u$$

又因为点 A_u 与车轮为一整体，横向悬架中心 C_T 也是点 A_u 的瞬心，所以有

$$\delta A_u = l_2 \cdot \delta\alpha$$

进而有

$$\delta S = \frac{m}{n} l_2 \delta\alpha = \frac{m l_2}{n l_1}\Delta f$$

弹簧沿轴线方向的变形量为

$$\delta f = \delta S \cos\theta = \frac{m l_2}{n l_1}\Delta f \cos\theta$$

式中，θ 为弹簧轴线与上臂垂线间的夹角。

将 δf、Δf 代入由虚位移原理所得的公式(1－5),便可得到这种悬架的换算线刚度:

$$K = c\left(\frac{\delta f}{\Delta f}\right)^2 = c\left(\frac{ml_2}{nl_1}\cos\theta\right)^2 \tag{2-53}$$

式中,c 为弹簧刚度。

该悬架的横向角刚度为

$$C_\alpha = \frac{1}{2}KB^2 = \frac{1}{2}c\left(\frac{ml_2}{nl_1}\cos\theta \cdot B\right)^2 \tag{2-54}$$

式中,B 为轮距。

2. 弹簧装于下臂

图 2－22 所示为弹簧装于下臂(摆臂外交)双横臂悬架的换算刚度。

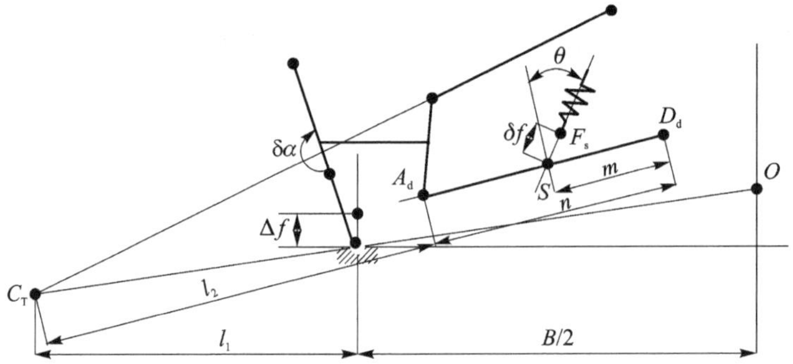

图 2－22 弹簧装于下臂(摆臂外交)双横臂悬架的换算刚度

假设车轮相对于车身绕悬架中心 C_T 转过一个微元角 $\delta\alpha$,那么由图 2－22 可知,车轮的垂直位移为

$$\Delta f = l_1\delta\alpha \quad \left(\text{即 } \delta\alpha = \frac{\Delta f}{l_1}\right)$$

当下臂绕点 D_d 旋转时,点 A_d 的位移 δA_d 与点 S 的位移 δS 的关系为

$$\delta S = \frac{m}{n}\delta A_d$$

又因为点 A_d 与车轮为一整体,悬架中心 C_T 也是点 A_d 的瞬心,所以

$$\delta A_d = l_2\delta\alpha$$

进而有

$$\delta S = \frac{m}{n}l_2\delta\alpha = \frac{ml_2}{nl_1}\Delta f$$

弹簧沿轴线方向的变形量为

$$\delta f = \delta S\cos\theta = \frac{ml_2}{nl_1}\Delta f\cos\theta$$

式中,θ 为弹簧轴线与下臂垂线间的夹角。

将 δf、Δf 代入由虚位移原理所得的公式(1－5),便可得到这种悬架的换算线刚度:

$$K = c\left(\frac{\delta f}{\Delta f}\right)^2 = c\left(\frac{ml_2}{nl_1}\cos\theta\right)^2 \tag{2-55}$$

该悬架的横向角刚度为

$$C_\alpha = \frac{1}{2}KB^2 = \frac{1}{2}c\left(\frac{ml_2}{nl_1}B\cos\theta\right)^2 \tag{2-56}$$

3. 扭杆弹簧装于上臂

扭杆弹簧装于上臂(外交式)双横臂悬架的换算刚度可利用图 2-23 来推导。

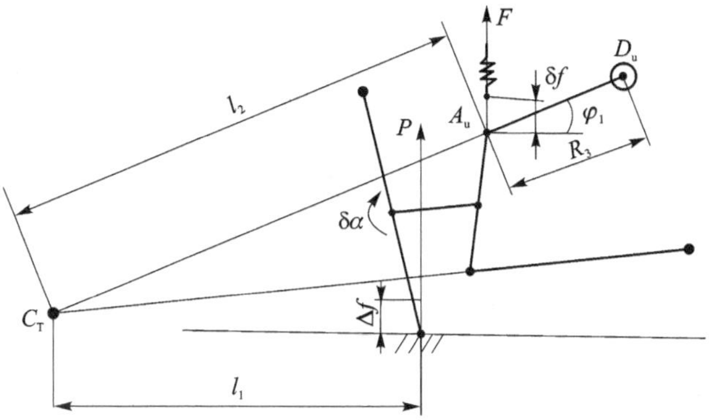

图 2-23　扭杆弹簧装于上臂(外交式)双横臂悬架的换算刚度

假设车轮相对于车身绕横向悬架中心 C_T 转过一个微元角 $\delta\alpha$，那么由图 2-23 可知，车轮的垂直位移为

$$\Delta f = l_1\delta\alpha$$

因为点 A_u 与车轮为一整体，横向悬架中心 C_T 也是点 A_u 的瞬心，所以 $\delta A_u = l_2\delta\alpha$ 扭杆弹簧在轴线方向的位移为

$$\delta f = \delta A_u\cos\varphi_1 = l_2\cos\varphi_1\cdot\delta\alpha$$

由式(1-5)可知，这种悬架的换算线刚度为

$$K = c\left(\frac{\delta f}{\Delta f}\right)^2 = c\left(\frac{l_2}{l_1}\cos\varphi_1\right)^2 \tag{2-57}$$

该悬架的横向角刚度为

$$C_\alpha = \frac{1}{2}KB^2 = \frac{1}{2}c\left(\frac{l_2}{l_1}B\cos\varphi_1\right)^2 \tag{2-58}$$

式中　c——扭杆弹簧刚度；

　　B——轮距。

4. 扭杆弹簧装于下臂

扭杆弹簧装于下臂(外交式)双横臂悬架的换算刚度可利用图 2-24 来推导。

假设车轮相对于车身绕横向悬架中心 C_T 转过了一个微元角 $\delta\alpha$，那么由图 2-24 可知，车轮的垂直位移为

$$\Delta f = l_1\delta\alpha$$

因为点 A_d 与车轮为一整体，横向悬架中心 C_T 也是点 A_d 的瞬心，所以 $\delta A_d = l_2\delta\alpha$ 扭杆弹簧在轴线方向的位移为

$$\delta f = \delta A_d\cos\varphi_2 = l_2\cos\varphi_2\cdot\delta\alpha$$

由式(1-5)可知，这种悬架的换算线刚度为

$$K = c\left(\frac{\delta f}{\Delta f}\right)^2 = c\left(\frac{l_2\cos\varphi_2}{l_1}\right)^2 \tag{2-59}$$

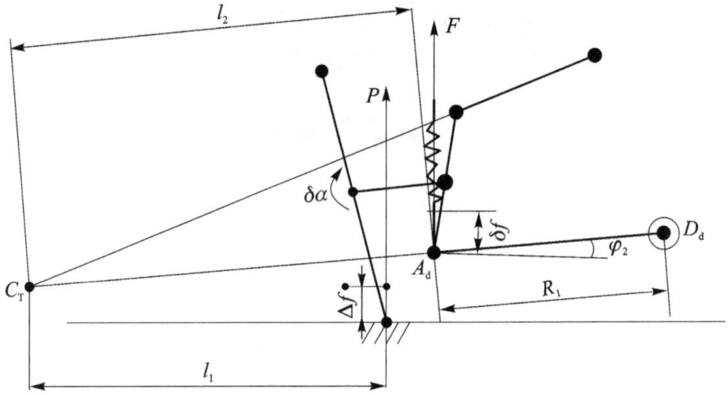

图 2-24　扭杆弹簧装于下臂(外交式)双横臂悬架的换算刚度

该悬架的横向角刚度为

$$C_\alpha=\frac{1}{2}KB^2=\frac{1}{2}c\left(\frac{l_2}{l_1}B\cos\varphi_2\right)^2 \tag{2-60}$$

式中　c——扭杆弹簧刚度；

B——轮距。

2.3.3　摆臂内交

1. 弹簧装于上臂

弹簧装于上臂(内交式)双横臂悬架的换算刚度可利用图 2-25 来推导。

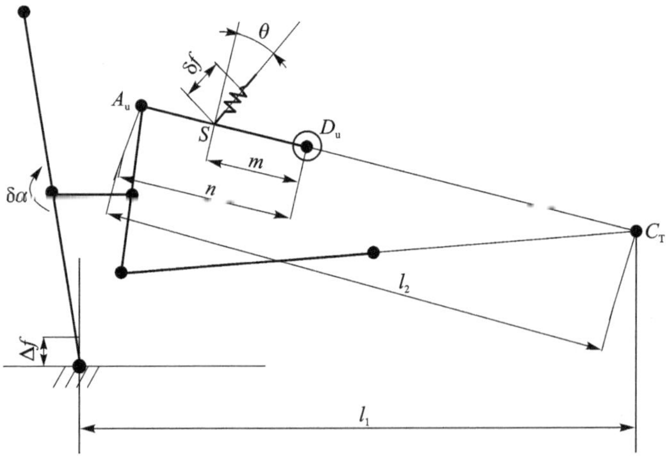

图 2-25　弹簧装于上臂(内交式)双横臂悬架的换算刚度

假设车轮相对于车身绕横向悬架中心 C_T 转过一个微元角 $\delta\alpha$，那么由图 2-25 可知，车轮的垂直位移为

$$\Delta f=l_1\delta\alpha\quad\left(\text{即 }\delta\alpha=\frac{\Delta f}{l_1}\right)$$

当上臂绕点 D_u 旋转时，点 A_u 的位移 δA_u 与点 S 的位移 δS 的关系为

$$\delta S = \frac{m}{n}\delta A_{\mathrm{u}}$$

又因为点 A_{u} 与车轮为一整体，横向悬架中心 C_{T} 也是点 A_{u} 的瞬心，所以 $\delta A_{\mathrm{u}} = l_2\delta\alpha$。进而有

$$\delta S = \frac{m}{n} l_2 \delta\alpha = \frac{ml_2}{nl_1}\Delta f$$

弹簧沿轴线方向的变形量为

$$\delta f = \delta S\cos\theta = \frac{ml_2}{nl_1}\Delta f\cos\theta$$

式中，θ 为弹簧轴线与上臂垂线间的夹角。

将 δf、Δf 代入由虚位移原理导出的公式(1-5)，便可得到这种悬架的换算线刚度：

$$K = c\left(\frac{\delta f}{\Delta f}\right)^2 = c\left(\frac{ml_2}{nl_1}\cos\theta\right)^2 \tag{2-61}$$

该悬架的横向角刚度为

$$C_\alpha = \frac{1}{2}KB^2 = \frac{1}{2}c\left(\frac{ml_2}{nl_1}\cos\theta\cdot B\right)^2 \tag{2-62}$$

式中　c——弹簧的刚度；

　　B——轮距。

2. 弹簧装于下臂

弹簧装于下臂(摆臂内交)双横臂悬架的换算刚度可利用图 2-26 来推导。

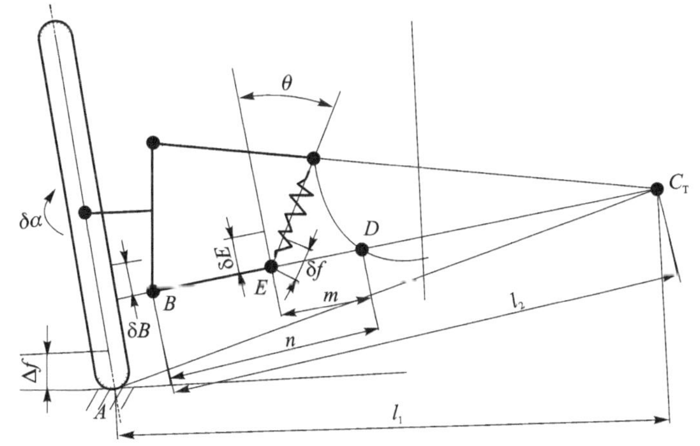

图 2-26　弹簧装于下臂(摆臂内交)双横臂悬架的换算刚度

假设车轮相对于车身绕瞬心 C_{T} 转过一个微元角 $\delta\alpha$，那么由图 2-26 可知，车轮的垂直位移为

$$\Delta f = l_1\delta\alpha$$

即

$$\delta\alpha = \frac{\Delta f}{l_1}$$

当下臂绕点 D 旋转时，点 B 的位移 δB 与点 E 的位移 δE 的关系为

$$\delta E=\frac{m}{n}\delta B$$

又由于点 B 与车轮为一整体，点 C_T 也是点 B 的瞬心，所以有

$$\delta B=l_2\delta\alpha$$

进而有

$$\delta E=\frac{m}{n}l_2\delta\alpha=\frac{ml_2}{nl_1}\Delta f$$

弹簧沿轴线方向的变形量为

$$\delta f=\delta E\cos\theta=\frac{ml_2}{nl_1}\Delta f\cos\theta \tag{2-63}$$

式中，θ 为弹簧轴线与下臂垂线间的夹角。

将 δf 代入式(1-5)，可得到这种悬架的换算线刚度：

$$K=c\left(\frac{\delta f}{\Delta f}\right)^2=c\left(\frac{ml_2}{nl_1}\cos\theta\right)^2 \tag{2-64}$$

其悬架的横向角刚度为

$$C_\alpha=\frac{1}{2}KB^2=\frac{1}{2}c\left(\frac{ml_2}{nl_1}\cos\theta\cdot B\right)^2 \tag{2-65}$$

3. 扭杆弹簧装于上臂

扭杆弹簧装于上臂(摆臂内交)双横臂悬架的换算刚度可利用图 2-27 来推导。

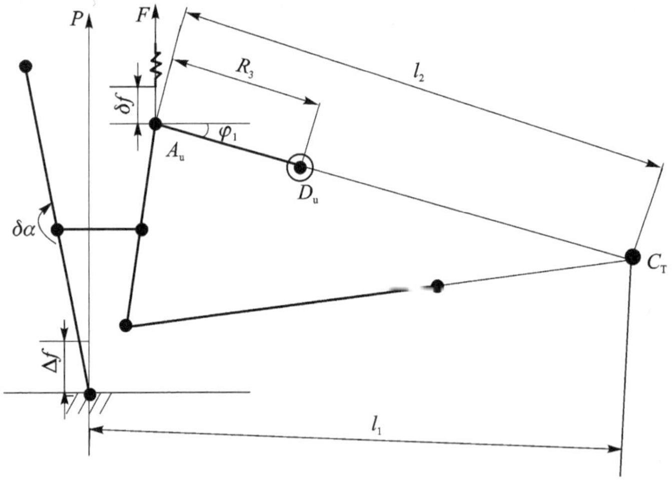

图 2-27　扭杆弹簧装于上臂(摆臂内交)双横臂悬架的换算刚度

假设车轮相对于车身绕横向悬架中心 C_T 转过一个微元角 $\delta\alpha$，那么由图 2-27 可知，车轮的垂直位移为

$$\Delta f=l_1\delta\alpha$$

因为点 A_u 与车轮为一整体，横向悬架中心 C_T 也是点 A_u 的瞬心，所以

$$\delta A_u=l_2\delta\alpha$$

扭杆弹簧在轴线方向的位移为

$$\delta f=\delta A_u\cos\varphi_1=l_2\cos\varphi_1\cdot\delta\alpha$$

由式(1-5)可知，这种悬架的换算线刚度为

$$K=c\left(\frac{\delta f}{\Delta f}\right)^2=c\left(\frac{l_2}{l_1}\cos\varphi_1\right)^2 \tag{2-66}$$

其横向角刚度为

$$C_\alpha=\frac{1}{2}KB^2=\frac{1}{2}c\left(\frac{l_2}{l_1}B\cos\varphi_1\right)^2 \tag{2-67}$$

式中　c——扭杆弹簧的刚度；

　　B——轮距。

4. 扭杆弹簧装于下臂

扭杆弹簧装于下臂(摆臂内交)双横臂独立悬架的换算刚度可利用图 2-28 的关系来推导。

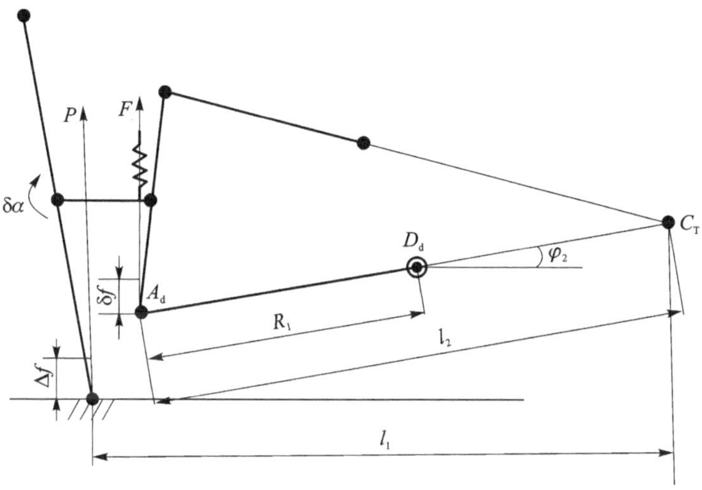

图 2-28　扭杆弹簧装于下臂(摆臂内交)双横臂悬架的换算刚度

假设车轮相对于车身绕横向悬架中心 C_T 转过一个 $\delta\alpha$ 角，那么由图 2-28 可知，车轮的垂直位移为

$$\Delta f=l_1\delta\alpha$$

由于点 A_d 与车轮为一整体，横向悬架中心 C_T 也是点 A_d 的瞬心，所以有

$$\delta A_d=l_2\delta\alpha$$

扭杆弹簧在轴线方向的位移为

$$\delta f=\delta A_d\cos\varphi_2=l_2\cos\varphi_2\cdot\delta\alpha$$

将 δf、Δf 代入式(1-5)，便可得到这种悬架的换算线刚度为

$$K=c\left(\frac{\delta f}{\Delta f}\right)^2=c\left(\frac{l_2}{l_1}\cos\varphi_2\right)^2 \tag{2-68}$$

其横向角刚度为

$$C_\alpha=\frac{1}{2}KB^2=\frac{1}{2}c\left(\frac{l_2}{l_1}B\cos\varphi_2\right)^2 \tag{2-69}$$

式中　c——扭杆弹簧的刚度；

　　B——轮距。

为方便查找和使用，现将上述 8 种双横臂悬架形式的换算线刚度和角刚度计算公式一并列入表 2 - 4 之中。

表 2 - 4　双横臂悬架的换算线刚度和角刚度

<table>
<tr><td colspan="2">弹簧装于上臂，$K=c\left(\frac{ml_2}{nl_1}\cos\theta\right)^2$，$C_\alpha=\frac{1}{2}KB^2$</td></tr>
<tr><td>摆臂外交
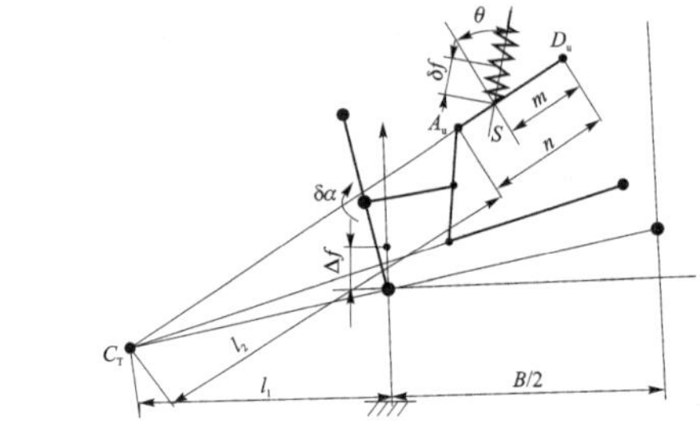
</td><td>摆臂内交
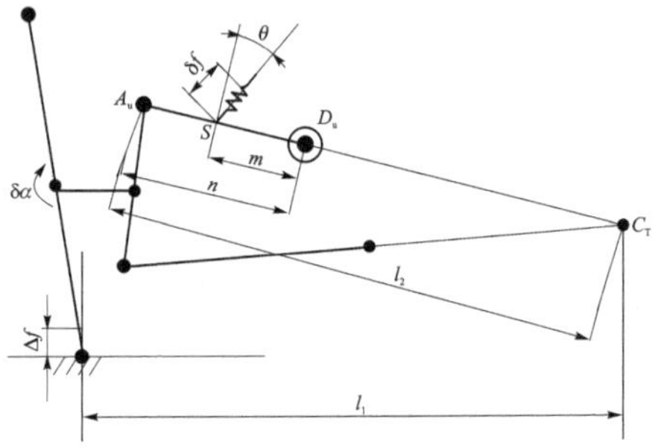
</td></tr>
<tr><td colspan="2">弹簧装于下臂，$K=c\left(\frac{ml_2}{nl_1}\cos\theta\right)^2$，$C_\alpha=\frac{1}{2}KB^2$</td></tr>
<tr><td>摆臂外交
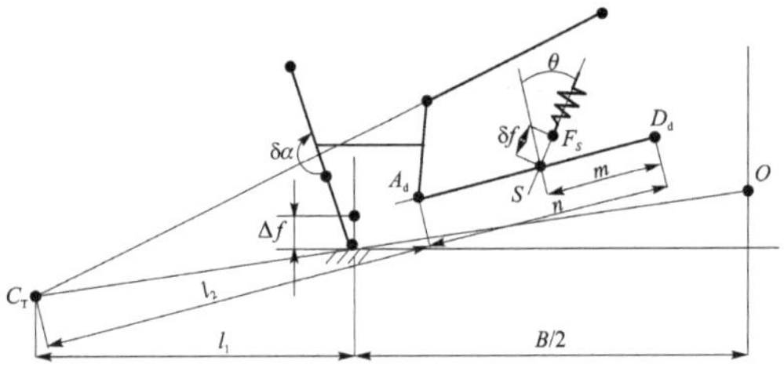
</td><td>摆臂内交
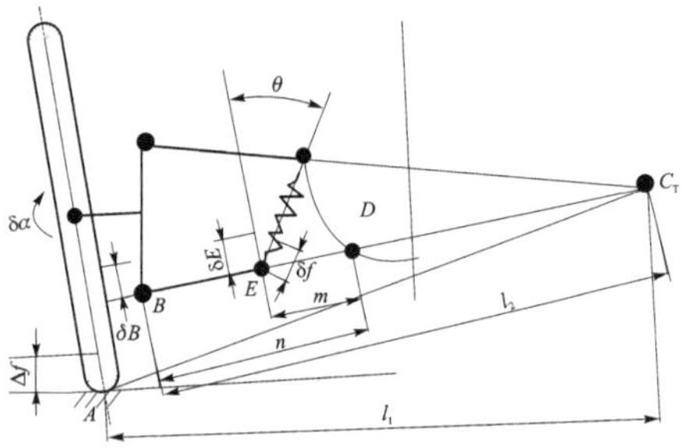
</td></tr>
<tr><td colspan="2">扭杆弹簧装于上臂，$K=c\left(\frac{l_2}{l_1}\cos\varphi_1\right)^2$，$C_\alpha=\frac{1}{2}KB^2$</td></tr>
<tr><td>摆臂外交
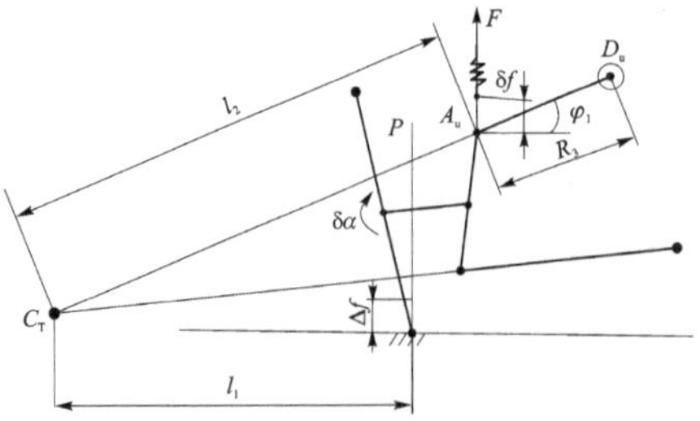
</td><td>摆臂内交
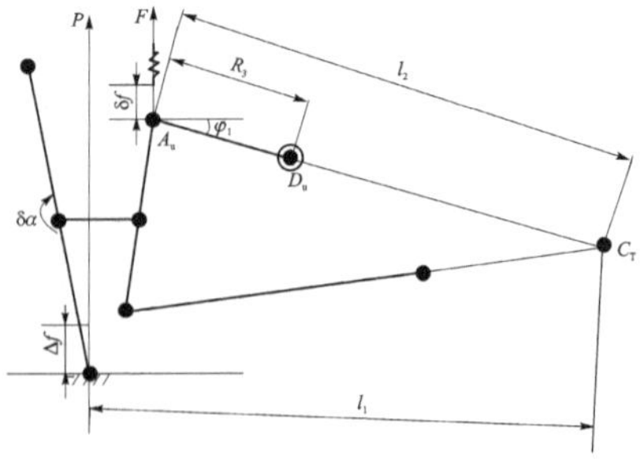
</td></tr>
</table>

续表 2-4

<table>
<tr><td colspan="2">扭杆弹簧装于下臂,$K=c\left(\frac{l_2}{l_1}\cos\varphi_2\right)^2$,$C_\alpha=\frac{1}{2}KB^2$</td></tr>
<tr><td>摆臂外交
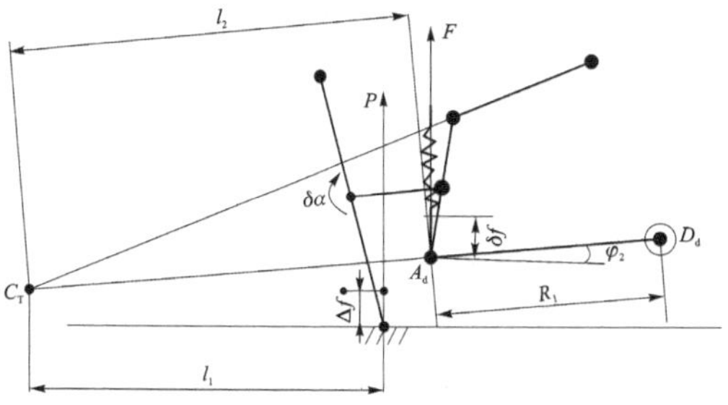</td><td>摆臂内交
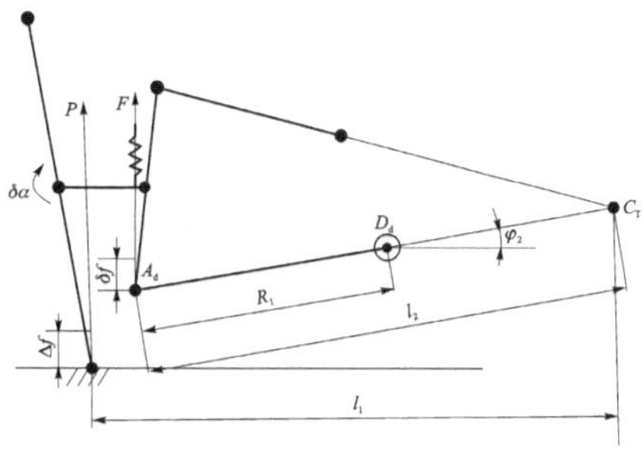</td></tr>
</table>

2.3.4　双扭杆

双扭杆悬架也是扭杆悬架的一种,它有其独特的地位。下面推导其换算刚度的计算公式。

1. 外交式双扭杆

上下摆臂外交、双扭杆双横臂悬架的换算刚度,可以认为是外交式单扭杆分别在上臂和下臂两种情况换算刚度的并联组合,亦是式(2-57)和式(2-59)换算刚度值的叠加。

由图 2-29 的关系可以导出外交式双扭杆双横臂悬架换算线刚度的表达式:

$$K=K_u+K_d=c_u\left(\frac{l_{u2}}{l_1}\cos\varphi_1\right)^2+c_d\left(\frac{l_{d2}}{l_1}\cos\varphi_2\right)^2 \tag{2-70}$$

式中,c_u、c_d 分别为上、下扭杆的刚度。

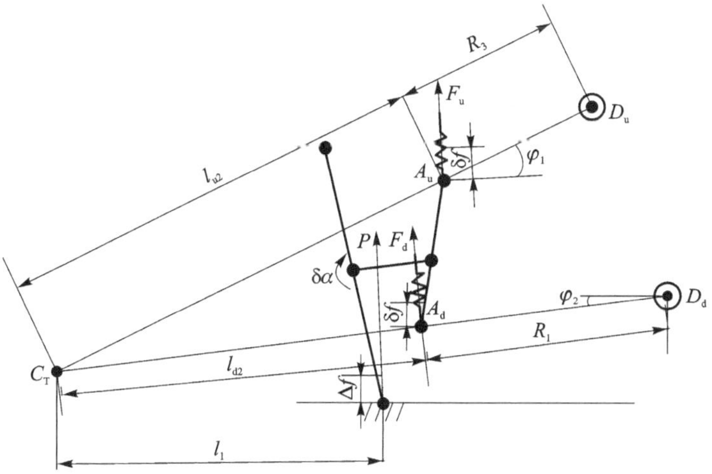

图 2-29　外交式双扭杆双横臂悬架的换算刚度

2. 内交式双扭杆

上下摆臂内交、双扭杆双横臂悬架的换算刚度,可以认为是内交式单扭杆分别在上、下臂两种情况换算刚度的并联组合,亦是式(2-66)和式(2-68)换算刚度值的叠加。

利用图 2-30 的关系，可以导出内交式双扭杆双横臂悬架换算线刚度的表达式：

$$K = K_u + K_d = c_u\left(\frac{l_{u2}}{l_1}\cos\varphi_1\right)^2 + c_d\left(\frac{l_{d2}}{l_1}\cos\varphi_2\right)^2 \tag{2-71}$$

式中，c_u、c_d 分别为上、下扭杆的刚度。

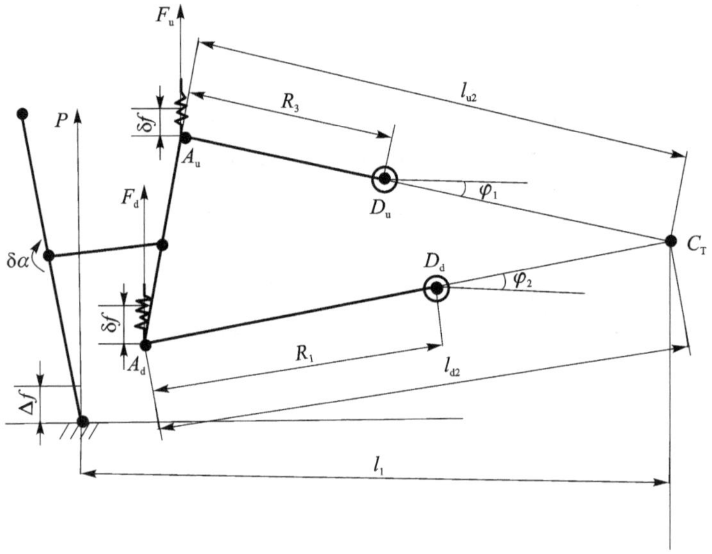

图 2-30　内交式双扭杆双横臂悬架的换算刚度

第 3 章　相关总成部件

相关总成部件有弹性元件、稳定装置和阻尼元件。

3.1　弹性元件

弹性元件是把悬挂质体和非悬挂质体弹性联系起来的部件。它既是承载元件，又起着缓冲减振的作用。它和导向机构一样，是悬架中的重要部件。本书着重研究的相关弹性元件主要有螺旋弹簧、扭杆弹簧、空气弹簧和油气弹簧等。

在具体研究弹性元件之前，先介绍常用的有关材料力学的基本变形公式及莫尔定理。

(1) 基本变形公式

在进行莫尔公式推证之前，先介绍基本变形公式。由数学中的曲率半径 ρ_x 计算方法可知，曲率与二阶导数的关系为

$$\frac{1}{\rho_x}=\frac{\mathrm{d}^2 y}{\mathrm{d}x^2}$$

再由材料力学可知，曲率与弯矩 M_x 成正比，与材料属性 E 和几何特性 I_x 成反比，即

$$\frac{\mathrm{d}^2 y}{\mathrm{d}x^2}=\frac{M_x}{EI_x}$$

由此可得 ρ_x 的表达式为

$$\frac{1}{\rho_x}=\frac{M_x}{EI_x} \tag{3-1}$$

(2) 莫尔定理

莫尔定理是计算变形的基本公式，它可根据变形能的关系用能量直推法推求。

能量 $\mathrm{d}U$ 的表达式为

$$\mathrm{d}U=\frac{1}{2}M_x\mathrm{d}\theta_x=\frac{1}{2}M_x\frac{\mathrm{d}x}{\rho_x}=\frac{1}{2}M_x^2\frac{\mathrm{d}x}{EI_x}$$

对该式两端积分可得

$$U=\int_0^1\frac{M_x^2}{2EI_x}\mathrm{d}x$$

又由于挠度

$$y=\frac{\mathrm{d}U}{\mathrm{d}P}=\int_0^1\frac{M_x\frac{\mathrm{d}M_x}{\mathrm{d}P}}{EI_x}\mathrm{d}x$$

而

$$\frac{\mathrm{d}M_x}{\mathrm{d}P}=x=1x=M_0\quad(\text{单位弯矩})$$

因此有

$$y=\int_0^1 \frac{M_x M_0}{EI_x}\mathrm{d}x=\int_0^1 \frac{Px^2}{EI_x}\mathrm{d}x \tag{3-2}$$

式(3-2)就是莫尔积分公式。

3.1.1 螺旋弹簧

1. 基本知识

(1) 螺旋弹簧悬架的优点

采用螺旋弹簧的悬架是随螺旋弹簧的发展而发展的。螺旋弹簧是由钢丝卷制而成的，钢丝断面一般呈圆形，绕成螺旋状。

与钢板弹簧相比，螺旋弹簧具有很多优点：质量轻，结构简单，制造方便，无需润滑，不怕尘土，占用空间小；螺旋弹簧没有库仑摩擦，可提高小幅振动的平顺性；特别是它的比能容量高，能够充分发挥材料的潜能；螺旋弹簧内还可以安装减振器和行程限制器以及导向柱等，使悬架结构较为紧凑。然而，螺旋弹簧只能承受垂直载荷，不能承受侧向力，因此必须另设导向机构，以传递力和力矩。

螺旋弹簧悬架不仅在轻型车上得到了广泛应用，而且在中、重型车和越野车上也有应用，例如装载质量为10 t的德军MAN280重型越野车就使用了螺旋弹簧悬架。特别在轿车中，由于要求具有良好的舒适性，要求导向机构在大摆动量下仍具有保持合理的车轮定位参数的能力，因此螺旋弹簧悬架基本取代了钢板弹簧悬架。

螺旋弹簧既可应用于前悬架，也可用于后悬架；既可广泛用于独立悬架，也可用于相关悬架。

螺旋弹簧既可用于非驱动桥，也可用于驱动桥。例如，在双横臂驱动桥中，有螺旋弹簧上置式、下置式以及双螺旋弹簧悬架等。

总之，各种悬架形式以及不同的导向机构，都可以装置螺旋弹簧，例如，麦弗逊悬架、半拖臂悬架等。

(2)变参数螺旋弹簧

螺旋弹簧经由了普通螺旋弹簧到变参数螺旋弹簧的发展过程，即经由了等刚度螺旋弹簧到变刚度螺旋弹簧的发展过程。

任何螺旋弹簧都是由钢丝直径、簧圈中径、节距和螺旋角四大结构参数决定的。四大结构参数中之一、之二、之三或全部随钢丝长度变化者称为变参数螺旋弹簧。

原先变参数螺旋弹簧多为变节距簧，之后是变中径簧，最后发展到变丝径簧；同时变更几种参数可组配出数十种元件簧，由元件簧还可组合成各种组件簧。

变节距簧工艺简单，变丝径簧钢丝的拉制工艺较为复杂，但性能更加优越。例如，美军的悍马车，部分车型就是采用变丝径、等内径变参数螺旋弹簧，其中部可以安装减振器。

变参数螺旋弹簧具有质量轻、便于发挥材料潜能、应力分布合理以及载荷特性优良四大优越性。

随着变参数螺旋弹簧的发展，已对其建立了六大评价指标，即比负荷、载荷幅度、刚度幅度、应力幅度、末圈比应力和质量参数。末圈压并载荷 F_{me} 是变参数螺旋弹簧的核心参数。F_{me} 大者(在应力允许的范围内)，各项评价指标都较优良。

(3) 螺旋弹簧分类

① 按负荷性质,螺旋弹簧分为压缩螺旋弹簧(Y)、拉伸螺旋弹簧(L)和扭转螺旋弹簧(N),汽车悬架一般采用压缩螺旋弹簧。

② 按工作特点,螺旋弹簧分为动负荷簧、静负荷簧和非重要簧三类。

③ 按制造精度,螺旋弹簧分为一级精度簧、二级精度簧和三级精度簧。

④ 按结构形式,螺旋弹簧还可分为普通圆柱螺旋弹簧和变参数螺旋弹簧两种。

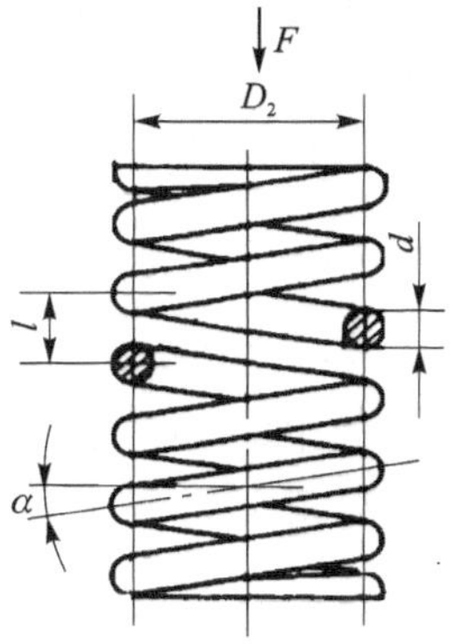

图3-1　压缩圆柱簧

(4) 名词术语

① 丝径 d,即钢丝的直径,如图3-1所示。

② 圈径 D_2,即簧圈直径,也叫簧圈中径。

③ 节距 t,即相邻簧圈之间的距离。

④ 螺旋角 α,即螺旋线的上升角度。

螺旋角的正切为

$$\tan\alpha=\frac{t}{\pi D_2} \tag{3-3}$$

一般压缩螺旋弹簧的螺旋角 $\alpha=6°\sim9°$,因此,其金属丝的展开长度为

$$L=\frac{\pi D_2 n_1}{\cos\alpha} \tag{3-4}$$

式中,n_1 为弹簧总圈数。

⑤ 弹簧指数 C' 是圈径与丝径之比,即

$$C'=\frac{D_2}{d} \tag{3-5}$$

实际使用中,$4\leqslant C'\leqslant25$,C' 值太小将会使钢丝变形过大,影响寿命,特别是动负荷簧;C' 值过大,弹簧会因本身的重量颤动而发生摇摆,同时卷绕后容易松开,直径难以掌握,故常取 $C'=4\sim9$。

表3-1所列为弹簧指数 C' 与丝径 d 的关系,一般按需要选取。

表3-1　弹簧指数 C' 与丝径 d 的关系

d/mm	0.2~0.4	0.45~1	1.1~2.2	2.5~6	7~16	8~24
C'	7~14	5~12	5~10	4~10	4~18	4~6

计算弹簧应力时,需要根据金属丝的弯曲程度,通过曲度系数 k 来修正。例如,对于压拉弹簧,有

$$k=\frac{4C'-1}{4C'-4}+\frac{0.615}{C'} \tag{3-6}$$

对于扭转弹簧,有

$$k=\frac{4C'-1}{4C'-4} \tag{3-7}$$

⑥ 工作圈数和支承圈。工作圈数是指实际参加轴线方向伸缩工作的圈数，又称为“有效圈数”，用 n 表示。

选择压缩弹簧工作圈数的要点是：必须考虑安装位置的限制和稳定性，圈数不要太多，同时也要考虑受力均匀和能耐冲击疲劳，因此圈数也不能太少。

一般情况下，压缩弹簧工作圈数的选择是：在不重要的静负荷下，$n \geqslant 2.5$ 圈；经常受负荷或要求受力均匀时，$n \geqslant 4$ 圈；安全阀弹簧对受力均匀要求严格，故需 $n \geqslant 6$ 圈；受动负荷的弹簧，也要求 $n \geqslant 6$ 圈。$n > 7$ 圈的弹簧，两端支承圈数要适当增加，但每端不得超过 $1\frac{1}{4}$ 圈，因此总圈 $n_1 = n + (1.5 \sim 2.5)$。

支承圈用来保证压缩弹簧在工作时轴线垂直于端面，它不参与弹簧工作。因此，压缩弹簧两端至少要留一个 3/4 的拼紧圈，并磨平作为支承面。磨平后的钢丝原厚度为 $d/4$，尾部和工作圈紧贴。

⑦ 刚度与弹簧指数和圈数的关系。压拉弹簧的刚度是指单位变形所需要的负荷，扭转弹簧的“扭转刚度”是指单位转角的力矩。刚度越大，弹簧越硬。

丝径 d 越粗，材料的 G 或 E 越大，弹簧刚度就越大；中径 D_2 越大，工作圈数 n 越多，弹簧刚度就越小。

丝径越粗，弹簧越有劲，可是如果两根弹簧的 d 和 n 都相等，那么中径大者，刚度反而小；如果中径和自由长度相同，而 n 不等时，圈数多的弹簧，刚度反而变小。

同等丝径 d 的两根弹簧，展开长度大者越软。因此，当丝径 d 一定时，弹簧指数越大，即中径越大，弹簧越软；同样圈数越多，弹簧也越软。

⑧ 单圈变形量 f。在负荷 F 的作用下，弹簧一圈的变形量叫作单圈变形量，如果已知单圈变形量就可以立即求出总变形量。单圈变形量用处很大，它是比较计算的基础。

⑨ 抗拉极限强度 σ_b。抗拉极限强度是将金属棒拉断时的强度。它和丝径 d 有关，d 越小，σ_b 值越大。

⑩ 允许弯曲工作应力$[\sigma]$。允许弯曲工作应力$[\sigma]$是指材料受弯曲时所产生的弯曲应力，它在允许的范围内具有一定的安全因数。扭转弹簧的受力主要是弯曲应力，所以应计算$[\sigma]$值，而不是计算$[\tau]$值。

⑪ 允许扭转极限应力 τ 和允许扭转工作应力$[\tau]$。压拉弹簧在工作时，所产生的应力主要是扭转应力，在极限负荷 F_3 的作用下，所产生的应力叫作允许扭转极限应力，以 τ 表示。例如，压缩弹簧压到各圈接触（压并载荷）时，虽不会断裂，但时间太长也会引起永久变形。所以，一般只在最大工作负荷 F_2 下工作，此时所产生的应力叫作允许扭转工作应力，以$[\tau]$表示。弯曲应力 σ 一般为剪应力 τ 的 1.25 倍。

(5) 弹簧工作图

弹簧工作图是弹簧工作规律的反映，所以又叫弹簧特性图。当弹簧计算工作结束后，必须绘制工作图，并注明技术要求。圆柱压缩螺旋弹簧特性图如图 3-2 所示。

图 3-2 所示是一根自由状态下的压缩螺旋弹簧，上面的小三角形是其负荷-变形特性。纵轴代表负荷 F，横轴代表变形 f，斜边表示负荷-变形关系。其意义如下：

① 弹簧在自由状态时，压力 $F=0$，变形量 $f=0$，弹簧高度 H 称为自由高度。

② 当弹簧受到最小工作负荷 F_1（一般为悬挂质量负荷）时，就缩短了一段距离，即变形量

f_1，这时相应的弹簧长度是 H_1。

③ 继续施加压力到最大工作负荷 F_2，变形量也继续增大为 f_2，对应弹簧长度变为 H_2。弹簧一般是在 F_1 和 F_2 之间工作（尚未考虑反弹）。

④ 弹簧的强度不是受力到 F_2 为止，而是还要增大 25%的压力，该压力叫作允许极限负荷，用 F_3 来表示，即 $F_3=1.25F_2$，这时相应的弹簧长度是 H_3。允许极限负荷的意义是在该负荷下，弹簧所生之内应力已达到了允许扭转极限应力 τ，如果长时间超过这个限度，弹簧就会发生永久变形。

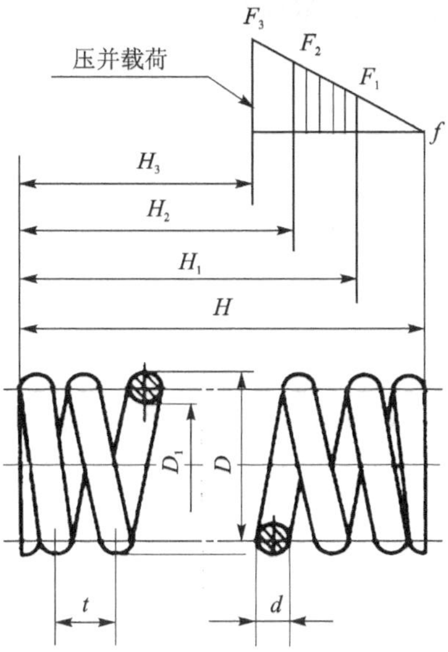

图 3-2　圆柱压缩螺旋弹簧特性

F_3 可以作为试验负荷，如果簧圈的节距不大，即螺旋角小于 9°，可以压到各圈接触；如果节距太大，压到各圈接触就会产生永久变形。因此，压缩弹簧在最大工作负荷时，最好不要压到各圈接触，而应保留一定的间隙 $S_1>0.1d$。

一般的压缩弹簧，当它的自由高度不受限制时，应将极限负荷 F_3 作为簧圈接触压力，这时在 F_3 作用下的单圈变形量等于间距，即 $f_3=\delta$。

弹簧工作图的技术要求包括弹簧材料、展开长度、旋向、工作圈数、总圈数、热处理、表面处理，以及制造、试验和验收的技术条件等。

2. 普通压缩螺旋弹簧

本书所研究的螺旋弹簧是为汽车悬架服务的，所以只包括普通的圆柱压缩螺旋弹簧，不包括拉伸弹簧，更不包括扭转弹簧。准确来说，普通圆柱压缩螺旋弹簧，是指四大参数（丝径 d、圈径 D_2、节距 t 以及螺旋角 α）均不随钢丝展开长度 L 变化的螺旋弹簧。

下面推导普通压缩螺旋弹簧的变形、刚度及应力公式。

（1）变形及刚度

1）单圈簧的变形

当载荷 F 沿轴线方向作用于螺旋弹簧时，如图 3-3 所示，螺旋弹簧钢丝截面主要受到扭矩 T_t 的作用，即

$$T_t=FR$$

弹簧的轴向变形量为

$$f=\int R\,d\varphi$$

式中，$d\varphi$ 为钢丝在扭矩 T_t 作用下的微元角位移。$d\varphi$ 跟扭矩 T_t 和钢丝长度 ds 成正比，跟材料属性 G 和材料几何特性 J_p 成反比，即

$$d\varphi=\frac{T_t\,ds}{GJ_p}$$

式中　ds——钢丝的微元长度，$ds=R\,d\theta$，其中 R 为螺旋弹簧中径之半，$d\theta$ 为微元极角；

G——材料扭转模量（N/cm），$G=7.845\times10^6$ N/cm；

J_p——钢丝的极惯性矩，$J_p=\pi d^4/32$，其中 d 为钢丝直径。

将有关参数代入上式后积分，便可得到一个单圈的变形：

$$f_1=\frac{32FR^3}{\pi Gd^4}\int_0^{2\pi}\mathrm{d}\theta=\frac{8D_2^3F}{Gd^4}$$

式中，D_2 为螺旋弹簧中径。

2）整簧变形量

整根螺旋弹簧的变形量为

$$f=\frac{8D_2^3n}{Gd^4}F \tag{3-8}$$

式中，n 为有效圈数。

3）整簧刚度

整根螺旋弹簧的刚度为

$$c=\frac{F}{f}=\frac{Gd^4}{8D_2^3n} \tag{3-9}$$

4）压缩行程

单圈可压缩行程为

$$f_{ck}=t-d \tag{3-10}$$

整簧可压缩行程为

$$f_c=(t-d)n \tag{3-11}$$

5）压并载荷

整簧压并时的载荷为

$$F_c=cf_c=(t-d)\frac{Gd^4}{8D_2^3} \tag{3-12}$$

（2）剪应力

普通密圈螺旋弹簧在力 F 对截面的作用下，因剪切引起剪应力 τ'（见图 3－3），其方向与力 F 相反，并在截面上均布，故有

$$\tau'=\frac{F}{S}=\frac{4F}{\pi d^2} \tag{3-13}$$

扭矩 FR 使簧杆扭转，在其 R 所对应的截面上所产生的最大剪应力 τ''_m 发生在该截面的周边，为

$$\tau''_m=\frac{FR}{W_p}=\frac{16FR}{\pi d^3} \tag{3-14}$$

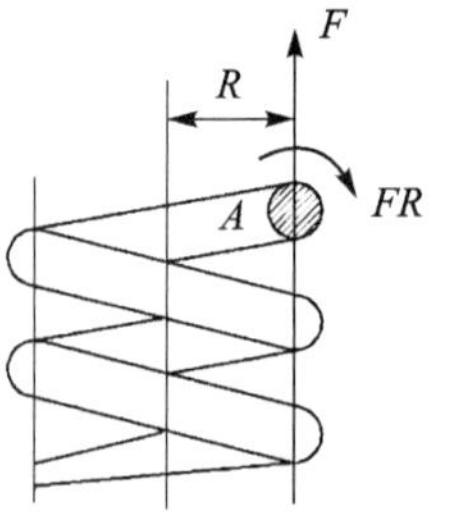

图 3－3　剪应力

两项应力相加，即得该截面上的总应力。危险点是 τ' 与 τ''_m 相重合的点，即断面内侧点 A，其最大剪应力为

$$\tau_m=\tau''+\tau''_m$$

$$\tau_m=\frac{16FR}{\pi d^3}\left(1+\frac{d}{4R}\right) \tag{3-15}$$

τ_m 尚需进行修正，即

$$\tau_m=K\cdot\frac{16FR}{\pi d^3}\left(1+\frac{d}{4R}\right) \tag{3-16}$$

式中　K——曲度系数，或称为应力修正系数，$K=\dfrac{4C'-1}{4C'-4}+\dfrac{0.615}{C'}$，其中，$C'$为旋绕比，$C'=D_2/d$，计算静载荷螺旋弹簧时，可取 $K=1$。

(3) 计算示例

簧载负荷 $F=3\ 500$ N，钢丝直径 1.5 cm，有效圈数 $n=6$，节距 $t=4.4$ cm，中径 $D_2=16$ cm，螺旋角 $\alpha=5°$。

弹簧刚度为

$$c=\frac{Gd^4}{8D_2^3n}=\frac{7.94\times10^6\times1.5^4}{8\times16^3\times6}\ \text{N/cm}=204.5\ \text{N/cm}$$

弹簧变形为

$$f=\frac{3\ 500}{204.5}\ \text{cm}=17.1\ \text{cm}$$

压并载荷为

$$F_c=(t-d)\frac{Gd^4}{8D_2^3}=(4.4-1.5)\times\frac{7.94\times10^6\times1.5^4}{8\times16^3}\ \text{N}=3\ 557\ \text{N}$$

旋绕比为

$$C'=\frac{D_2}{d}=\frac{160}{15}=10.67$$

曲度系数为

$$K=\frac{4C'-1}{4C'-4}+\frac{0.615}{C'}=\frac{4\times10.67-1}{4\times10.67-4}+\frac{0.615}{10.67}=1.135\ 2$$

最大剪应力为

$$\tau_m=K\frac{16FR}{\pi d^3}\left(1+\frac{d}{4R}\right)=1.135\ 2\times\frac{0.16\times3\ 500\times8}{\pi\times1.5^3}\left(1+\frac{1.5}{4\times8}\right)\text{MPa}=502\ \text{MPa}$$

3. 变参数压缩螺旋弹簧

变参数压缩螺旋弹簧（以下简称螺旋弹簧），由于其独特的非线性性能，在各种机械设备和仪表器具等方面有着广泛的应用，特别是在那些高性能汽车的悬架上，更是受到青睐。如德军曼(MAN)280 的 10 t 重型越野车、美军高机动多用途轮式车（HM－MWV）系列车型等均采用了变参数螺旋弹簧。

什么是变参数螺旋弹簧呢？众所周知，钢丝直径 d、簧圈中径 D（以下简称圈径）、节距 t、螺旋角 α 是螺簧的四大结构参数。这四大结构参数全部保持不变者，则是普通圆柱螺旋弹簧；这四大参数之一、之二、之三或全部随钢丝长度 L 变化者，则称为变参数螺旋弹簧。

变参数螺旋弹簧不仅计算方法有待建立和完善，而且其主要性能也需探索了解。为更好地指导变参数螺旋弹簧的设计，本书在对其进行科学分类之后，研究了参数变化对其主要性能的影响，阐明了固有的优缺点，并提出了性能评价指标。特别是对各种典型的变参数螺旋弹簧建立了实用的计算方法，并对其主要性能作了对比计算（计算方法的建立过程以及对比计算过程从略），计算条件和计算结果均以表格的形式列出。在上述工作的基础上，对其进行了全面的归纳分析，并作出了可用于指导设计的结论性评价。

(1) 分　类

普通螺旋弹簧，是一种最为简单的圆柱螺旋弹簧。而变参数螺旋弹簧，则可根据结构特点分为元件（零件）和组件（部件）两个种别。所谓元件，就是单纯的圆柱簧或圆锥簧；所谓组件，则是由圆柱螺旋弹簧和圆锥螺旋弹簧组合而成的复合螺旋弹簧。由于参数变化的不同和组合方式的不同，它们还各自分为若干类型。

1）元件的分类

元件分类主要是如下三种变化的组合结果：

① 四大基本参数（d、D、t、α）的变与不变。变则采用“+”表示，不变则采用“—”表示，例如，类别代号（+、+、+、—）便是变丝径、变圈径、变节距、等螺旋角的圆锥螺旋弹簧。

② 当给定每一基本参数的初始值后，按簧圈序号从上往下数，按 $k=1,2,\cdots,n$ 的顺序，若参数是从小到大变，则采用符号“+”表示；若参数是从大到小变，则采用符号“♀”表示；例如，类别代号（+ — — —）便是丝径从小到大变，圈径、节距、螺旋角皆不变的圆柱簧。

③ 每一参数变化速率的大小，如对变丝径簧、钢丝锥角 β 值的取大取小，圆锥簧锥角 ψ 值的取大取小等。

此外，尚有一些特殊类型的螺旋弹簧，如变丝径、等内径螺旋弹簧等，其圈径随簧高的变化呈一条指数曲线，这是一类很有实用价值的螺旋弹簧。

上述各种变化的组合，可以得到数十种元件簧，故不可能将其一一列出，现仅将因四大参数的变与不变所组合得到的 8 类元件螺旋弹簧列于表 3-2 中。

表 3-2 变参数螺旋弹簧（元件）四大参数变化分类

螺旋弹簧类别			丝径 d	圈径 D	节距 t	螺旋角 α
普通簧		种　类				
变参数簧	单变	a	+	—	—	—
	双变	b	—	—	+	+
		c	—	+	—	+
		d	—	+	+	—
	三变	e	+	—	+	+
		f	+	+	—	+
		g	+	+	+	—
	四变	h	+	+	+	+

2）组件的分类

变参数组件螺旋弹簧是由变参数元件螺旋弹簧按不同方式组配而成，因此其品种类型较元件更为繁多。图 3-4 所示的 6 类典型组件，仅是锥簧与柱簧的简单搭配，至于丝径、圈径、节距、螺旋角以及变化速率如何变化，此处一律不涉及。

（2）主要性能

变参数螺旋弹簧的核心在于一个“变”字。通过结构参数等的变化，以获得优良的载荷-变形特性和满意的应力分布特性。那么，结构参数等的变化又是如何影响载荷特性和应力特性的呢？

1）载荷-变形特性

若设螺旋弹簧中心 O 为坐标原点，θ 为极角，S 为钢丝展开线的投影长度，并假定在螺旋

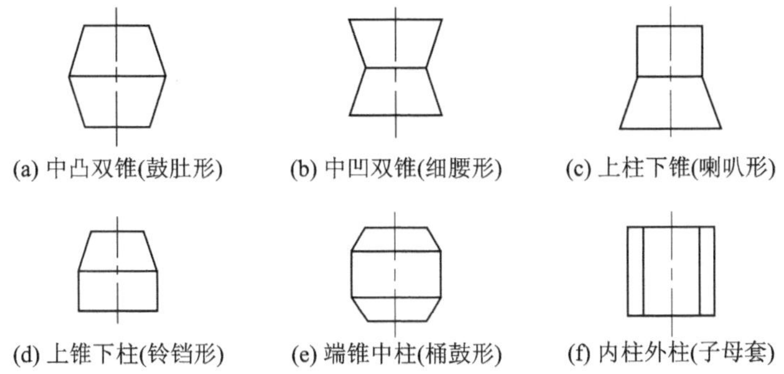

图 3-4　6 类典型的变参数组件螺旋弹簧

角 α 不大于 9°的情况下，忽略弯曲和纯剪切引起的微小变形，那么圆形断面钢丝螺旋弹簧的刚度 c 与簧圈半径 r 和钢丝直径 d 的关系可表示为

$$\frac{1}{c}=\frac{32}{\pi G}\int_0^{\theta}\frac{r^3(\theta)}{d^4(\theta)}\mathrm{d}\theta=\frac{32}{\pi G}\int_0^{s}\frac{r^2(S)}{d^4(S)}\mathrm{d}S \tag{3-17}$$

由式(3-17)可知，螺旋弹簧还可以如下设计：由于 r、d 可随 θ 或 S 变化，所以只要调整圆锥角 ψ 的值，便可获得 r 随 θ 或 S 变化的不同函数；只要改变钢丝锥角 β 的值，便可获得 d 随 θ 或 S 变化的不同函数，从而获得所期望的 c 随 θ 或 S 变化的函数。

然而，一个螺旋弹簧的圈径函数 $r(S)$ 和丝径函数 $d(S)$ 一经确定，那么这个螺旋弹簧的刚度 c 就基本被确定了。此时，要改变刚度的唯一可能，就是改变弹簧钢丝的有效长度或有效体积。改变螺旋弹簧钢丝的有效长度或有效体积的措施就是减少有效圈数，而减少有效圈数又是通过改变载荷函数来实现的。

由于圈径函数 $r(S)$ 和丝径函数 $d(S)$ 的变化，各个簧圈的刚度是不同的，不同刚度簧圈的压并载荷 F_k 也是不一样的。因为各个簧圈的节距 t 的不同，所以压并不同节距簧圈的载荷也不相同；不同的螺旋角 α 将造成不同节距 t 的簧圈，故各簧圈压并载荷也不相同。因此，变节距簧或变螺旋角簧也是改变钢丝有效长度和有效体积的措施之一。

螺旋弹簧在工作时，随着载荷 F 的逐渐增加，变形量 f 也逐渐增加。当载荷 F 增加到一定程度的 F_{mf} 时，刚度最低或节距最小的簧圈将首先被压并。在首个簧圈的压并过程中，由于圈间钢丝并非逐点连续接触，弹簧仅按照一定的斜率保持着线性关系变化。随着载荷的继续增加，余下的簧圈将按由弱到强的顺序依次逐一被压并，直至整簧被压并。此时的压并载荷 F_{me} 既是末圈的压并载荷，也是全簧的压并载荷，此时的变形就是全簧的最大变形量 f_{me}。

螺旋弹簧每压并一圈，刚度便提高一步，刚度曲线的斜率便增大一步。因此，一般而言，实用的变参数螺旋弹簧的负荷-变形特性是一条阶跃式的折线，如图 3-5 所示。

2) 应力特性

为方便分析，先列出较为典型的分类结构代号为(+ + + —)的变参数螺旋弹簧第 k 圈的最大剪应力表达式：

$$\tau_{\mathrm{m}k}=\frac{0.16k_kR_k}{\pi d_k^3}\left(1+\frac{d_k}{4r_k}\right)F_{\mathrm{m}k} \tag{3-18}$$

式中　k_k——第 k 圈的修正系数；

$F_{\mathrm{m}k}$——第 k 圈的压并载荷(N)；

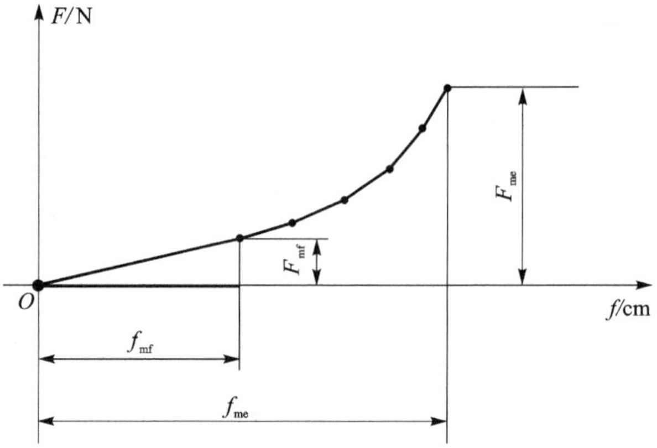

图 3-5　变参数螺旋弹簧的载荷-变形特性

d_k——第 k 圈终结点的丝径(cm)，$d_k = d_0 + \dfrac{2(R_k - R_0)\tan(\beta/2)}{\sin\alpha \cdot \tan(\psi/2)}$，其中 d_0 为钢丝的初始直径(cm)，R_0 为簧圈的初始直径(cm)；

R_k——第 k 圈终结点的簧圈半径(cm)，$R_k = R_0 e^{2\pi \cdot \tan\alpha \cdot \tan\frac{\psi}{2} \cdot k}$。

由式(3-18)可知，变参数螺旋弹簧第 k 单圈的最大剪应力 τ_{mk}，除与该圈的压并载荷 F_{mk} 有关外，还与该圈终结点的簧圈半径 r_k 成正比，与该圈终结点的丝径的三次方 d_k^3 成反比。深入一层看，R_k 和 d_k 除了与 d_0、R_0、α、β、ψ 五大结构参数有关外，它们还是序号 k 和钢丝长度 L 的函数。设计时，改变结构参数，便能改变各圈的压并应力。当把 τ_{mk} 随 F_{mk} 变化的数值进行归纳后，便可得到斜率逐渐下降的一条上凸曲线，如图 3-6 所示。

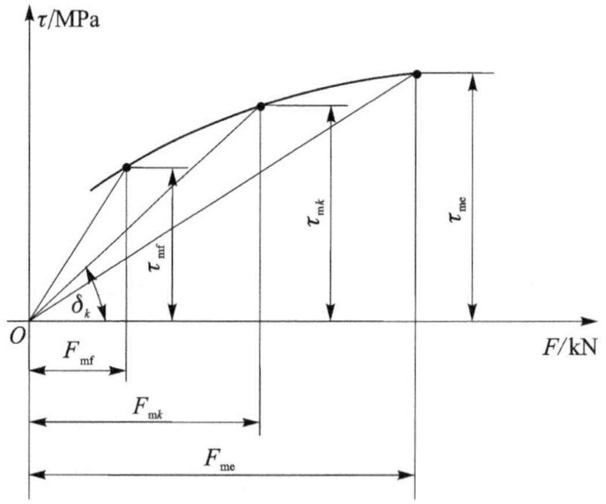

图 3-6　典型变参数螺旋弹簧的应力-载荷特性

普通螺旋弹簧是由结构参数完全相同的 n 个单圈组合而成的，故各圈的压并载荷 F_{mk} 和压并应力 τ_{mk} 均相等，其应力分布也是完全均匀的。

变参数螺旋弹簧是由结构参数不同的 n 个单圈组合而成的，故图 3-64 中的 F_{mk} 和 τ_{mk} 均不相等，应力分布也不均匀。

应力似乎越低越好，其分布似乎越均匀越好，对于变参数螺旋弹簧，这既做不到，也无必要。首先，应力不是越低越好，而是在许用应力容许的范围内越高越好，因为这样才能充分发挥材料的潜能。须知，零应力就是不让材料参与工作，充分负载正是变参数簧的优势！其次，应力分布的均匀性是结构参数一致性的反映，片面地追求均匀性，无异于放弃变参数螺旋弹簧的变化性和合理性。

设计者的任务在于利用结构参数的可变性，在满足优良的载荷-变形特性的前提下，实现应力的合理分布。

在图 3-6 中，各圈压并应力 τ_{mk} 和各圈的压并载荷 F_{mk} 的比值，代表着应力随载荷变化的变化率。此处，还将其命名为各圈的比应力 $R_{k\tau}$，即

$$R_{k\tau} = \tan\delta_k = \frac{\tau_{mk}}{F_{mk}} \quad (\text{MPa/kN}) \tag{3-19}$$

$R_{k\tau}$ 的力学概念是单位载荷下的应力，因此，希望 $R_{k\tau}$ 值越小越好。

普通螺旋弹簧的比应力是一个常数，即 $R_{k\tau}=C$，而变参数螺旋弹簧的 $R_{k\tau}$ 值，一般来说则是随簧圈序号 k 变化的。也就是说，当钢丝长度 L 变化时，应力随载荷发生或大或小的变化。到底是逐步变大还是逐步变小，或是先变大再变小，这是由各圈结构参数决定的。

变参数螺旋弹簧比应力 $R_{k\tau}$ 值的变化，大体遵循如下规律：各圈比应力值之积的均方根值趋于一个常数，即

$$\overline{R}_{k\tau} = \left(\prod_{k=1}^{n} R_{k\tau}\right)^{\frac{1}{n}} \longrightarrow C \tag{3-20}$$

这个常数 C 就是全簧有效总质量 M、圈数 n 和全簧总变形量 f_g 等参数与之大致相等的普通螺旋弹簧的比应力 $R_{k\tau}$ 值。

在式(3-20)的前提下，压并末圈的比应力 $R_{k\tau}$ 值越小越好。因此此时的压并载荷是全簧的最大压并载荷 F_{me}，$R_{k\tau}$ 值小，τ_{me} 值就相对减小，这正是变参数螺旋弹簧应力分布合理性的体现，也是合理用材的体现。

图 3-6 所示为典型变参数螺旋弹簧的应力分布规律：应力随载荷增大而增大，比应力随载荷的增大而减小。除此之外，还有不少变参数螺旋弹簧，应力分布更为特殊：在低载荷区段，应力随载荷的增大而增大，而在高载荷区段，应力则随载荷的增大而减小；高载荷区段的比应力变得更小。例如，分类结构代号为(♀＋＋—)和(＋＋—♀)的变参数螺旋弹簧，如图 3-7 所示。

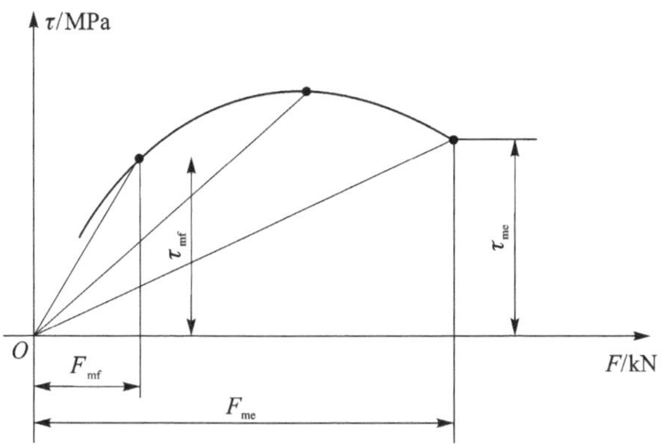

图 3-7　特殊变参数螺旋弹簧的应力-载荷特性

(3) 优越性

变参数螺旋弹簧相对普通螺旋弹簧有其独特的优越性,主要有如下四点:

1) 降低质量

可以将顶死在簧座上的端部簧圈做成小圈,并且使该部分的丝径变细,由此,无效的“死”材料将会相对减少,进而降低螺旋弹簧的总质量。例如图 3-4 所示的中凸双锥、上锥下柱、端锥中柱类组件。

2) 发挥材料潜能

可以在较小的簧圈上采用较粗的丝径,增大其节距,压并这种簧圈的载荷将会变得很大。这就是说,只要不超过许用应力,有限的材料可以造就承受高载荷的螺旋弹簧,从而充分发挥材料的潜能。

3) 应力分布合理

应力与载荷的关系,对于普通螺旋弹簧,其应力增长速率和比应力都是相等的;而对于变参数螺旋弹簧,其应力增长速率和比应力皆是逐渐变小的,部分变参数螺旋弹簧甚至能使高载荷区段的应力随载荷的变大而减小。由此一来,材料可以得到更为合理的利用,如图 3-6 和图 3-7 所示。

4) 载荷特性优良

当把具有图 3-5 所示特性的变参数螺旋弹簧用于汽车悬架时,其优点如下:

① 可减小变形量随载荷变化的幅度,降低乘坐频率的波动范围。

② 在满载载荷、满载簧高以及冲击载荷相同的情况下,变参数螺旋弹簧的变形量较小,车身高度降低较小,前照灯跳动轻微。

③ 在侧向加速度的作用下,如果载荷转移量相等,那么变参数螺旋弹簧的车身侧倾角较小;反之,则可减小横向稳定杆的杆径。

④ 在满载载荷和满载簧高相等的情况下,若冲击载荷使其产生等量变形,那么变参数螺旋弹簧所承受的载荷和所吸收的能量均较大,由此就能以较小的悬架变形获得较大的悬架容量。它一方面可减小布置高度,另一方面可减小缓冲块的尺寸。

⑤ 评价指标。在有效总质量 M、有效圈数 n、有效簧高 H 以及总压缩量 f_g 等参数大致相同的情况下,可以指标作为变参数螺旋弹簧技术设计和性能评价的依据。

下面对相关评价指标进行介绍。

① 比负荷 F_M。比负荷 F_M 是材料潜能充分发挥的标志。它是末圈压并载荷(全簧压并载荷)F_{me} 与有效总质量 M 之比,即

$$F_M = \frac{F_{me}}{M} \quad (\text{N/kg}) \tag{3-21}$$

F_M 是单位质量所能承担的最大载荷,故其越大越好。由式(3-21)可知,在 M 已确定的情况下,要增大 F_M,就得提高压并载荷 F_{me}。普通螺旋弹簧的 F_M 值较低,而变参数簧在应力容许的条件下,可以向 5 000 N/kg 的目标看齐。

② 载荷幅度 F_r。载荷幅度 F_r 是螺旋弹簧对载荷变化适应能力的标志。它是末圈压并载荷 F_{me}、首圈压并载荷 F_{mf} 的差值与 F_{mf} 的比值,即

$$F_r = \left(\frac{F_{me}}{F_{mf}} - 1\right) \times 100\% \tag{3-22}$$

F_r 的值越大越好。F_r 值越大，意味着螺旋弹簧对载荷变化的适应能力就越强。普通螺旋弹簧的 F_r 值为零，而变参数簧的 F_r 值则可能大于10倍。

③ 刚度幅度 c_r。刚度幅度 c_r 是载荷-变形特性优劣的标志。它是末圈压并点的刚度 c_e、首圈压并点的刚度 c_f 的差与 c_f 的比值，即

$$c_r=\left(\frac{c_e}{c_f}-1\right)\times 100\% \tag{3-23}$$

c_r 的值越大越好。c_r 值越大，意味着载荷-变形特性曲线从首圈压并到末圈压并区段的平均斜率越高，频率波动范围越小。普通螺旋弹簧的 c_r 值为零，而变参数簧的 c_r 值则可以达到300%以上。

④ 应力幅度 τ_r。应力幅度 τ_r 能说明各圈压并剪应力 τ_{mk} 分布的均匀程度，它是最大剪应力 τ_{max}、最小压并剪应力 τ_{min} 的差与 τ_{min} 的比值。因此，有

$$\tau_r=\left(\frac{\tau_{max}}{\tau_{min}}-1\right)\times 100\% \tag{3-24}$$

变参数螺旋弹簧的 τ_r 值可以在0～200%之间变化。τ_r 值越小，说明应力分布越均匀，但同时又可能使载荷幅度 F_r 和刚度幅度 c_r 变小，故需要综合权衡。

⑤ 末圈比应力 $R_{e\tau}$。比应力 R_τ 是各圈压并剪应力 τ_{mk} 与各圈压并载荷 F_{mk} 的比值，而末圈比应力 $R_{e\tau}$ 是末圈压并剪应力 τ_{me} 与末圈压并载荷 F_{me} 的比值，即

$$R_{e\tau}=\frac{\tau_{me}}{F_{me}}\quad (\mathrm{MPa/kN}) \tag{3-25}$$

$R_{e\tau}$ 这个指标是应力分布合理性的标志，是用材水平的体现。设计要求最高应力应在不超过许用应力的前提下尽量增大，设计时希望既能承受高负荷，又能获得低应力。$R_{e\tau}$ 值可能小于16 MPa/kN。

⑥ 质量系数 M_c。质量系数 M_c 是材料利用率的指标。它是螺旋弹簧无效部分的质量 M_d 与有效部分的质量 M 的比值，即

$$M_c=\frac{M_d}{M} \tag{3-26}$$

M_c 的值越小越好。M_c 值小，说明簧座的“死”材料少。在座圈数相同的情况下，丝径 d 和圈径 D 均发生变化的二变簧就能使 M_c 值降至最小。

(4) 分析评述

为考察不同种类变参数螺旋弹簧的性能，选择10个典型的元件类型和4个组件类型的变参数螺旋弹簧，对其主要性能指标和评价指标进行对比计算(计算过程略)。选取元件类型变参数螺旋弹簧的前提条件：它们的有效质量 M、有效圈数 n、有效高度 H、螺旋角均值 α 以及总压缩量 f_g 等参数大致相同。

对比计算螺旋弹簧的种类及结构参数列于表3-3中。变参数螺旋弹簧的计算过程按顺序列于附表1～附表13中。

表 3-3　对比计算变参数螺旋弹簧的结构参数

种别	类别			结构参数										
	编号	变数	结构代号	初始丝径 d_0/cm	钢丝锥角 β/(°)	初始圈径 r_0/cm	螺旋弹簧锥角 ψ/(°)	节距 t/cm	螺旋角 α/(°)	有效质量 M/kg	有效丝长 L/cm	有效簧高 H/cm	有效圈数 n	最大外径 D_m/cm
元件	A	零变	— — — —	2.7	0.00	9.1	0	6	6	18.0	402.4	42.0	7	20.9
	a	单变		2.0	0.20	9.1	0	6	6	18.0	402.4	42.1	7	21.6
	b	双变	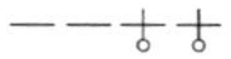	2.7	0.00	9.1	0	5、6、7	1	18.0	402.5	42.0	7	20.9
	c		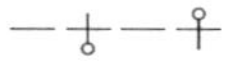	2.7	0.00	8.0	6	6	1	18.0	402.5	42.0	7	23.1
	d		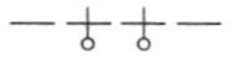	2.7	0.00	8.0	6	6	1	18.0	402.3	41.9	7	20.4
	e	三变	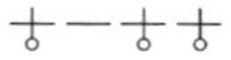	2.0	0.20	9.1	0	5、6、7	1	18.0	402.5	42.0	7	21.6
	f		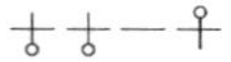	2.0	0.20	8.0	6	6	1	19.2	402.5	42.0	7	20.4
	g_1		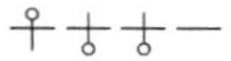	2.0	0.20	8.0	6	1	6	17.9	400.3	41.9	7	23.8
	g_2		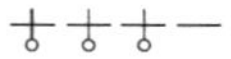	2.0	0.22	8.0	6	1	6	18.9	400.3	41.9	7	23.9
	h	四变		3.6	0.20	8.0	6	7、6、5	1	21.2	419.6	42.0	7	20.4
组件	a_1	中凸双锥，$\psi=6°$，$\beta=0.2°$		2.0	0.20	8.0	6	1	6	15	431.4	45.0	4×2	21.1
	a_2	中凸双锥，$\psi=6°$，$\beta=0.4°$		2.0	0.40	8.0	6	1	6	20.0	431.4	45.1	4×2	21.9
	b	上柱下锥，$\psi=6°$，$\beta=0.2°$		2.0	0.20	8.0	6	1	6	19.2	419.0	43.8	4+4	21.8
	c	上锥下柱，等内径，$\beta=0.5°$		2.2	0.50	7.6	—	—	7	14.2	252.4	31.8	2.5×2	19.6

1）计算结果

对表 3－3 所列各种类型的变参数螺旋弹簧的主要性能参数和评价指标分别进行了计算，并且将计算结果按末圈压并载荷的大小按顺序列于表 3－4 中。

2）性能评述

● 标志性参数

末圈压并载荷(全簧压并载荷)F_{me}，是一个非常重要的标志性参数。由表 3－4 可知，凡 F_{me} 大者，一般而言，比负荷 F_M、载荷幅度 F_r、刚度幅度 c_r、应力幅度 τ_r 等都大；反之，末圈比应力 $R_{e\tau}$ 减小。这也就是说，在钢丝质量 M 等参数相同的情况下，只要能使 F_{me} 值增大，就一定能够获得优良的性能参数和评价指标。下面具体谈谈增大 F_{me} 值的优点。

① 在有效质量 M 相同和不超过许用应力的情况下，F_{me} 值增大，说明该螺旋弹簧能够承受较大的负荷，能够充分发挥材料的潜能。表 3－4 中，h、e、g_1、f、g_2、a 等类螺旋弹簧的 F_{me} 值为 52～112 kN，比负荷 F_M 为 2.9～5.3 kN/kg；而质量大致相同的 c、b、d、A 类螺旋弹簧的 F_{me} 值仅为 29～40 kN，F_M 值仅为 1.6～2.2 kN/kg。

② 在整簧质量 M 和总压缩量 f_g 相同的情况下，F_{me} 值增大，意味着刚度变化的幅度大，能获得良好的变刚度特性。例如 e 类簧和 d 类簧，它们的 M 值和 f_g 值均相近，由于 e 类簧的 F_{me} 值为 71.9 kN，d 类簧的 F_{me} 值为 32.5 kN，故刚度幅度 e 类簧高达 216%，d 类簧却仅为 14%。

③ F_{me} 值增大，能使末圈比应力 $R_{e\tau}$ 减小，提高合理用材水平。表 3－4 中的 h、e、g_1、f、g_2、a 类螺旋弹簧的 F_{me} 值均较大，而它们的末圈比应力 $R_{e\tau}$ 值均在 16.5 MPa/kN 以下。这正是既能承受高负荷，又能相对获得低应力，使材料潜能充分发挥的鲜明标志。

F_{me} 值也不应过分增大，过分增大有可能使最大压并应力 τ_{max} 超过许用应力。表 3－4 中的 h 类螺旋弹簧，F_{me} 值达到了 112.8 kN，比负荷超过了 5 kN/kg，其最大压并剪应力 $\tau_{max}=$ 1 776 MPa。这个数值超过了相应合金钢的抗拉强度。

提高 F_{me} 值主要是采用变丝径的办法来实现的，而变丝径的加工工艺的投资比较大。

● 提高 F_{me} 值的措施

提高全簧压并载荷 F_{me} 值，实质就是提高螺旋弹簧的性能。提高 F_{me} 值的措施，也就是在一定前提下所应遵循的设计原则和所应选取的设计方案。在设计中，只要懂得结构参数如何影响螺旋弹簧性能，便可掌握获得优良性能的措施。下面具体研究结构参数是如何影响 F_{me} 值和螺旋弹簧性能的。

① 结构参数对 F_{me} 值的独立影响。当螺旋弹簧有效质量 M、有效圈数 n 和总变形量 f_g 等参数确定后，要改变 F_{me} 值，就得改变丝径 d、圈径 D、节距 t 和螺旋角 α 这四个参数。下面分述这四个结构参数对 F_{me} 值的独立影响。

(a) 丝径 d。丝径 d 对 F_{me} 值有着决定性的影响。由式(3－17)可知，刚度 c 与丝径的四次方成正比。在全簧变形量 f_g 已确定的情况下，也就是 F_{me} 与 d^4 成正比。再由表 3－4 可知，凡 F_{me} 值高者，几乎都是变丝径簧。例如，a 类簧与普通螺旋弹簧相比，在圈径 D、节距 t 和螺旋角 α 都相同的情况下，仅给定钢丝锥角 $\beta=0.2°$，其比负荷 F_M 值就比普通螺旋弹簧高了 82%。

表 3-4　对比计算变参数螺旋弹簧的性能参数及评价指标

种别	类别			性能参数及评价指标								
	编号	变数	结构代号	全簧压并载荷 F_{me}/N	载荷幅度 F_r/%	比负荷 F_M/(N·kg^{-1})	全簧压并刚度 c_{me}/(N·cm^{-1})	刚度幅度 c_r/%	最大压并应力 τ_{max}/MPa	应力幅度 τ_r/%	末圈比应力 R_{er}/(MPa·kN^{-1})	总变形量 f_g/cm
元件	H	四变	⫯⫰⫯⫯	112 778	1 265	5 322	5 193	373	1 776	236	15.8	20.4
	e	三变	⫰—⫰⫰	71 934	678	3 992	3 117	216	1 187	139	16.5	23.1
	g_1	三变	⫯⫰⫰—	64 024	425	3 257	2 935	174	1 039	19.6	15.6	21.8
	f	三变	⫰⫰—⫯	56 370	222	2 942	2 494	102	935	3.8	16.0	22.6
	g_2	三变	⫰⫰⫰—	53 184	269	2 821	2 345	104	857	17	16.1	22.7
	a	单变	⫰———	52 538	326	2 919	2 270	130	869	30	16.5	23.2
	c	双变	—⫰—⫯	39 771	86	2 212	1 722	41	1 152	61	29.0	23.1
	b	双变	——⫰⫰	37 616	88	2 092	1 628	31	1 163	88	30.9	23.1
	d	双变	—⫰⫰—	32 514	28	1 808	1 417	14	939	9	28.9	23.0
	A	零变	————	28 812	0	1 603	1 247	0	890	0	30.9	23.1
组件	a_1	中凸双锥，$\psi=6°$，$\beta=0.2°$		27 457	93	1 837	1 041	42	807	9	29.4	26.4
	a_2	中凸双锥，$\psi=6°$，$\beta=0.4°$		53 877	234	2 690	2 301	102	829	23	15.4	23.4
	b	上柱下锥，$\psi=6°$，$\beta=0.2°$		55 478	282	2 897	2 512	106	883	20	15.9	22.9
	c	上锥下柱，等内径，$\beta=0.5°$		79 704	174	5 613	5 048	55	1 800	64	22.6	15.8

(b) 圈径 D。由式(3－17)可知，刚度 c 与 D^3 成反比。在 f_g 已定的情况下，也就是 F_{me} 与 D^3 成反比。请注意，在变更 D 的同时，若保持螺旋角 α 不变，则节距 t 必然改变，如表 3－4 中的 d 类簧；若保持 t 不变，则必然引起 α 的改变，如表 3－4 中的 c 类簧。c 类簧与同质量的普通簧相比，在 D、t 不变的情况下，当给定 $\psi=6°$时，其 F_M 值比普通簧高了 38%。改变圈径 D 对提高 F_M 值的效果虽不如改变丝径 d 那么有效，但变更 D 的圆锥簧能配合变丝径簧的设计。它既可调节应力幅度，还能使端部半径变小，降低无效簧圈的质量。特别是能制成无簧圈叠压的圆锥簧，在不影响总变形量 f_g 的情况下，降低弹簧高度。

(c) 节距 t。节距 t 的改变也能使 F_M 值增大。如表 3－4 中的 b 类簧，它是在普通螺旋弹簧的基础上，仅将各圈的节距 $t=6$ cm，改为 5 cm、6 cm、7 cm 三种节距(前 2 圈节距为5 mm，中间 3 圈节距为 6 mm，最后 2 圈节距为 7 mm，可用 5×2＋6×3＋7×2 来表示)，其 F_M 值就提高了 31%。需要注意的是，在 d 和 D 不变的情况下，t 不可能单独变动；变更 t，必然伴随着 α 的变动，参见表 3－4 中的 b 类簧。

(d) 螺旋角 α。螺旋角 α 的改变，同样能使 F_M 值增大。α 和 t 同样是相关联的，无论是柱簧还是锥簧，只要改变 α，就必然改变 t，因而必将改变 F_M 值。值得注意的是，b 类簧是给定 t，α 将随其改变；反之，也可给定 α，使 t 随其改变。

② 结构参数对 F_M 值的组合影响。丝径 d、圈径 D、节距 t 和螺旋角 α 这四个结构参数的变与不变、从小变到大(或从大变到小)以及变化速率这三者不同组配，可获得不同的设计。如何进行合理组合以获得满意的螺旋弹簧特性，是大有文章的！

由上述研究可知，四个结构参数对 F_M 值的影响是：使其近似与 t 和 α 成正比，与 D^2 成反比，与 d^4 成正比。据此便可得出如下原则：要增大压并载荷 F_{me}，提高刚度 c 随钢丝长度 L 的变化幅度，首先应使丝径 d 随 L 变化；其次是当 d 的变化方向确定之后，圈径 D 应与其反向变化，节距 t 和螺旋角 α 应与其同向变化；最后是提高 d 和 D 的变化速率，即增大 β 值和 ψ 值。反之，若想降低 F_{me} 值，减少 c 的变化幅度，则应反其道而行。

仔细观察表 3－4 中的几类螺旋弹簧，便可深入理解上述原则。

A 类簧(— — — —)是零变元件簧，其 F_{me} 值最小，性能最差。

在 A 类簧的基础上，若将丝径 d 按 $\beta=0.2°$从小到大变化，那它就变成了 a 类(⫰ — — —)单变元件簧，其 F_{me} 值提高 82%，各种性能大幅提高。

在 a 类簧的基础上，让圈径 D 按 $\psi=6°$由小到大变化，并让节距 t 相应由小到大变化，那它就变成了 g_2 类(⫰ ⫰ ⫰ —)三变元件簧，此时，F_{me} 值虽然提高 1%，而比负荷却降低了 4%，刚度幅度降低了 25%。这是因为丝径 d 和圈径 D 的从小到大变化，二者起了相互抵消的作用。

在 g_2 类簧的基础上，若让丝径 d 从大到小变化，那它将变成 g_1 类(♀ ⫰ ⫰ —)三变元件簧，其 F_{me} 值增加 20%，比负荷增加 16%，刚度幅度增加 67%。这是因为丝径 d 和圈径 D 的从小到大变化，二者起了相互增补加强的作用。

在 g_1 类簧的基础上，若让节距 t 从大到小变化(螺旋角也随之从大到小变化)，那它将变成 h 类(♀ ⫰♀ ♀)四变元件簧，其 F_{me} 值增加 76%，比负荷增加 63%，刚度幅度增加 114%，各种性能达到其最高水平。这是四个结构参数均起相互增补作用的结果。然而，此类簧须选好钢丝锥角 β 和弹簧锥角 ψ 的值，防止应力超标。特别是因端部簧圈丝径最大，增加了座圈部分的“死”材料，故在一般情况下，此类设计是不可取的。

作为组件类螺旋弹簧，图 3-4 中的 e 类簧和 a 类簧应作为组合优选对象。如果在这两类簧的基础上，再把它设计为等内径簧，那么它将具有工艺简单、便于在中部安装物件以及减少座圈“死”材料等优点。

(5) 试验验证

本小节着眼于变参数螺旋弹簧的性能评述，因此对数十类螺旋弹簧计算模型的考核难以一一例证。下面仅将较为典型的美军高机动多用途轮式车(HMMWV)系列中的 1.5 t 级越野车后悬架螺旋弹簧进行验证。

该悬架螺旋弹簧是变丝径、等内径、上锥下直组合式，其主要结构参数见表 3-3。试验和计算的载荷-变形特性曲线如图 3-8 所示。

计算数据与试验数据比较，在变刚度区段各点相对偏差的均值约为 8%。

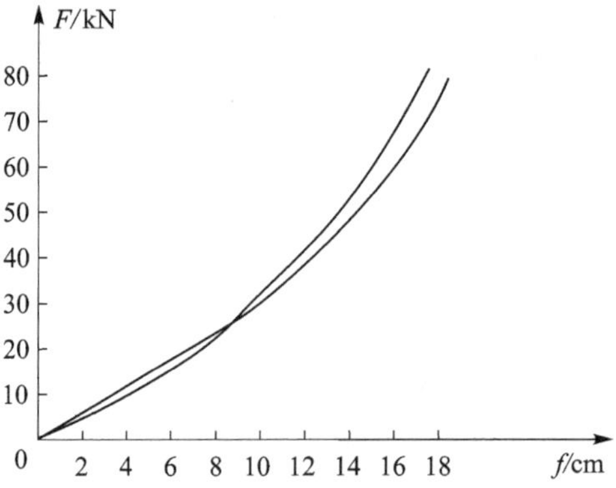

图 3-8　HMMWV 1.5 t 级车后悬架螺旋弹簧特性曲线

(6) 结　论

变参数螺旋弹簧除能获得令人满意的刚度特性和优良的应力特性外，还能获得足够大的压并载荷，充分发挥材料潜能；采用变丝径螺旋弹簧是提高压并载荷、获取优良性能的关键，而各种结构参数的合理匹配则又可以获得不同的性能，以满足不同的需要；等内径、变丝径螺旋弹簧具有独特的实用价值，应予以优先采用。详见附表 1～附表 13。

4. 变节距压缩螺旋弹簧

变节距圆柱压缩螺旋弹簧由大小不等的节距构成，是一种加工简单、被广泛采用的变参数弹簧。变节距簧必然也是变螺旋角簧。这种螺旋弹簧会随着载荷的增加开始压缩簧圈，首先压并的是小节距簧圈，然后依次压并大节距簧圈，其刚度也从等刚度到变刚度，并逐步加大。这不仅有利于汽车载荷变化的需要，而且有利于防止弹簧的共振和颤振。

弹簧节距可以由小到大，单向排列，也可以按两端小中间大双向排列，如图 3-9 所示。节距的大小，可以是在单圈之间变化，也可以是几圈为一组取成几种不同的节距。

假设一个变节距簧的节距是由不等的 k 段组成，设各段节距分别为 t_i，圈数为 n_i，其工作原理是和若干等节距簧串联工作等价的，因为它们同受载荷 F 的作用。各段螺旋弹簧的变形量分别为

$$f_i = \frac{8D^3F}{Gd^4}n_i \tag{3-27}$$

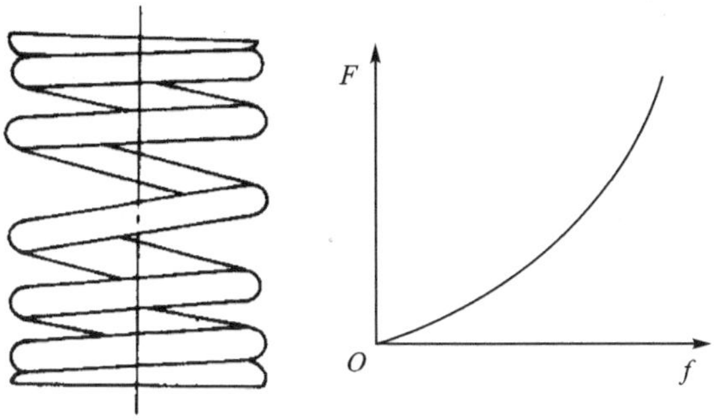

图 3-9　变节距螺旋弹簧

所以单圈变形量为

$$\frac{f_i}{n_i}=\frac{8D^3}{Gd^4}F=C \tag{3-28}$$

由式(3-28)可知，丝径 d 和圈径 D 都相同的变节距簧，在力 F 的作用下，其单圈变形量是一个常数。设 t_k 为第 k 圈的节距，那么变节距螺旋弹簧某一单圈的可压缩行程为

$$f_k=t_k-d$$

整根螺旋弹簧的可压缩行程为

$$f_c=\sum f_k$$

整根螺旋弹簧的初始刚度为 c_0，和等节距簧是一样的，并且是线性的。其计算式为

$$c_0=\frac{Gd^4}{8D^3n} \tag{3-29}$$

然而，随着载荷 F 的增大，节距较小的圈(或段)并紧后，有效圈数减小，螺旋弹簧的刚度就增大，这也就是变节簧距的变刚性特性。由线性特性转为非线性特性的载荷为

$$F_0=(t_{\min}-d)\frac{Gd^4}{8D^3} \tag{3-30}$$

式中，$t_{\min}$ 为各圈中最小的节距。

假设设计时节距是逐步变大，即 $t_1<t_2<\cdots<t_{\min}$，那么在力 F 逐步增大时，其各圈(段)按序压并，整簧的刚度也逐渐增大。这就是说，变节距簧是阶梯式的渐变刚度簧。

在节距不等的两段螺旋弹簧之间，往往设置一个过渡圈。虽然过渡圈只有一圈，但仍可把它视为一段。如果过渡段为第 i 段，那么它的节距为

$$t_i=\frac{t_{i1}+t_{i+1}}{2} \tag{3-31}$$

计算示例参见附表 2。

5. 变圈径等节距压缩螺旋弹簧

变圈径等节距压缩螺旋弹簧也就是圆锥压缩螺旋弹簧，它也是一种变刚度簧，参见图 3-10。这种螺旋弹簧受载荷作用后，起初保持线性特性；当载荷逐步增大时，弹簧从最大圈开始逐渐并紧，直至所有圈全部并紧。大圈一开始并紧，弹簧便进入非线性特性。

ψ 是圆锥簧的锥角，其数值越大，弹簧刚度的变化就越大，就越能适应汽车负荷的变化，消除或缓和共振。然而，圈间压并后，挤压力和径向力均增大，且有可能发生自锁而不回弹。当

ψ 值大到弹簧小端半径 R_0 与大端半径 R_{max} 构成 $R_{max}-R_0 \geqslant nd$ 时，所有圈均落在支座上，其压并高度 $H_b=d$。

圆锥螺旋弹簧分等节距和等螺旋角两种，下面先研究等节距螺旋弹簧的变形公式。

(1) 螺旋弹簧的变形

等节距、等丝径变圈径螺旋弹簧，其钢丝中心线的展开线是一条上凸曲线，钢丝中心线在 xy 平面上的投影为阿基米德螺线，如图 3-11 所示。

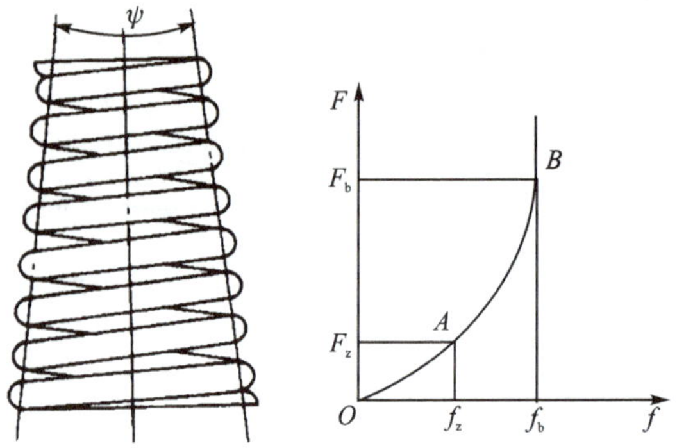

图 3-10　变圈径螺旋弹簧

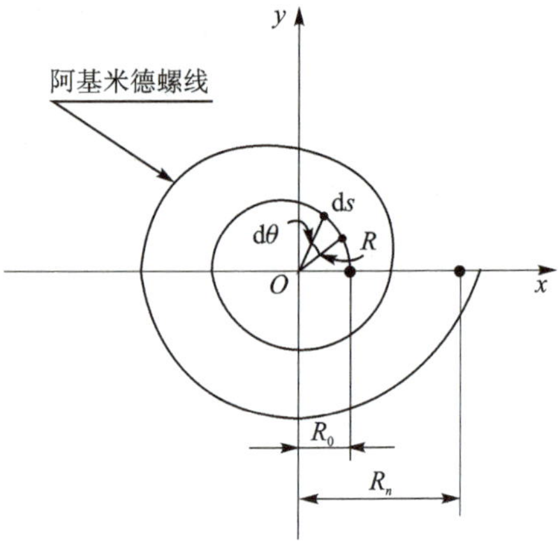

图 3-11　钢丝中心线的投影

阿基米德螺线随着极角 θ 的变化，曲率半径 R 也随之变化，所以作用于螺旋弹簧的力 F 所构成的扭矩是随极角变化的。因此要求弹簧的变形，就必须求出半径 R 随 θ 的变化关系。

由图 3-11 可知，当 θ 增加 2π 时，半径增加量为

$$\Delta R=t\cdot\tan\frac{\psi}{2}$$

式中　t——节距；

ψ——螺旋弹簧圆锥角。

随 θ 变化的半径为

$$R=R_0+\left[(k-1)+\frac{\theta}{2\pi}\right]t\cdot\tan\frac{\psi}{2} \tag{3-32}$$

第 k 圈钢丝在水平面上的投影长度为

$$S_k=\int ds=\int_0^{2\pi}R\,d\theta=\int_0^{2\pi}[R_0+(k-1)\Delta R]d\theta+\int_0^{2\pi}\frac{\Delta R}{2\pi}\theta\,d\theta$$

于是有

$$S_{2\pi}=2\pi\left[R_0+\left(k-\frac{1}{2}\right)t\cdot\tan\frac{\psi}{2}\right] \tag{3-33}$$

投影长度随极角变化的关系式为

$$S_\theta=[R_0+(k-1)\Delta R]\theta+\frac{\Delta R}{4\pi}\theta^2 \tag{3-34}$$

半径随 θ 变化的关系式为

$$R_{k\theta}=a+b\theta \tag{3-35}$$

式中

$$a = R_0 + (k-1)\Delta R$$

$$b = \frac{\Delta R}{2\pi}$$

$$\Delta R = t \cdot \tan\frac{\psi}{2}$$

下面推求第 k 圈的变形量 f_k。首先，

$$f_k = \int R_{k\theta}\,\mathrm{d}\psi$$

分别将下式代入上式：

$$\mathrm{d}\psi = \frac{M_k\,\mathrm{d}s}{GJ_{\mathrm{p}}}$$

$$M_k = FR_{k\theta}$$

$$\mathrm{d}s = R_{k\theta}\,\mathrm{d}\theta$$

可得

$$f_k = \frac{F}{GJ_{\mathrm{p}}}\int_0^{2\pi} R_{k\theta}^3\,\mathrm{d}\theta$$

式中

$$R_k^3 = (a + b\theta)^3$$

于是有

$$f_k = \frac{64F}{Gd^4}(a^3 + 3a^2b\pi + 4ab^2\pi^2 + 2b^3\pi^3) \tag{3-36}$$

式中，$k = 1, 2, 3, \cdots, n$。

整根螺旋弹簧的变形量为

$$f = \sum_{k=1}^{n} f_k \tag{3-37}$$

(2) 变形公式的另一种推法

极角每增加 2π 时，半径增加 $\Delta R = t \cdot \tan\frac{\psi}{2}$，因而任意点的半径为

$$R = R_0 + \frac{\theta}{2\pi} \cdot t \cdot \tan\frac{\psi}{2} \tag{3-38}$$

当 $\theta = 2\pi n$ 时，$R = R_n$（末圈半径）。

由此可得

$$\Delta R = t \cdot \tan\frac{\psi}{2} = \frac{R_n - R_0}{n} \tag{3-39}$$

将式(3-39)代入式(3-38)，可得任意极角的半径为

$$R = R_0 + \frac{R_n - R_0}{2\pi n} \cdot \theta \tag{3-40}$$

下面对变形公式的推导进行说明。

根据莫尔定理有

$$f=\int_0^1 \frac{T_0 T_t}{GJ_p}\mathrm{d}s \tag{3-41}$$

式中 T_t——绕钢丝截面中心线切线的扭矩，$T=FR$；

T_0——单位扭矩，$T_0=1\times R=R$；

$\mathrm{d}s$—钢丝微元长度，$\mathrm{d}s=R\,\mathrm{d}\theta=R\cdot\frac{2\pi n}{R_n-R_0}\cdot\mathrm{d}R$。

将各式代入式(3-41)，并将积分限改为 R_0 到 R_n，则可得整簧的变形量为

$$f=\int_{R_0}^{R_n}\frac{2\pi nF}{GJ_p(R_n-R_0)}R^3\mathrm{d}R=\int_{R_0}^{R_n}\frac{64nFR^3}{Gd^4(R_n-R_0)}\mathrm{d}R$$

即

$$f_n=\frac{16nF}{Gd^4}\cdot\frac{R_n^4-R_0^4}{R_n-R_0} \tag{3-42}$$

式中

$$R_n=R_0+n\cdot\Delta R$$

式(3-36)和式(3-42)计算结果完全一致。计算示例参见附表3。

6. 等螺旋角圆锥压缩螺旋弹簧

等螺旋角圆锥压缩螺旋弹簧是变参数螺旋弹簧的一种，合理设计此类螺旋弹簧，不仅可以节约材料，减轻质量，而且还可获得优良的工作特性，满足使用需要。

然而，由于此类螺旋弹簧较为复杂，加之诸多因素，故至今未见其可行的设计计算方法。本书拟在导出基本方程的前提下，建立负荷-变形特性等主要性能参数的计算方法。

(1) 基本方程

等螺旋角圆锥压缩螺旋弹簧钢丝中心线的展开线是一条直线，而它的顶视投影是一条对数螺旋线，如图3-12所示。

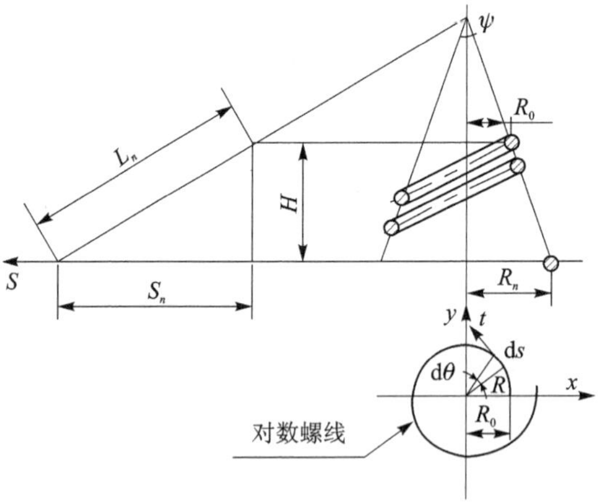

图3-12 等螺旋角圆锥压簧的几何特性

这种螺旋弹簧的簧圈半径 R 随极角 θ 变化的关系可描绘为

$$R=R_0\cdot e^{\ln\left(\frac{R_n}{R_0}\right)\frac{\theta}{2\pi n}} \tag{3-43}$$

式中　R_0——有效簧圈首圈起始半径；

R_n——有效簧圈末圈终结半径；

n——弹簧有效圈数。

当用簧圈序号 $k(k=1,2,\cdots,n)$ 代替 n 后，可得

$$R=R_0\cdot\exp\left[\ln\left(\frac{R_k}{R_0}\right)\frac{\theta}{2\pi k}\right] \tag{3-44}$$

当用 R_{k-1} 代替 R_0 后，又可得

$$R=R_{k-1}\cdot\exp\left[\ln\left(\frac{R_k}{R_{k-1}}\right)\frac{\theta}{2\pi k}\right] \tag{3-45}$$

然而，式(3-43)中的 R_n 和式(3-44)、式(3-45)中的 R_k 皆是一个未知数，故式(3-43)～式(3-45)均是一个待定方程，故须采用如下方法将其改造：

假设 S_k 为 1～k 个簧圈钢丝的投影长度，H_k 为 1～k 个簧圈的弹簧高度，于是 S_k 和螺旋角 α 有如下关系：

$$S_k=\frac{H_k}{\tan\alpha} \tag{3-46}$$

H_k 和弹簧圆锥角 ψ 还有如下关系：

$$H_k=\frac{R_k-R_0}{\tan(\psi/2)} \tag{3-47}$$

将式(3-47)代入式(3-46)后可得

$$S_k=\frac{R_k-R_0}{\tan\alpha\cdot\tan(\psi/2)} \tag{3-48}$$

S_k 还可从另一角度求得。由图 3-12 可知

$$S_k=\int_0^{2\pi k}R_0\cdot\exp\left[\left(\frac{1}{2\pi k}\ln\frac{R_k}{R_0}\right)\theta\right]\mathrm{d}\theta$$

解此积分后便有

$$S_k=\frac{2\pi R_0 k}{\ln(R_k/R_0)}\left[\exp\left(\ln\frac{R_k}{R_0}\right)-1\right] \tag{3-49}$$

当令式(3-44)中的 $\theta=2\pi k$ 时，$R=R_k$，于是有

$$\frac{R_k}{R_0}=\exp\left(\ln\frac{R_k}{R_0}\right) \tag{3-50}$$

当令式(3-48)等于式(3-49)，并代入式(3-50)后可得各簧圈半径与结构参数的关系式：

$$R_k=R_0\exp\left(2\pi k\tan\alpha\cdot\tan\frac{\psi}{2}\right) \tag{3-51}$$

将式(3-51)代入式(3-44)后，最终得到 R 与 θ 的以显式函数关系表达的基本方程：

$$R=R_0\exp\left(\theta\tan\alpha\cdot\tan\frac{\psi}{2}\right) \tag{3-52}$$

(2) 负荷-变形特性

1) 轴向变形

当负荷 F 沿轴线方向作用于弹簧时，弹簧钢丝的截面受到力矩 T_t、弯矩 M_b、法向力 F_t

和径向力 F_b 的同时作用。然而，M_b、F_t 和 F_b 对轴向变形都影响不大，故在推求轴向变形公式时，只考虑力矩 T_t 的作用。在忽略螺旋角影响的前提下，力矩 $T_t = FR$。钢丝在力矩 T_t 作用下的变形如图 3-13 所示。

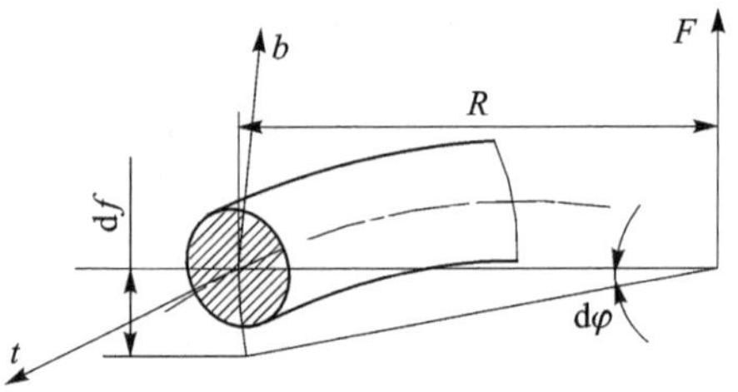

图 3-13　钢丝在力矩 T_t 作用下的变形

从基本的扭转变形出发，利用式(3-52)，便可求得弹簧第 k 个单圈的轴向变形，即

$$f_k = \int R\,\mathrm{d}\varphi \tag{3-53}$$

其中 $\mathrm{d}\varphi$ 为钢丝在力矩 T_t 作用下的微元角位移。$\mathrm{d}\varphi$ 的计算公式如下：

$$\mathrm{d}\varphi = \frac{T_t\,\mathrm{d}s}{GJ_p}$$

式中　J_p——钢丝圆形截面的极惯性矩：$J_p = \dfrac{\pi d^4}{32}$，其中 d 为钢丝直径；

G——材料的抗扭模量；

$\mathrm{d}s$——钢丝的微元长度，$\mathrm{d}s = R\,\mathrm{d}\theta$，其中 $\mathrm{d}\theta$ 为极角的微元位移。

代入各参数后，积分变为

$$f_k = \frac{32F}{\pi G d^4}\int_{2\pi(k-1)}^{2\pi k}\left[R_0 \exp\left(\theta \tan\alpha \tan\frac{\psi}{2}\right)\right]^3 \mathrm{d}\theta$$

解此积分，可得第 k 个单圈的压并变形量为

$$f_{mk} = \frac{32R_0^3 F_{mk}}{\pi b G d^4}\left[\mathrm{e}^{2\pi bk} - \mathrm{e}^{2\pi b(k-1)}\right] \tag{3-54}$$

式中，$b = 3\tan\alpha\tan(\psi/2)$；$F_{mk}$ 为第 k 个单圈的压并载荷(N)。

式(3-54)还可变为另一种形式：

$$f_{mk} = \frac{64F_{mk}}{Gd^4}\eta_k \tag{3-55}$$

式中

$$\eta_k = \frac{R_k^3 - R_{k-1}^3}{\ln R_k^3 - \ln R_{k-1}^3}$$

2）第 k 单圈的压并载荷

变形是随载荷的增大而增大的，多大的载荷才能使第 k 个单圈压并呢？这是把握弹簧负荷-变形特性必须知道的。要知道第 k 个单圈的压并载荷 F_{mk}，必须先求出第 k 单圈的节距 t_k 和最大变形量 f_{mk}。

由图 3-14 可知，第 k 圈的节距为

$$t_k = \frac{R_k - R_{k-1}}{\tan(\psi/2)} \tag{3-56}$$

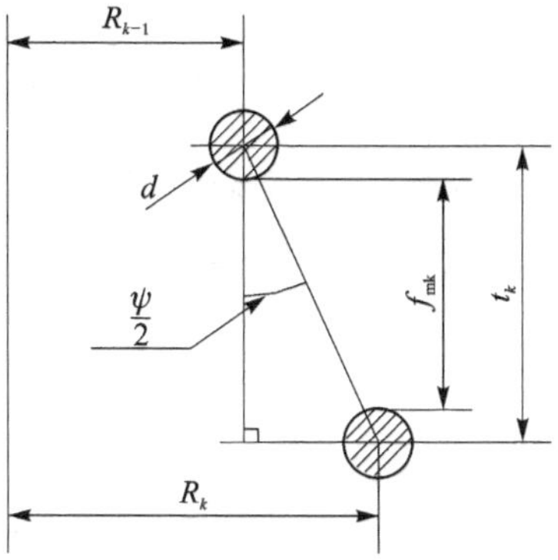

图 3-14　第 k 圈的最大变形量

第 k 圈压并时的变形量，也就是该圈的最大变形量，在 ψ 不是很大的情况下，可表示为

$$f_{mk}=t_k-d \tag{3-57}$$

将式(3-57)中的 f_{mk} 代替式(3-55)中的 f_k 后，可解得

$$F_{mk}=\frac{(t_k-d)Gd^4}{64\eta_k} \tag{3-58}$$

3）全簧变形及刚度

当第 k 圈压并时，全簧的变形量为

$$f_{gk}=\sum_{k=1}^{n}f_k \tag{3-59}$$

当第 k 圈压并时，全簧的刚度为

$$c_{gk}=\frac{F_{mk}}{f_{gk}} \tag{3-60}$$

(3) 相关参数

1）有效钢丝投影总长度

令式(3-48)中的 $R_k=R_n$，可得到弹簧有效圈数钢丝的投影总长度：

$$S_n=\frac{R_n-R_0}{\tan\alpha\tan(\psi/2)} \tag{3-61}$$

2）有效钢丝总长度

弹簧有效圈数钢丝的总长为

$$L_n=\frac{S_n}{\cos\alpha} \tag{3-62}$$

3）弹簧高度

弹簧有效圈数的总高度为

$$H=L_n\cdot\sin\alpha \tag{3-63}$$

4）弹簧质量

弹簧有效圈数的总质量为

$$M=\frac{\pi\rho L_n d^2}{4\ 000} \tag{3-64}$$

式中，ρ 为材料密度(g/cm^3)。

5）弹簧应力

当弹簧节距不是很大时，钢丝断面的受力状况如图 3－15 所示。

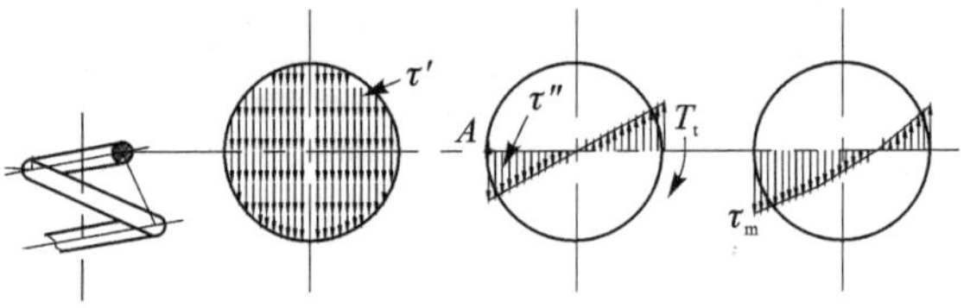

图 3－15　钢丝断面承受的剪应力

力 F_{mk} 对钢丝截面的剪切作用引起第 k 圈的剪应力 τ'_k，其方向与力 F_{mk} 相反，大小均布，数值为

$$\tau'_k=\frac{F_{mk}}{25\pi d^2} \tag{3-65}$$

力矩 T_t 使钢丝扭转，在与 R 所对应的截面上引起第 k 圈的剪应力 τ''_k，其最大值发生在该截面的周边，其数值为

$$\tau''_k=\frac{0.16F_{mk}R_k}{\pi d^3} \tag{3-66}$$

两项应力之和，即为该截面之最大总应力 $\tau_{mk}=\tau'_k+\tau''_k$，它发生在断面内侧点 A（危险点）。由于钢丝卷绕的曲率变化还将影响应力，需修正。修正后的最大剪应力为

$$\tau_{mk}=\frac{0.16R_k\cdot F_{mk}}{\pi d^3}\left(1+\frac{d}{4R_k}\right)k_k \tag{3-67}$$

式中　k_k 为修正系数（曲度系数），$k_k=\dfrac{4C_k-1}{4C_k-4}+\dfrac{0.615}{C_k}$，其中 C_k 为旋绕比，$C_k=2R_k/d$。

注意： 弯曲应力 σ 约为剪应力 τ 的 1.25 倍。

（4）螺旋角与圆锥角的影响

众所周知，螺旋弹簧的刚度与钢丝直径四次方 d^4 成正比，与有效圈数 n 和簧圈半径三次方 R_0^3 成反比。然而，当 d、n 和 R_0 均确定之后，作为圆锥簧的螺旋角 α 和圆锥角 ψ 又是如何影响弹簧性能的呢？

1）α 和 ψ 的影响

参数相同的两副圆锥螺旋弹簧，α 和 ψ 大者，将产生如下效果：

① 半径 R_k 增大，弹簧横向尺寸增大。

② 节距 t_k 增大，弹簧高度增大。

③ 由于纵、横向尺寸增大，弹簧质量 M 增大。

④ 弹簧的刚度降低，变形量增大，频率降低。

⑤ 对于压并载荷，α 增大，F_{mk} 亦增大；而 ψ 虽增大，F_{mk} 却降低。

⑥ 对于剪应力，α 增大，τ_{mk} 值和首、末圈应力比 τ_{m1}/τ_{mn} 均增大；ψ 增大，τ_{m1}/τ_{mn} 也增大，但 τ_{mk} 值却降低。

2）无簧圈叠压圆锥簧的 ψ 值

圆锥角 ψ 增大，不仅产生上述效果，且圈间挤压力和径向力均增大，甚至有可能自锁而不回弹。当 ψ 值增大到 $R_n-R_0\geqslant nd$ 时，所有簧圈均落在支座上。此时的圆锥簧便成了无簧圈

叠压的圆锥簧，其压并高度 $H=d$。这种螺旋弹簧的优点是，在空间高度受限制并且不影响总变形量的情况下，可降低弹簧的高度。然而，它的底圈尺寸过大，没有足够的横向尺寸是不能采用的。

在设计无簧圈叠压的等螺旋角圆锥簧，以及 R_0、n、α 和 d 已定的情况下，圆锥角 ψ 可按下述方法求得。

由图 3-16 可知，等丝径圆锥簧有如下关系：

$$R_n=R_0+n(d+\delta) \tag{3-68}$$

式中，δ 为给定的压并后各圈钢丝的平均间隙。

又由式(3-51)可知，等螺旋角圆锥簧有如下关系：

$$R_n=R_0\mathrm{e}^{2\pi n\tan\alpha\tan\frac{\psi}{2}} \tag{3-69}$$

令式(3-50)等于式(3-51)，可解得

$$\psi=2\arctan\left[\frac{\ln(R_0+nd+n\delta)-\ln R_0}{2\pi n\tan\alpha}\right] \tag{3-70}$$

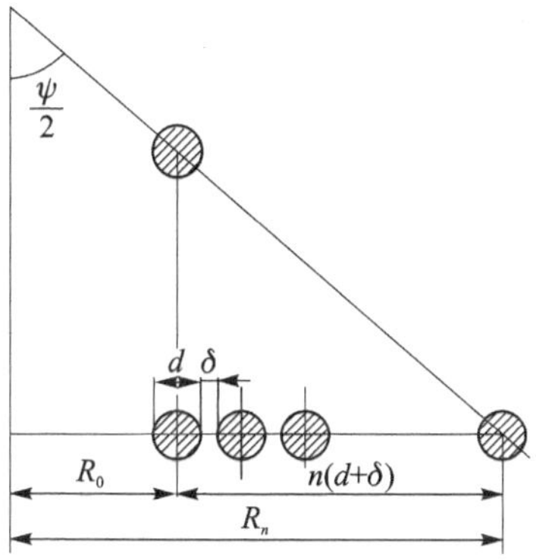

图 3-16　无簧圈叠压圆锥簧的 ψ 值

(5) 计算示例

参数：直径 $d=3$ cm，初始圈径 $R_0=8$ cm，圆锥角 $\psi=10°$，螺旋角 $\alpha=6°$，有效圈数 $n=7$。

用式(3-51)、式(3-55)、式(3-56)、式(3-58)、式(3-59)、式(3-60)、式(3-62)、式(3-63)、式(3-64)、式(3-68)可分别求得 R_k、η_k、t_k、F_{mk}、f_{gk}、c_{gk}、τ_{mk}、L_n、H、M，主要参数的计算结果见表 3-5，载荷-变形特性曲线如图 3-17 所示。

表 3-5　主要参数的计算结果

k	R_k/cm	t_k/cm	η_k	F_{mk}/N	f_{gk}/cm	c_{gk}/(N·cm^{-1})	τ_{mk}/MPa
1	8.476	5.441	559.069	43 545	24.58	1 772	962
2	8.980	5.761	664.881	41 415	24.46	1 693	952
3	9.514	6.104	790.683	39 152	24.19	1 612	938
4	10.080	6.469	940.328	36 792	23.71	1 552	919
5	11.315	6.858	1 118.387	34 403	22.98	1 497	897

续表 3-5

k	R_k/cm	t_k/cm	η_k	F_{mk}/N	f_{gk}/cm	c_{gk}/(N·cm^{-1})	τ_{mk}/MPa
6	9.846	7.258	1 330.093	31 927	21.97	1 453	869
7	11.988	7.692	1 581.778	29 583	20.73	1 427	842

注：L_n=436.08 cm，H=45.58 cm，M=24.04 kg。

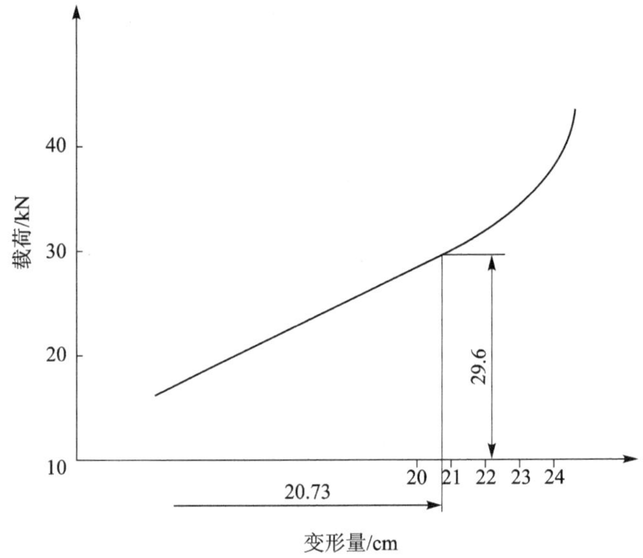

图 3-17　载荷-变形特性曲线

由表 3-6 数据可知，当载荷从 29.6 kN 增至 43.6 kN 时，刚度 c_{gk} 从 1 427 N/cm 达到了 1 772 N/cm，增幅约为 24.18%，这说明示例弹簧的载荷特性还是比较好的。

(6) 结　论

① 导出的 R 与 θ 关系的基本方程式(3-52)，为等螺旋角圆锥压簧计算方法的建立奠定了基础。

② 建立的计算方法，为等旋螺角圆锥压簧的设计提供了可行的依据。

③ 为提高整簧的刚度变化幅度和压并载荷，充分发挥材料的潜能，此类弹簧应与变丝径簧结合设计。

④ 为节约材料和避免底圈尺寸过大，此类螺旋弹簧宜设计成中间大两端小的双锥形“”或中间直两端小的桶形“”。

7. 变丝径等内径压缩螺旋弹簧

变丝径等内径压缩螺旋弹簧是一种保持内径 $D_i=2R$ 恒等的变丝径、变圈径、变节距和等螺旋角的圆锥螺旋弹簧(±,±,±,—)，如图 3-18 所示。变丝径等内径压缩螺旋弹簧不仅具有优良的变刚度特性，而且还有如下三个特点：

① 工艺简单；

② 便于在中部安装减振器；

③ 顶部丝径和圈径都较小，减少了座圈部分的“死材料”。

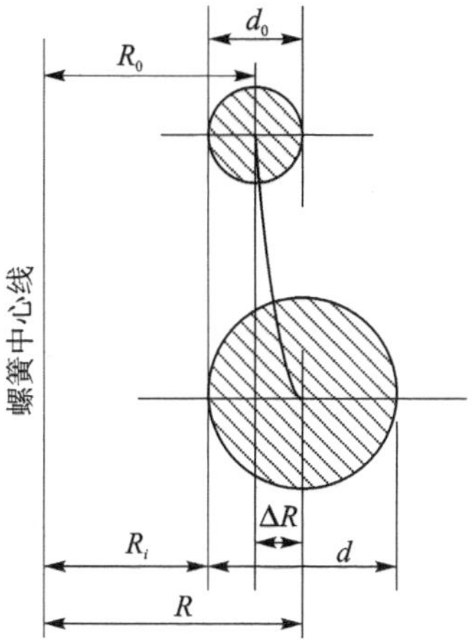

图 3-18　簧径及丝径的变化规律

正因如此，不少性能优良的车辆都装用此类螺旋弹簧。例如美军高机动多用途轮式车(HMMWV)系列车型、德军曼(MAN)280 的 10 t 越野车等。然而，至今还未见有关的计算方法。本书的目的是建立此类螺旋弹簧的设计计算方法。

(1) 基本方程

此类螺旋弹簧的主要特点：当极角 θ 从零开始逐步增大时，簧圈半径的增量 ΔR 恒等于钢丝半径 $d/2$ 的增量 Δr，即

$$R-R_0=0.5(d-d_0) \tag{3-71}$$

式中　R_0——簧圈初始半径；

d_0——钢丝初始直径。

由图 3-18 可知，不变的内部半径 R_i 与 R_0、d_0 的关系如下：

$$R_i=R_0-\frac{d_0}{2} \tag{3-72}$$

1) $R=f(s)$的关系式

当极角为 θ 时，钢丝半径随钢丝长度 l 变化的增量 Δr(见图 3-19)为

$$\Delta r=s\cdot\tan\frac{\beta}{2}(\cos\alpha)^{-1} \tag{3-73}$$

式中　α——螺旋角；

β——钢丝锥角；

s——钢丝在极角为 θ 时的顶视投影长度。

由式(3-72)可得任意极角下的簧圈半径为

$$R=R_0+\frac{1}{2}(d-d_0) \tag{3-74}$$

用式(3-73)替换式(3-74)中的$\frac{1}{2}(d-d_0)$可得 R 与 s 的关系式：

$$R=R_0+Cs \tag{3-75}$$

式中，$C=\tan\frac{\beta}{2}(\cos\alpha)^{-1}$。

2) $R=f(\theta)$的关系式

对式(3-75)两端微分可得

$$\mathrm{d}R = C\mathrm{d}s$$

根据图 3-20 的关系，可得

$$\mathrm{d}R = CR\mathrm{d}\theta$$

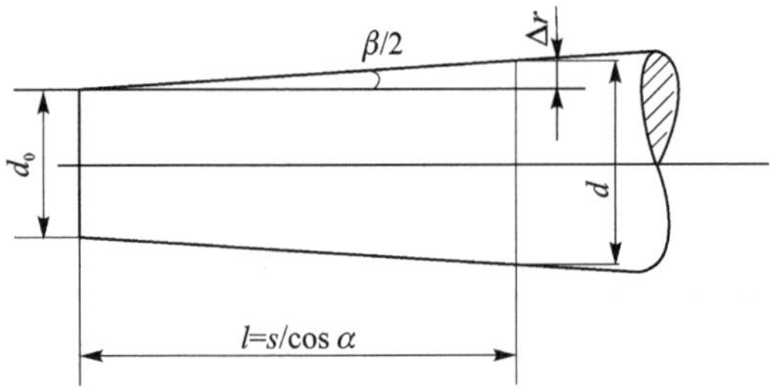

图 3-19　丝径的变化规律

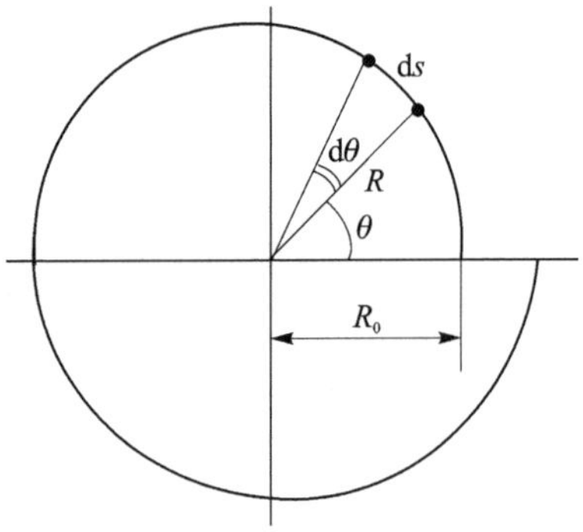

图 3-20　极角与圈径的关系

即

$$\int \frac{\mathrm{d}R}{R} = \int C\mathrm{d}\theta + C_0$$

两端积分后便有

$$\ln R = C\theta + C_0$$

当 $\theta=0$ 时，$R=R_0$，所以积分常数 $C_0=\ln R_0$，于是就得到了 R 与 θ 关系的基本方程：

$$R = R_0 \mathrm{e}^{C\theta} \tag{3-76}$$

令式(3-76)中的 $\theta=2\pi k$，可得第 k 圈终结点簧圈半径的表达式：

$$R_k = R_0 \mathrm{e}^{2\pi Ck} \tag{3-77}$$

3) $d=f(\theta)$的关系式

由于簧圈半径的增量 $\Delta R=R-R_0$，故利用式(3-76)可得

$$\Delta R = R_0(\mathrm{e}^{C\theta}-1) \tag{3-78}$$

根据簧圈半径增量 ΔR 等于钢丝半径增量 Δr 的特性，便可求得丝径 d 与极角 θ 的关系式：

$$d = d_0 + 2R_0(\mathrm{e}^{C\theta}-1) \tag{3-79}$$

式(3-79)还可变为

$$d = a + b\mathrm{e}^{C\theta} \tag{3-80}$$

式中

$$a=d_0-2R_0,\quad b=2R_0,\quad C=\tan\frac{\beta}{2}(\cos\alpha)^{-1}$$

令式(3-79)中的 $\theta=2\pi k$，可得到第 k 圈终结点钢丝直径的表达式：

$$d_k = d_0 + 2R_0(\mathrm{e}^{2\pi Ck}-1) \tag{3-81}$$

4) $S=f(\theta)$的表达式

螺旋弹簧钢丝的顶视投影长度 S 与极角 θ 的关系式如下：

$$S=\int \mathrm{d}S+\int R_0 \mathrm{e}^{C\theta}\mathrm{d}\theta$$

经积分后可得

$$S=\frac{R_0}{C}(\mathrm{e}^{C\theta}-1) \tag{3-82}$$

第 k 圈的钢丝投影长度为

$$S_k=\frac{R_0}{C}\left[\mathrm{e}^{2\pi Ck}-\mathrm{e}^{2\pi C(k-1)}\right] \tag{3-83}$$

5) $\theta=f(s)$的关系式

由式(3-82)可解得 $\theta=f(s)$的关系式：

$$\theta=\frac{1}{C}\ln\left(1+\frac{C}{R_0}S\right) \tag{3-84}$$

6) $d=f(s)$的关系式

由图 3-19 的关系直接可得

$$d=d_0+gs \tag{3-85}$$

式中

$$g=2C=2\tan\frac{\beta}{2}(\cos\alpha)^{-1}$$

(2) 负荷特性

1) 轴向变形

当载荷 F 沿螺旋弹簧轴线方向作用时，若只考虑钢丝截面中心线 t 的扭矩 T 的作用，那么弹簧的轴向变形可由如下两种方法求得：

① 取钢丝投影长度 s 作变量，即取式(3-75)和式(3-85)作为基本方程进行积分。

② 取极角 θ 作变量，即取式(3-76)和式(3-80)作为基本方程进行积分。

下面仅以 θ 作为变量求解变形表达式。

在扭矩 T 的作用下，螺旋弹簧的轴向变形量为

$$f=\int R\,\mathrm{d}\varphi \tag{3-86}$$

式中，$\mathrm{d}\varphi$ 为钢丝的扭转角，$\mathrm{d}\varphi=\frac{T\,\mathrm{d}s}{GJ_{\mathrm{p}}}$，其中 $T=PR$，$\mathrm{d}s=R\,\mathrm{d}\theta$，$J_{\mathrm{p}}=\frac{\pi d^4}{32}$，代入式(3-86)，可得

$$f=\frac{32F}{\pi G}\int_0^{\theta}\frac{R^3}{d^4}\mathrm{d}\theta=\frac{32R_0^3F}{\pi G}\int_0^{\theta}\frac{(\mathrm{e}^{C\theta})^3}{(a+b\mathrm{e}^{C\theta})^4}\mathrm{d}(C\theta)$$

令 $y=\mathrm{e}^{C\theta}$，则 $\mathrm{d}y=\mathrm{e}^{C\theta}\mathrm{d}(C\theta)$，即

$$\mathrm{d}(C\theta)=\mathrm{d}y/y$$

令 $\theta=0$，则 $y=1$；$\theta=\theta$，则 $y=\mathrm{e}^{C\theta}$，于是有

$$f=\frac{32R_0^3}{\pi CG}=\int_1^{\mathrm{e}^{C\theta}}\frac{y^2\mathrm{d}y}{(a+by)^4}=\frac{1}{24R_0^3}\cdot\frac{-(3b^3y^2+3aby+a^2)}{(a+by)^3}$$

代入积分限后可得

$$f_\theta=\frac{4F}{3\pi CG}\eta_\theta \tag{3-87}$$

式中

$$\eta_\theta=\frac{3b^2+3ab+a^2}{(a+b)^3}-\frac{3b^2(\mathrm{e}^{C\theta})^2+3ab\mathrm{e}^{C\theta}+a^2}{(a+b\mathrm{e}^{C\theta})^3}$$

将下限 $\theta=2\pi(k-1)$、上限 $\theta=2\pi k$ 代入式(3-87)，可得到第 k 圈的变形量：

$$f_k=\frac{4F}{3\pi CG}\eta_k \tag{3-88}$$

$$\eta_k=M-N$$

式中

$$M=\frac{3b^2\mathrm{e}^{4\pi C(k-1)}+3ab\mathrm{e}^{2\pi C(k-1)}+a^2}{d_{k-1}^3}$$

$$N=\frac{3b^2\mathrm{e}^{4\pi Ck}+3ab\mathrm{e}^{2\pi Ck}+a^2}{d_k^3}$$

2）第 k 圈的压并载荷

要把握螺旋弹簧的负荷-变形特性，就必须知道第 k 圈的压并载荷。为此，必先求出第 k 圈的节距 t_k 和第 k 圈的最大变形量 f_{mk}。

第 k 圈的节距为

$$t_k=S_k\tan\alpha \tag{3-89}$$

第 k 圈压并时的变形量，就是该圈的最大变形量，可以表示为

$$f_{mk}=t_k-\frac{d_{k-1}+d_k}{2} \tag{3-90}$$

用 F_{mk} 和 f_{mk} 取代式(3-78)中的 F 和 f_k 后，便可解得第 k 圈的压并载荷：

$$F_{mk}=\frac{3\pi CG(2t_k-d_{k-1}-d_k)}{8\eta_k} \tag{3-91}$$

（3）相关参数

1）钢丝投影总长度 S_n

螺旋弹簧有效钢丝投影总长度可通过令式(3-82)中的 $\theta=2\pi n$ 得到，即

$$S_n=\frac{R_0}{C}(\mathrm{e}^{2\pi Cn}-1) \tag{3-92}$$

式中，n 为螺旋弹簧的有效总圈数。

2）钢丝总长度 l_n

整个螺旋弹簧有效钢丝总长度为

$$l_n=\frac{S_n}{\cos\alpha} \tag{3-93}$$

3）螺旋弹簧有效总高度 H

整个螺旋弹簧有效部分的总高度为

$$H=l_n\sin\alpha \tag{3-94}$$

4）螺旋弹簧有效总质量 M

整个螺旋弹簧有效部分的总质量为

$$M=\frac{\pi l_n}{16\ 000}(d_0+d_n)^2\rho\quad(\mathrm{kg}) \tag{3-95}$$

式中，ρ 为材料密度（g/cm^3）。

(4) 剪应力

螺旋弹簧第 k 圈终结点钢丝断面内侧的最大剪应力为

$$\tau_{mk}=\frac{0.16k_kR_k}{\pi d_k^3}\left(1+\frac{d_k}{4R_k}\right)F_{mk} \tag{3-96}$$

式中，k_k 为第 k 圈终结半径点的曲度系数，$k_k=\dfrac{4C_k-1}{4C_k-4}+\dfrac{0.615}{C_k}$，其中 C_k 为第 k 圈终结半径点的旋绕比，$C_k=R_k/d_k$。

(5) 非整数圈的计算

如果螺旋弹簧圈数较少，则计算点就比较少，就不能完整地描绘负荷-变形特性，因此还需要计算非整数圈的点，一般计算半圈的点。在此情况下，相关的计算公式如下：

① 钢丝直径为

$$d_k=d_0+2R_0(e^{2\pi Ck}-1) \tag{3-97}$$

计算整数圈时，取 k 为整数；计算小数圈时，取 $k=0.5,1.5,2.5,\cdots$。

② 簧圈半径为

$$R_k=R_0e^{2\pi Ck} \tag{3-98}$$

计算整数圈时，取 k 为整数；计算小数圈时，取 $k=0.5,1.5,2.5,\cdots$。

③ 钢丝投影长度为

$$S_k=\frac{R_0}{C}\left[e^{2\pi Ck}-e^{2\pi C(k-\Delta)}\right] \tag{3-99}$$

计算整圈时，取 k 为整数，$\Delta=1$；计算小数圈时，取 $k=0.5,1.5,2.5,\cdots$；$\Delta=0.5$。

④ 簧圈距为

$$t_k=S_k\tan\alpha \tag{3-100}$$

⑤ 变形系数为

$$\eta_k=M-N \tag{3-101}$$

式中

$$M=\frac{3b^2e^{4\pi C(k-\Delta)}+3abe^{2\pi C(k-\Delta)}+a^2}{d_{k-\Delta}^3}$$

$$N=\frac{3b^2e^{4\pi Ck}+3abe^{2\pi Ck}+a^2}{d_k^3}$$

计算整数圈时，取 k 为整数，$\Delta=1$；计算小数圈时，取 $k=0.5,1.5,2.5,\cdots$；$\Delta=0.5$。

⑥ 当 k 取整数时，对应载荷为

$$F_{mk}=\frac{3\pi CG(2t_k-d_{k-1}-d_k)}{8\eta_k} \tag{3-102}$$

当 $k=0.5,1.5,2.5$ 时，对应载荷为

$$F_{mk}=\frac{3\pi CG(2t_{k+0.5}-d_{k-0.5}-d_{k+0.5})}{16\eta_k} \tag{3-103}$$

⑦ 第 k 圈的变形量为

$$f_k=\frac{4F}{3\pi CG}\eta_k \tag{3-104}$$

⑧ 直体部分的压并载荷为

$$F_{\mathrm{m}}=\frac{Gd^{4}(2\pi R\tan\alpha-d)}{64R^{3}} \tag{3-105}$$

⑨ 直体部分的变形量为

$$f_{k}=\frac{64F_{\mathrm{m}k}R^{3}}{Gd^{4}}n \tag{3-106}$$

(6) 计算示例

1) 示例参数

示例螺旋弹簧为上锥下直组合压缩螺旋弹簧，有关结构参数如下：

上部锥体：$d_0=2$ cm，$R_0=8$ cm，$\beta=0.5°$，$\alpha=7°$，$n_{\mathrm{v}}=3$。

下部直体：$d=3.38$ cm，$R=8.69$ cm，$\alpha=7°$，$n_{\mathrm{s}}=3$。

2) 计算结果

有关参数的计算结果列于表 3-6 中，其载荷-变形特性曲线如图 3-21 所示，详细参数见附表 13。

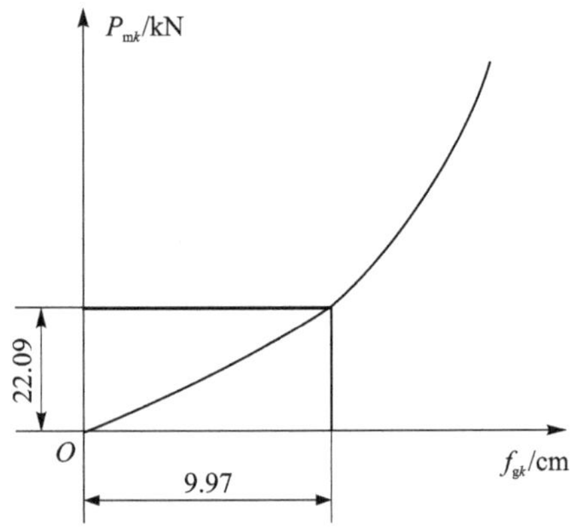

图 3-21　载荷-变形特性曲线

表 3-6　相关参数的计算结果

k		$F_{\mathrm{m}k}$/N	f_{gk}/cm	R_{gk}/(N·cm^{-1})	$\tau_{\mathrm{m}k}$/MPa
锥体	1	22 085	9.97	2 215	1 017
	2	40 154	14.83	2 708	1 225
	3	65 269	19.23	3 393	1 407
直体		81 557	21.23	3 842	1 758

3.1.2　扭杆弹簧

1. 扭杆弹簧悬架的优点

采用扭杆弹簧的悬架早在 20 世纪 30 年代就已出现在欧洲的汽车上，50 年代美国克莱斯勒公司相继装车使用，当前已广泛用于微型车、轻型车、轿车、客车和越野车等各类车型，在 12×12 的重型越野车上也有采用。俄罗斯的玛斯、我国的万山等超重型越野车也早已采用。

扭杆的一端装于车架之上，另一端通过导向臂装于车轮之上。作为抵抗悬架运动，钢板弹簧利用叶片的弯曲与反弹，螺旋弹簧利用簧圈的压缩和伸展，而扭杆弹簧则利用杆体的扭转和回复。扭杆弹簧具有如下优点：

① 单位质量的储能量高，其比能容量比钢板弹簧大 3 倍左右。

② 既可节省优质钢材，也可降低车辆自重。

③ 扭杆固定在车架上，减轻了非悬挂质量，提高了平顺性。

④ 扭杆悬架的非线性特性，提高了其在等行程下的悬架容量，有利于在较差路况下行驶。

⑤ 用于前驱动汽车时，扭杆可纵向布置，为摆动半轴留出了空间。

⑥ 因为可任选零载荷角，所以可以方便地调整车身高度。

⑦ 结构紧凑，便于布置，维修保养方便。

扭杆的制造成本较高，对材料及工艺要求较严；此外，扭杆仅能起弹性元件的作用，故必须另设导向机构。

扭杆弹簧可以按其断面形状或弹性元件的数量来分类：按断面形状，扭杆弹簧已有圆形、管形和片形几种；按元件数量，扭杆弹簧又可分为单杆式和组合式两种，其中组合式扭杆又有并联和串联之分。

2. 端部结构和相关参数

(1) 端部结构

为便于安装扭杆，端部一般制成花键形、细齿形和多角形，如图 3－22 所示。

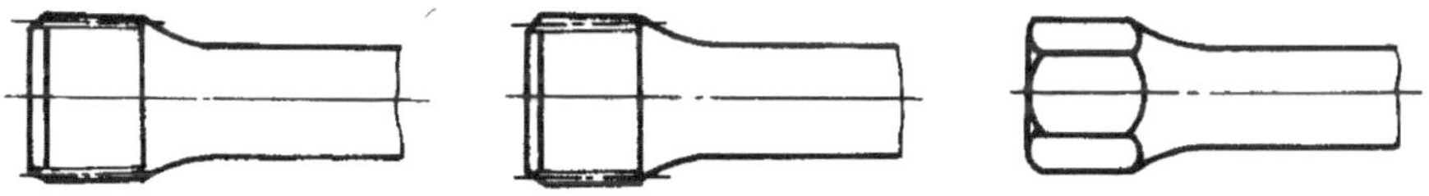

(a) 花键形　　(b) 细齿形　　(c) 多角形

图 3－22　扭杆端部结构

细齿形用得最多。若杆径为 d，那么细齿形端部外径 $d_0=(1.15\sim1.25)d$，端部长度 $l_1=(0.5\sim0.7)d$，如图 3－23 所示。

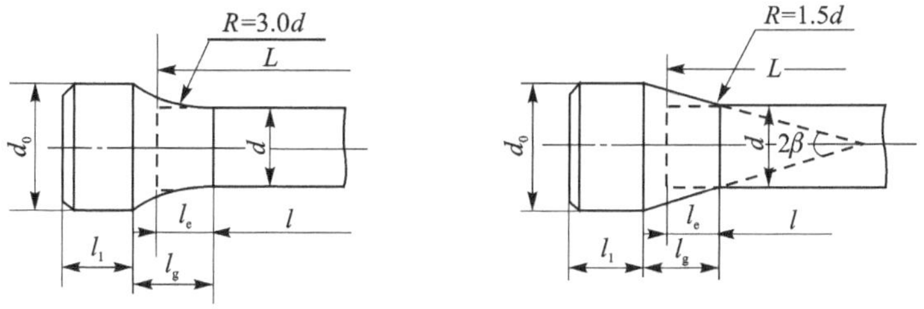

(a) 圆弧过渡结构　　(b) 圆锥过渡结构

图 3－23　扭杆端部尺寸

细齿形端部尺寸见表 3－7。

表 3-7 细齿形端部几何尺寸参考值

齿 形	模数 m	压力角/(°)	外 径	内 径	外 径	长 度
渐开线	0.7 1.0	45	$(Z+1)m$	$(Z-1)m$	$1.25d$	$0.6d$

注：Z 为齿数；d 为杆径。

端部为六角形时，其外切圆直径 $d_0=1.2d$，长度 $l=d$。为避免过大应力集中，端部与杆体连接处的过渡圆半径 $R=(3\sim5)d$。例如，用圆锥形过渡时，一般取锥顶角 $2\beta\geqslant30°$。

为防止疲劳破坏，花键齿间底部的圆角半径应足够大，并保证装配后在全长上啮合，以免花键扭转降低寿命。

如果安装扭杆的结构件刚性不足，就会在扭杆上产生弯曲载荷，这也是扭杆折损的主要原因之一。为避免这种情况，在两端或一端加装橡胶件。

(2) 相关参数

扭杆的相关参数是指扭杆的有效工作长度和扭杆臂的长度。

1) 扭杆的有效工作长度 L

扭杆的有效工作长度 L 是扭杆的基本参数。杆体是扭转变形的基体，杆长与转角、变形量成正比，在设计时，可利用这一参数对刚度值进行微调。杆体两端的过渡部分也会发生扭转变形，因此，在计算时，应将两端的过渡部分换算为当量长度。对于圆形截面扭杆，当采取图 3-23 所示的过渡形状时，其过渡部分的当量长度 l_e 可以利用图 3-24 查取。

假设扭杆杆体长度为 l，那么由图 3-23 的关系，可知其有效工作长度为

$$L=l+2l_e \tag{3-107}$$

2) 扭杆臂的长度 R_1

扭杆臂的长度 R_1，是作用扭矩的力臂，也是扭杆的重要参数。在变形角相同的情况下，它决定着悬架的行程。因此，确定扭杆臂的长度，既要考虑布置空间的情况，更要考虑悬架的容量。

确定扭杆臂的长度应根据设计要求及有效工作长度一起综合权衡，反复协调。

3. 变形及刚度

扭杆一端固定于车架上，另一端安装于扭杆臂。扭杆臂承受来自悬架的载荷 F，如图 3-25 所示。悬架载荷如何转移到扭杆上如图 3-24 和图 3-25 所示。

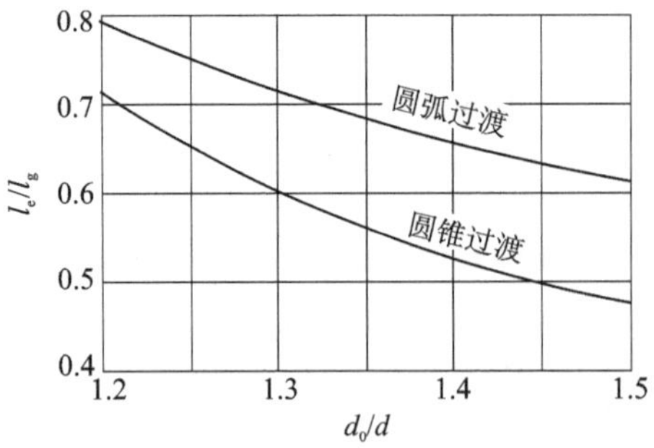

图 3-24 过渡部分的当量长度

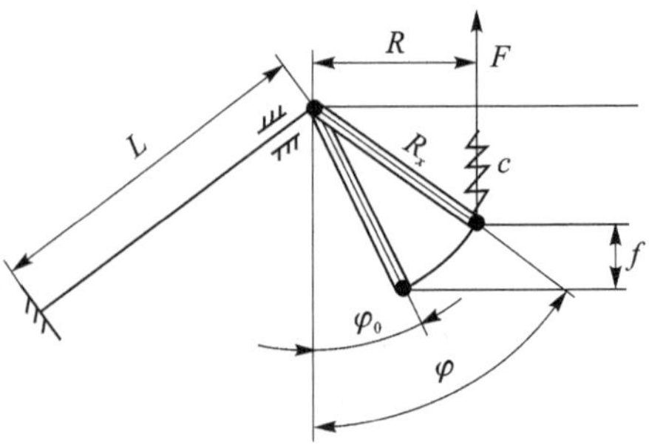

图 3-25 扭杆的变形及刚度

在图 3-25 中，L 为扭杆的有效工作长度；R_x 为扭杆的有效臂长；φ_0 为零载荷角，也就是扭杆载荷为零时，扭杆臂与垂直平面的夹角。

扭杆在扭矩 $T=FR$ 的作用下，产生角位移 $\varphi-\varphi_0$，同时臂端产生垂直位移 f。扭杆角位移为

$$\varphi-\varphi_0=\frac{TL}{GJ_p}=\frac{LFR_x\sin\varphi}{GJ_p} \tag{3-108}$$

式中 G——抗扭模量(kPa)，$G=7.85\times10^7$ kPa，经喷丸和预扭处理，约降低 6%，即 $G=7.4\times10^7$ kPa；

J_p——极惯性矩(cm^4)，$J_p=\pi d^4/32$。

因此，扭杆臂端的受力为

$$F=\frac{GJ_p(\varphi-\varphi_0)}{R_xL\sin\varphi} \tag{3-109}$$

臂端的垂直位移为

$$f=R(\cos\varphi_0-\cos\varphi) \tag{3-110}$$

扭杆臂端的垂直刚度为

$$c=\frac{\mathrm{d}F}{\mathrm{d}f}$$

而

$$\mathrm{d}F=\frac{GJ_p}{R_xL}\left[\frac{\sin\varphi-(\varphi-\varphi_0)\cos\varphi}{\sin^2\varphi}\right]\mathrm{d}\varphi$$

$$\mathrm{d}f=R_1\sin\varphi\mathrm{d}\varphi$$

于是刚度为

$$c=\frac{GJ_p}{R_x^2L}\left[\frac{1-(\varphi-\varphi_0)\cot\varphi}{\sin^2\varphi}\right] \tag{3-111}$$

当 φ 和 φ_0 的单位都为(°)时，有

$$c=\frac{GJ_p}{R_x^2L}\left[\frac{1-\frac{\pi}{180}(\varphi-\varphi_0)\cot\varphi}{\sin^2\varphi}\right] \tag{3-112}$$

4. 扭杆直径的确定

由于扭杆的刚度与直径的四次方成正比，所以扭杆直径这个参数既特别重要也特别敏感。如何确定扭杆的直径呢？

在已知扭杆工作长度以及扭杆臂长和满载位置的情况下，可根据总体设计对扭杆满载垂直刚度 c_f 的要求，导出杆径 d 的表达式。

由悬架的换算刚度可知，扭杆满载垂直刚度 c_f 与悬架刚度 k 的关系如下：

当扭杆装于上臂时，有

$$c_{fu}=\frac{k\sin^2\varphi_{fu}}{1-\frac{(\varphi_{fu}-\varphi_{ou})\cot\varphi_{fu}}{57.3}} \tag{3-113}$$

当扭杆装于下臂时，有

$$c_{\mathrm{fd}}=\frac{k\sin^2\varphi_{\mathrm{fd}}}{1-\dfrac{(\varphi_{\mathrm{fd}}-\varphi_{\mathrm{od}})\cot\varphi_{\mathrm{fd}}}{57.3}} \tag{3-114}$$

式中 φ_{ou}——扭杆臂装于上臂，空载状态扭杆臂与垂直线的夹角；

φ_{fu}——扭杆臂装于上臂，满载状态扭杆臂与垂直线的夹角；

φ_{od}——扭杆臂装于下臂，空载状态扭杆臂与垂直线的夹角；

φ_{fd}——扭杆臂装于下臂，满载状态扭杆臂与垂直线的夹角。

根据式(3-111)，扭杆满载垂直刚度可写为

$$c_{\mathrm{f}}=\frac{GJ_{\mathrm{p}}}{R_x^2L}\left[\frac{1-(\varphi-\varphi_0)/\tan\varphi}{\sin^2\varphi}\right] \tag{3-115}$$

当扭杆装于上臂时，$R_x=R_3$；当扭杆装于下臂时，$R_x=R_1$，其中 R_3、R_1 分别为上、下摆臂的长度。

扭杆在满载扭矩 T_{f} 作用下的角位移为

$$\varphi_{\mathrm{f}}=\varphi-\varphi_0=\frac{T_{\mathrm{f}}L}{GJ_{\mathrm{p}}} \tag{3-116}$$

将式(3-116)代入式(3-115)之后，可解得

$$d^2=\frac{32L}{\pi G}(c_{\mathrm{f}}R_x^2\sin^2\varphi_{\mathrm{f}}+T_{\mathrm{f}}\cot\varphi_{\mathrm{f}}) \tag{3-117}$$

当扭杆装于上臂时，有

$$R_x=R_3,\quad \varphi_{\mathrm{f}}=90^\circ-\varphi_1$$

$$c_{\mathrm{f}}=\frac{k\sin^2\varphi_{\mathrm{f}}}{1-(\varphi_{\mathrm{f}}-\varphi_0)\cot\varphi_{\mathrm{f}}},\quad T_{\mathrm{f}}=\frac{\cos\varphi_2\cos(\xi+\varphi_1)}{\cos(\xi+\varphi_2)}R_3P$$

$$\xi=\arctan\left(\frac{|Y_{Au}-Y_E|}{|Z_{Au}-Z_{Dd}|+|Y_{Dd}-Y_E|\tan\varphi_2}\right)$$

当扭杆装于下臂时，有

$$R_x=R_1,\quad \varphi_{\mathrm{f}}=90^\circ-\varphi_2$$

$$c_{\mathrm{f}}=\frac{k\sin^2\varphi_{\mathrm{f}}}{1-(\varphi_{\mathrm{f}}-\varphi_0)\cot\varphi_{\mathrm{f}}},\quad T_{\mathrm{f}}=\frac{\cos\varphi_1\cos(\xi+\varphi_2)}{\cos(\xi+\varphi_1)}R_1P$$

$$\xi=\arctan\left(\frac{|Y_{Au}-Y_E|}{|Z_{Au}-Z_{Dd}|+|Y_{Dd}-Y_E|\tan\varphi_1}\right)$$

式中，$G=7.85\times10^6$ N/cm；k 为悬架刚度(N/cm)；P 为悬架载荷(N)。

5. 容量与容量比

扭杆从零载荷角 φ_0 到任意转角 φ 所做的功为

$$U=\int_{\varphi_0}^{\varphi}\mathrm{d}U=\int_{\varphi_0}^{\varphi}F\,\mathrm{d}f$$

当代入 F 和 $\mathrm{d}f$ 的表达式(见图3-26)后，可得

$$U=\int_{\varphi_0}^{\varphi}\frac{GJ_{\mathrm{p}}(\varphi-\varphi_0)}{L}\mathrm{d}\varphi$$

上式积分后可得

$$U=\frac{GJ_{\mathrm{p}}}{2L}(\varphi-\varphi_0)^2 \tag{3-118}$$

由式(3－118)可知，静载转角 φ_J 和动载转角 φ_d 所做的功分别为

$$U_J=\frac{GJ_p}{2L}(\varphi_J-\varphi_0)^2$$

$$U_d=\frac{GJ_p}{2L}(\varphi_d-\varphi_0)^2$$

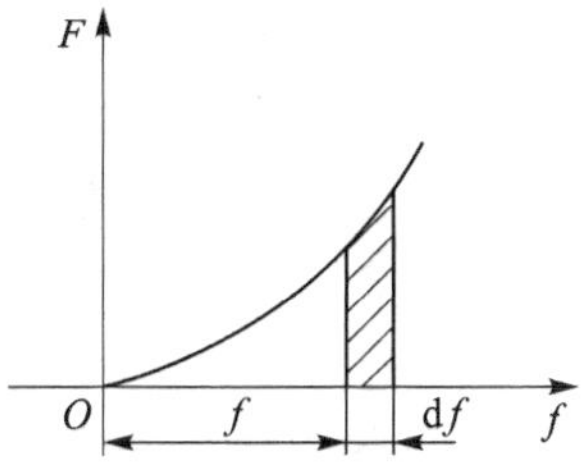

图 3－26 力与变形的关系

设动容量 U_d 与静容量 U_J 之比为 λ，即

$$\lambda=\frac{U_d}{U_J}=\left(\frac{\varphi_d-\varphi_0}{\varphi_J-\varphi_0}\right)^2 \tag{3－119}$$

设计悬架时，可取 $\lambda=3$。

由式(3－119)可解得动载转角 φ_d 与静载转角 φ_J 的关系式：

$$\varphi_d=\varphi_0+(\varphi_J-\varphi_0)\lambda^{\frac{1}{2}} \tag{3－120}$$

6. 材料和应力

扭杆材料除应符合一般弹簧钢的要求外，淬透性也应良好，因此应对化学成分及力学性能进行严格控制。

扭杆所用弹簧钢有 40Cr、42CrMo、50CrV、60CrA、60SiMn 等，重要的扭杆可选用 45CrNiMoVA。

为提高疲劳强度，扭杆还需要进行喷丸处理和预扭。预扭要连续进行 4～5 次，最后残余变形角不得大于 0.2°。

(1) 剪应力

圆形断面的最大剪应力 τ_m 与最大扭矩 T_m 成正比，与抗扭截面模量 W_T 成反比，即

$$\tau_m=\frac{T_m}{W_T}=\frac{16T_m}{\pi d^3} \tag{3－121}$$

若用最大扭角 φ_m 表示，则有

$$\tau_m=\frac{Gd}{2L}(\varphi_m-\varphi_0) \tag{3－122}$$

其他断面扭杆的剪应力公式和有关公式参见附表 14。

(2) 比应力

单位扭角的剪应力称为比应力，即

$$\frac{\tau}{\varphi}=\frac{Gd}{2L}\quad(\text{MPa/rad}) \tag{3－123}$$

3.1.3 空气弹簧

1. 空气弹簧的特点

空气弹簧是在柔性密闭容器中加入压力空气，利用空气的可压缩性实现弹性作用的一种非金属弹簧。它具有优良的弹性特性，用在车辆悬架装置中可以大大改善车辆的动力性能，从而显著提高其运行舒适度。所以，空气弹簧在汽车和铁路机车车辆上得到广泛应用。

在汽车振动系统中，空气弹簧有以下优点：

① 通过高度控制阀，可使空气弹簧的工作高度在任何载荷下保持一定，也可使弹簧在同

一载荷下具有不同的高度。因此,有利于适应多种结构上的要求。

② 空气弹簧具有非线性特性,可以根据需要将它的特性线设计成比较理想的曲线。

③ 空气弹簧的刚度随载荷而变,因而在任何载荷下自振频率不变,使得弹簧装置具有几乎不变的性能。

④ 空气弹簧的刚度可根据需要,借助于改变附加空气室的容积进行选择,而且可选择得很低。

⑤ 同一空气弹簧,能同时承受轴向载荷和径向载荷,也能传递扭矩;通过内压力的调整,还可以得到不同的承载能力,因此能适应多种载荷的需要。

⑥ 空气弹簧吸收高频振动并且隔声的性能较好。

⑦ 在空气弹簧本体和附加空气室之间设一节流孔,能起到阻尼作用。如果孔径选择适当,可不设减振器。

2. 空气弹簧的类型

空气弹簧大致可分为囊式和膜式两类。囊式空气弹簧可根据需要设计成单曲的、双曲的和三曲的;膜式空气弹簧则有约束膜式和自由膜式两种。图 3-27～图 3-29 所示为常用的几种空气弹簧结构。

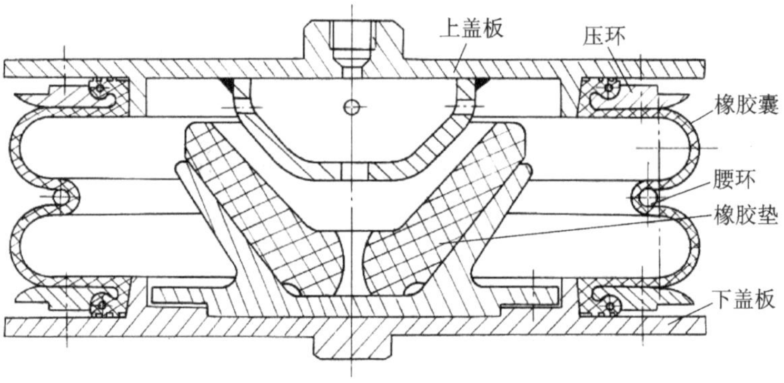

图 3-27　囊式空气弹簧结构

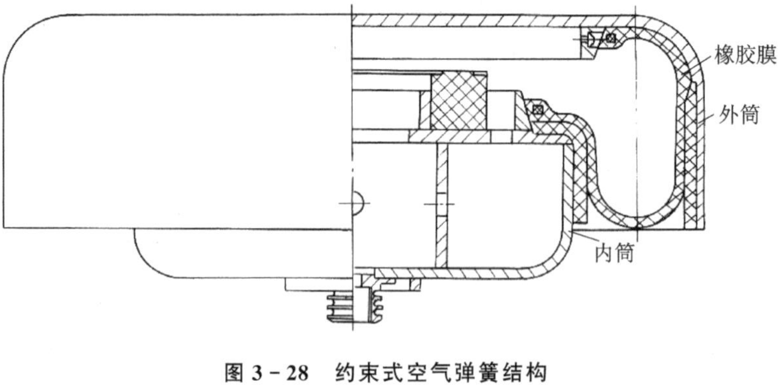

图 3-28　约束式空气弹簧结构

囊式空气弹簧的优点是寿命长,缺点是刚度大,制造工艺比较复杂。约束膜式空气弹簧的优点是刚度小,特性线容易通过约束裙(内外筒)的形状来控制,缺点是由于橡胶膜的工作状况复杂而耐久性差。自由膜式空气弹簧由于没有约束橡胶膜变形的内外筒,可减轻橡胶膜磨损,因而寿命长。

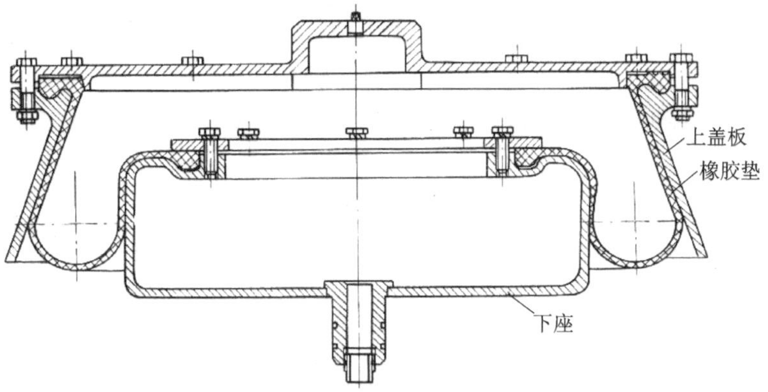

图 3-29　自由膜式空气弹簧结构

空气弹簧的密封一般有螺钉紧封式和压力自封式两种，后者结构简单，组装检修方便，应用渐广。

3. 空气弹簧的刚度

在空气弹簧的设计计算中，主要参数是有效面积 A。如图 3-30 所示，空气弹簧上所受的载荷为

$$F = Ap = \pi R^2 p \tag{3-124}$$

$$A = \pi R^2$$

式中　R——空气弹簧的有效半径；

p——空气弹簧的内压力。

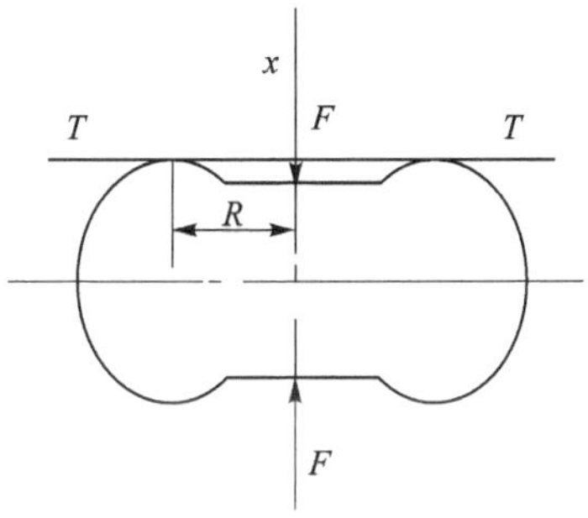

图 3-30　有效面积的定义

(1) 空气弹簧的垂直刚度

空气弹簧在工作位置时，垂直刚度 c 的计算公式为

$$c = \chi(p + p_a)\frac{A^2}{V} + p\frac{\mathrm{d}A}{\mathrm{d}x} \tag{3-125}$$

式中　p——空气弹簧的内压力；

p_a——大气压力；

V——空气弹簧的有效体积；

χ——多变指数，在等温过程(如计算静刚度时)中 $\chi=1$，在动态绝热过程中 $\chi=1.4$，在一般动态过程中 $\chi=1.33\sim1.88$。

从式(3-125)可以看出：

① 空气弹簧的体积越大，其垂直刚度越小，所以连接附加空气室可以减小空气弹簧的垂直刚度。

② 空气弹簧的垂直刚度和它在变形时有效面积的变化规律有关。如果 $\mathrm{d}A/\mathrm{d}x<0$，即空气弹簧在压缩时其有效面积减小，则式(3-125)右边第二项为负值。也可用这个方法减小空气弹簧的垂直刚度。

计算空气弹簧垂直刚度的主要问题是确定与空气弹簧几何形状有关的 $\mathrm{d}A/\mathrm{d}x$。

设 $\mathrm{d}A/\mathrm{d}x = aA$，于是式(3-125)可改写为

$$c = \chi(p + p_a)\frac{A^2}{V} + apA \tag{3-126}$$

式中，a 为垂直特性形状系数。

表 3-8 列出了各种空气弹簧的垂直特性形状系数计算公式。

表 3-8　空气弹簧的垂直特性形状系数

形　式	简　图	形状系数 a 的计算公式
囊式空气弹簧	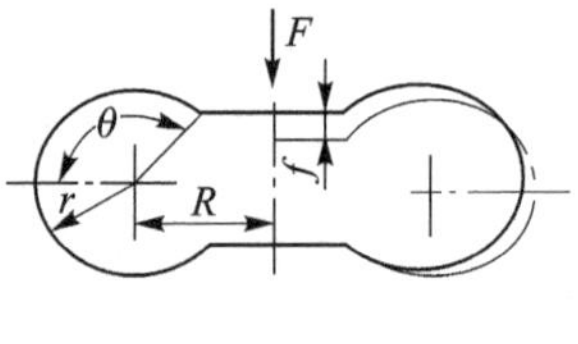	$a=\frac{1}{nR}\frac{\cos\theta+\theta\sin\theta}{\sin\theta+\theta\cos\theta}$
自由膜式空气弹簧	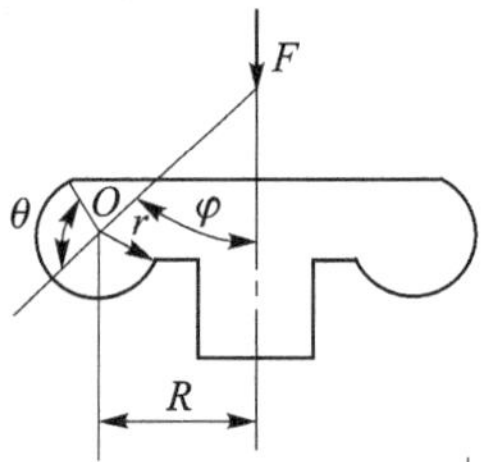 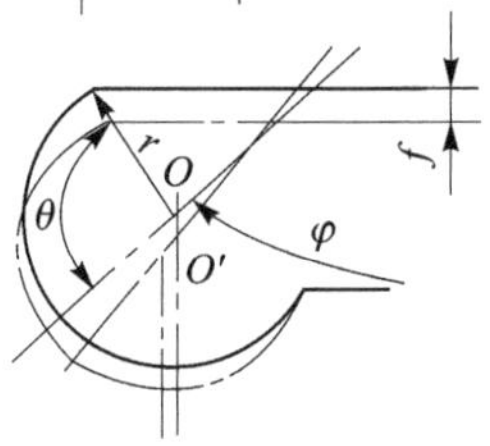	$a=\frac{1}{R}\frac{\sin\theta\cos\theta+\theta(\sin^2\theta-\cos^2\varphi)}{\sin\theta(\sin\theta-\theta\cos\theta)}$
约束膜式空气弹簧	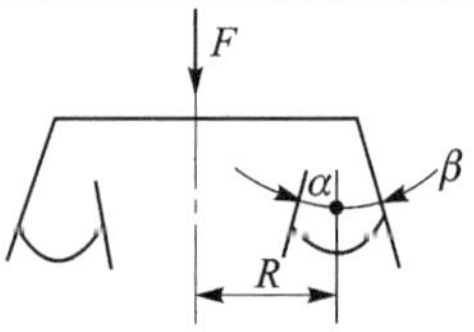 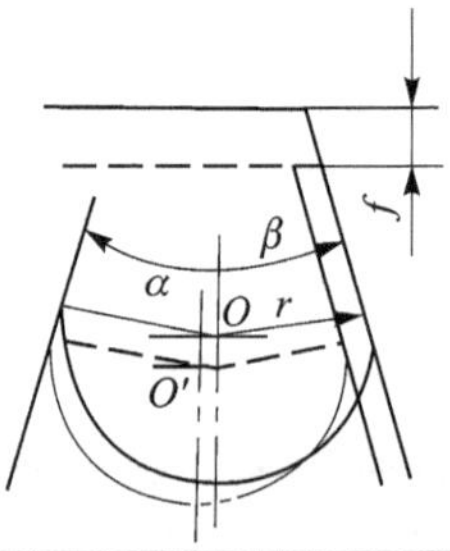	$a=-\frac{1}{R}\frac{\sin(\alpha+\beta)+(\pi+\alpha+\beta)\sin\beta}{1+\cos(\alpha+\beta)+\frac{1}{2}(\pi+\alpha+\beta)\sin(\alpha+\beta)}$

图 3-31 和图 3-32 所示是根据表 3-8 中的有关公式绘制的空气弹簧垂直特性形状系数 a 的计算图。由这些图可以很方便地根据需要选择适当的几何参数，使形状系数 a 取得很小，以达到降低垂直刚度的目的。

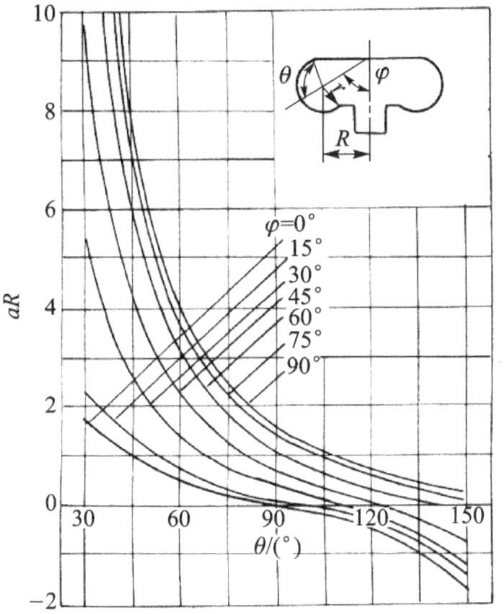

图 3－31　自由膜式空气弹簧的形状系数 a

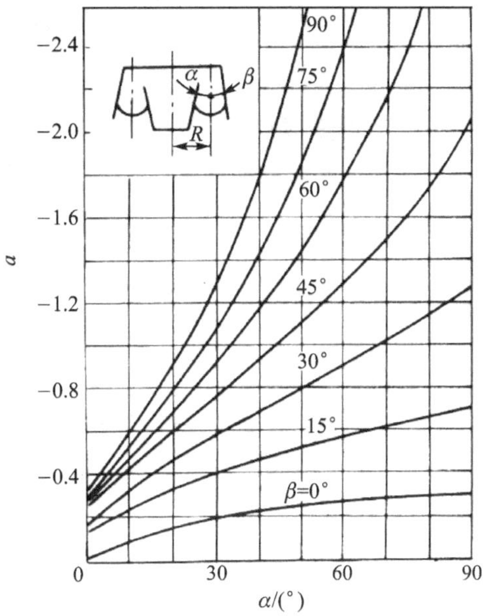

图 3－32　约束膜式空气弹簧的形状系数 a

(2) 空气弹簧的横向刚度

空气弹簧的横向刚度计算要比垂直刚度计算困难，因为它不仅与空气弹簧的几何形状有关，而且受材质的影响也较大。

1) 囊式空气弹簧

一般囊式空气弹簧在横向载荷作用下的变形，是受弯曲和剪切作用的合成变形。橡胶囊式空气弹簧在横向载荷作用下的变形如图 3－33 所示。

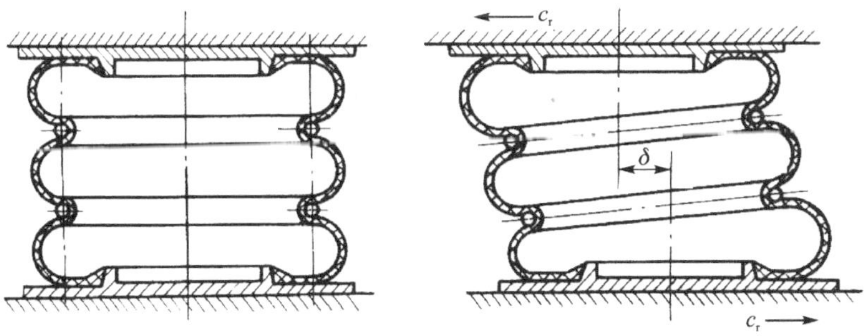

图 3－33　橡胶囊在横向载荷作用下的变形

① 单曲囊式空气弹簧的弯曲刚度(见图 3－34)计算公式：

$$M' = \frac{1}{2} a p \pi R^3 (R + r\cos\theta) \tag{3-127}$$

式中，a 为囊式空气弹簧的垂直特性形状系数，可由表 3－8 中的有关公式确定。

② 单曲囊式空气弹簧的剪切刚度(见图 3－35)计算公式：

$$c_{1r}=\frac{\pi}{8r\theta}\rho iE_f(R+r\cos\theta)\sin^2 2\varphi \tag{3-128}$$

式中 ρ——帘线的密度；

i——帘线的层数；

E_f——一根帘线的截面积与其纵向弹性模量的积；

φ——帘线相对纬线的角度。

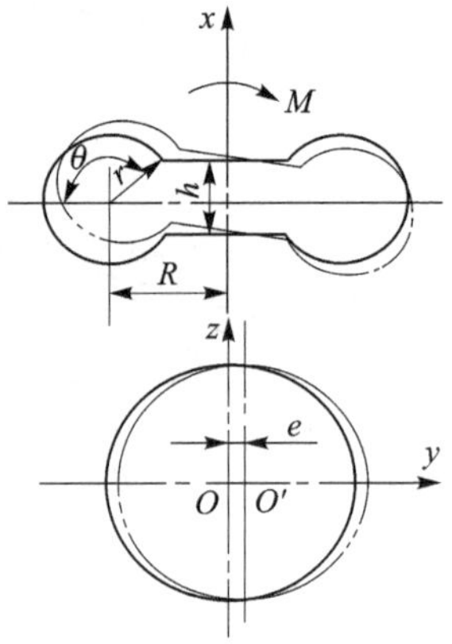

图 3-34　空气弹簧的弯曲变形

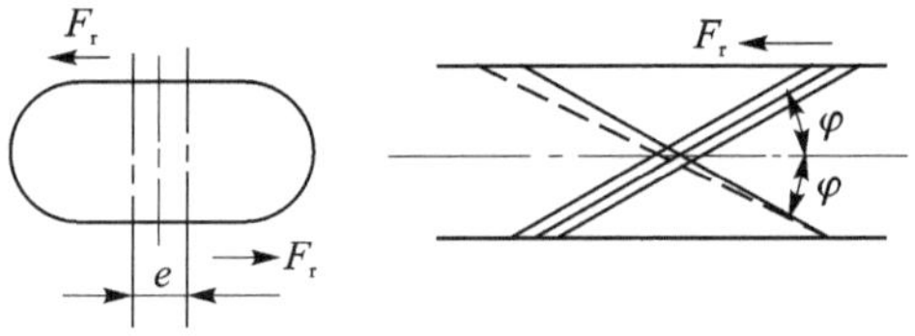

图 3-35　空气弹簧的剪切变形

对于多曲囊式空气弹簧，横断面受弯曲和剪切载荷而发生的变形，可以利用力和力矩的平衡将各曲的变形叠加起来得到。若横断面总的变形很小，则多曲囊式空气弹簧的横向刚度 c_r 可由下式计算求得

$$c_r=\left\{\frac{n}{c_{1r}}+\frac{\left[(n-1)\left(h+h'+\dfrac{F}{c_{1r}}\right)\right]^2}{\left(2M'+\dfrac{1F^2}{2c_{1r}}\right)-F(n-1)\left(h+h'+\dfrac{F}{c_{1r}}\right)}\right\}^{-1} \tag{3-129}$$

式中 h——一曲橡胶囊的高度；

h'——中间腰环的高度；

F——空气弹簧所受垂直载荷；

M'——弯曲刚度，由式(3-127)计算；

c_{1r}——剪切刚度，由式(3-128)计算；

n——空气弹簧的曲数。

由式(3-129)可以看出，空气弹簧的曲数越多，则其横向刚度越小。实际上四曲以上的空气弹簧，由于弹性不稳定现象，已不适于承受横向载荷的场合。此外，在利用空气弹簧横向弹性时，应使横向振幅最大不超过橡胶囊高度的 20％，尽可能控制在 10％以下。

2) 膜式空气弹簧

自由膜式和约束膜式空气弹簧的横向刚度 c_r 可用如下公式计算：

$$c_r=bpA+c_0 \tag{3-130}$$

式中 p——空气弹簧的内压力；

A——空气弹簧的有效面积；

c_0——橡胶-帘线膜本身的横向刚度；

b——取决于空气弹簧几何参数的横向特性形状系数，见表 3-9。

图 3-36 和图 3-37 所示是根据表 3-9 中的有关公式绘制的空气弹簧横向特性形状系数 b 的计算图。

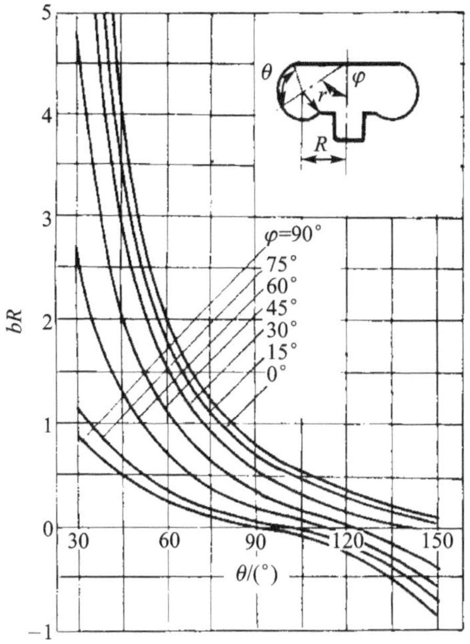

b—横向特性形状系数；R—气囊半径

图 3-36　自由膜式空气弹簧的形状系数 b

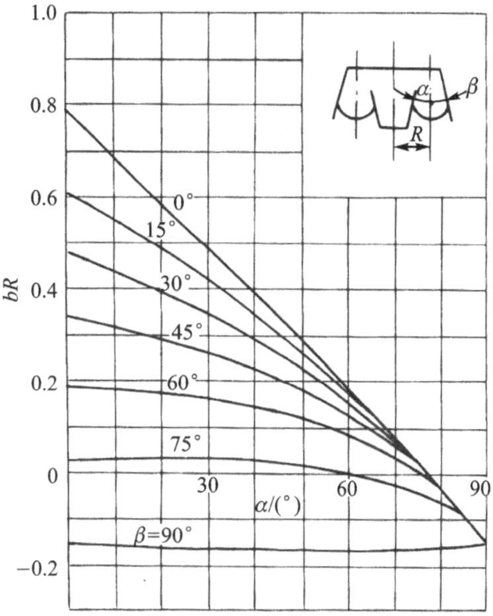

b—横向特性形状系数；R—气囊半径

图 3-37　约束膜式空气弹簧的形状系数 b

表 3-9　空气弹簧的横向特性形状系数

形　式	简　图	形状系数 b 的计算公式
自由膜式空气弹簧	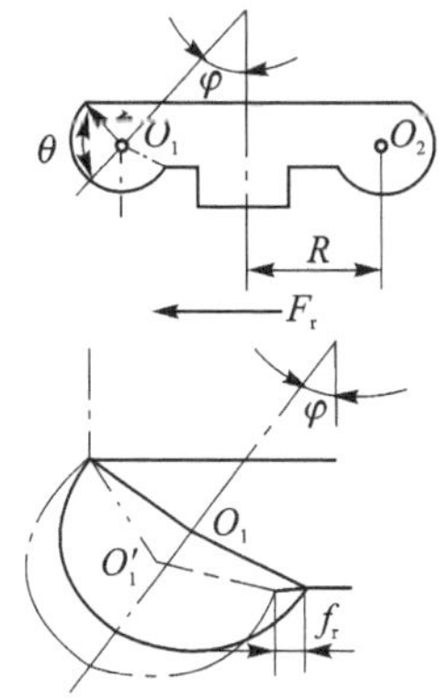	$b=\frac{1}{2R}\frac{\sin\theta\cos\theta+\theta(\sin^2\theta-\sin^2\varphi)}{\sin\theta(\sin\theta-\theta\cos\theta)}$

续表 3-9

形　式	简　图	形状系数 b 的计算公式
约束膜式空气弹簧	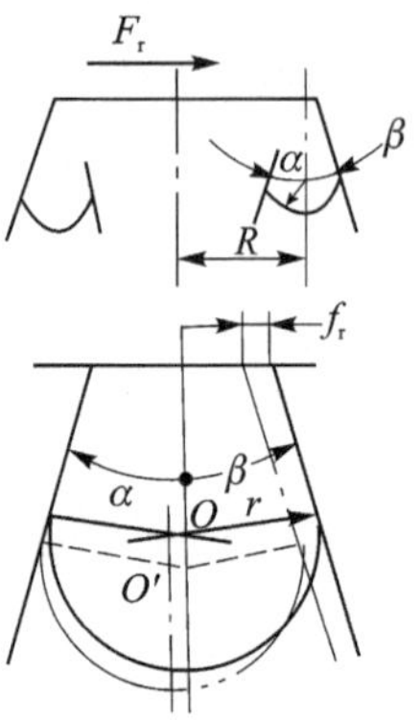	$b=\dfrac{1}{2R}\dfrac{-\sin(\alpha+\beta)+(\pi+\alpha+\beta)\cos\alpha\cos\beta}{1+\cos(\alpha+\beta)+\dfrac{1}{2}(\pi+\alpha+\beta)\sin(\alpha+\beta)}$

3.1.4　油气弹簧

油气弹簧是空气弹簧的一种特例，它仍以气体(一般用惰性气体氮)作为弹性介质，而在气体与活塞之间引入油液作为中间介质。油气弹簧的工作缸由气室、油液和起减振作用的阻尼阀组成。图 3-38(a)所示为油气不分隔式油气弹簧；图 3-38(b)所示为油气分隔式油气弹簧，其特点是油气弹簧气体与油液用橡皮膜隔开，即使在高温和高压条件下气体也不溶化在油液内，保证了性能的稳定；图 3-38(c)所示为带反压气室式油气弹簧，其工作原理及优缺点将在下面详细讨论。

与空气弹簧相比，油气弹簧采用钢筒作为气室，气室压力是空气弹簧的 10～20 倍，通常为 5～7 MPa，有的高达 20 MPa。因此油气弹簧的体积小、质量轻，用于重型自卸车上比钢板弹簧轻一半以上；油气弹簧中用油液作为介质，同时能润滑滑动表面，在缸筒内设置节流孔，对油液流动产生阻尼作用，使油气弹簧同时起减振作用。油气弹簧配置一套车身高度调节阀后也能很容易地实现车身高度调节，油气弹簧也可得到较低的固有振动频率，这些都是它的优点，但油气悬架工作缸内为高压气体和油液，要求有较高的密封性。因此，其工作表面加工的表面粗糙度要低，装配要精确，耐磨性要好。使用中气体会缓慢泄漏，需要定期充气，但又不能充气过多，需要有一套特殊的充气装备和操作规程；使用中还要保持工作缸内的清洁，否则容易引起表面拉伤。因此，油气弹簧的加工较复杂，维护较麻烦，这是它的缺点。其目前主要用于重型自卸汽车，国外也有用于轿车的，如法国雪铁龙 DS-19 型汽车。

油气弹簧有单气室的、双气室的(或称带反压气室的，如图 3-38(c)所示)和两级压力式的几种。

单气室的油气弹簧特性与有效面积不变的空气弹簧一样，油液对弹簧特性没有影响。

在弹簧上载荷 P 与弹簧内气压 p 的关系是

$$P=(p-1)A$$

式中，A 为活塞面积。

有的油气弹簧采用球形气室，如图 3-38(b)所示，为计算方便起见，将其容积 V 折算成活塞面积和某一高度 H 的乘积，即 $V=AH$。此高度 H 称为折算高度。

此时油气弹簧的刚度公式和空气弹簧刚度公式是一样的，即

$$c=\frac{\mathrm{d}P}{\mathrm{d}f}=\left(p_0\frac{V_0^k}{V^k}-1\right)\frac{\mathrm{d}A}{\mathrm{d}f}-Akp_0\frac{V_0^k}{V^{k+1}}\frac{\mathrm{d}V}{\mathrm{d}f}$$

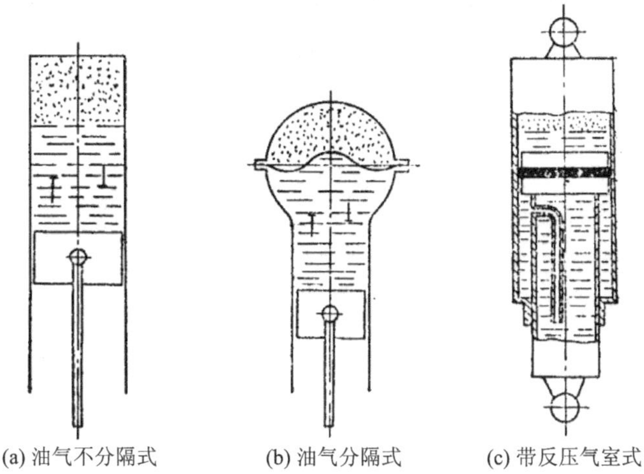

图 3 - 38　几种油气弹簧

因为油气弹簧的有效面积 A 没有变化，所以上式中 $\mathrm{d}A/\mathrm{d}f=0$，而 $\mathrm{d}V/\mathrm{d}f=-A$。考虑到这些关系，可将上述刚度公式简化为

$$c=\frac{Akp}{H} \tag{3-131}$$

当测定油气弹簧刚度时，如缓慢地移动活塞，内部气体状态变化将接近于等温过程，即 $k=1$。此时测得的刚度称为油气弹簧的静刚度 c_c，即

$$c_c=\frac{Ap}{H} \tag{3-132}$$

当悬架上下振动急剧时，活塞移动加快，内部气体状态变化属于多变过程，此时 $k=1.3$（意大利有文献介绍 $k=1.25$），油气弹簧的动刚度 c_d 为

$$c_d=\frac{1.3Ap}{H}$$

由式(3 - 131)可见，在使用中，刚度与气压（即载荷）成正比，与气体折算高度成反比。

油气弹簧在平衡位置时的振动频率 n_0 也可以用空气弹簧的振动频率来表示，只是 $\mathrm{d}A/\mathrm{d}f=0$，由此可得

$$n_0=\frac{1}{2\pi}\sqrt{\frac{P_0}{P_0-1}\frac{kg}{H_0}} \tag{3-133}$$

式中　g——重力加速度($\mathrm{m/s^2}$)；

P_0——静平衡位置时弹簧上的载荷；

k——系数，也叫多变指数；

H_0——静平衡位置时气体折算高度，$H_0=V_0/A$。

当 P_0 较大时，式(3 - 133)中 $P_0/(P_0-1)\approx 1$，于是，振动频率 n_0 主要取决于气体折算高度 H_0 和多变指数 k。k 值越大，越接近于绝热过程（当悬架上下跳动急剧时），频率就越高。

当弹簧从静平衡位置加载时，弹簧受压缩，气压增大，容积变小，折算高度变小。由式(3－131)可知，弹簧刚度增大，振动频率将增高；反之，当载荷减小时，弹簧刚度和频率值都减小，这一特性与线性弹簧(如钢板弹簧)的特性恰恰相反。

当弹簧从静平衡位置伸张(反跃)时，缸内气压下降，气体折算高度增大，刚度下降。刚度过小，弹簧上载荷稍有变化就会产生较大的弹簧变形。也就是说，在伸张行程时，刚度过小会使弹簧动容量太小，容易使活塞与缸体端部撞击，甚至有活塞从缸体中拉脱的可能。为了克服单气室油气弹簧这个缺点，可用增加伸张行程阻尼力的办法，如装一伸张行程止回阀等。为了上述同样目的，国外发展了一种双气室油气弹簧。这种弹簧有两个气室：主气室和反压气室，其结构如图 3－39(a)所示。车轮的跳动通过导向机构及连杆推动主气室内的活塞移动，而反压室内只有一个浮动活塞，把反压室分成两个腔，活塞上腔为高压气体形成反压，活塞下腔为油液经通道与主气室液缸相通。

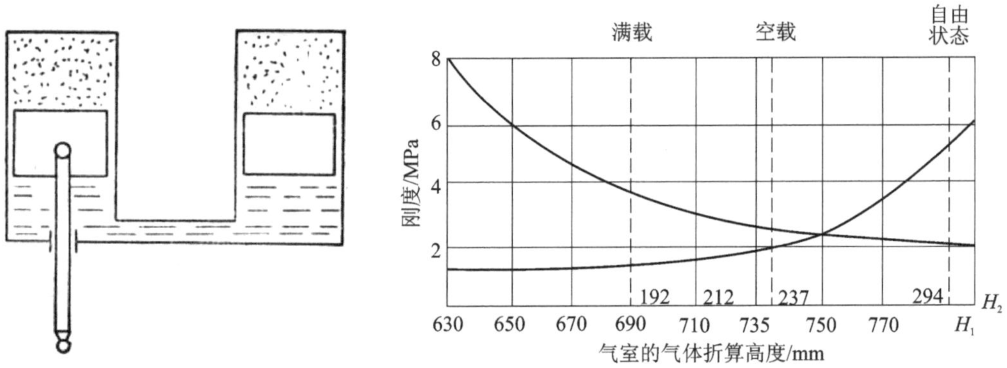

(a) 结　构　　　(b) 特性曲线

图 3－39　双气室油气弹簧的结构及其特性曲线

当弹簧处于压缩行程时，主气室中活塞上移，主气室内气压增大，而活塞下腔的体积也增大。此时，反压室内油液在活塞上反压作用下经通道流入主气室下腔补充其容积，反压室内气压下降。当弹簧处于伸张行程时，主气室中活塞下移，主气室内气压下降，活塞下腔的油液受挤压，经通道流入反压室，结果反压室内压力增大，如图 3－39(b)所示。其静平衡位置时的载荷与气压之间的关系可表示为

$$P_0=(p_0-1)A_1-(q_0-1)A_2$$

式中　P_0——静平衡位置时弹簧上的载荷；

p_0、q_0——主气室、反压室内气体起始点的压力；

A_1、A_2——主气室、反压室的活塞面积。

此种弹簧的刚度 c 可表示为

$$c=\frac{kpA_1}{H_1}+\frac{kpA_2}{H_2} \tag{3-134}$$

其静挠度为

$$f=\frac{P_0}{c}$$

式中，H_1、H_2 为主气室、反压室的气体折算高度。

由于反压的作用，使弹簧在伸张时的刚度比单气室弹簧的刚度要大得多。只要对两气室气压和折算高度参数选择恰当，就可以使弹簧刚度保持合适的变化规律，这种空气弹簧在苏联贝拉斯 540 矿用自卸车上得到应用。在结构上反压气室和主气室是合装在一个缸筒内的，比较紧凑，如图 3-38(c)所示，但零件多，加工精度要求高。

双压式油气弹簧是国外另一种新型的油气弹簧，其特点是活塞上端有两个并列的气室，但其工作压力不同。其中之一为主气室，充有气压与正常单气室油气弹簧相接近的氮气，其气压为 P_1；另一气室称为补偿气室，其内充有高压氮气，其气压为 P_k。它们的作用就像钢板弹簧中主簧和副簧的作用一样，其工作原理图和特性曲线如图 3-40 所示。

由于弹簧中的补偿气室气压高于主气室的气压，因此当弹簧上载荷增加时，先是主气室参加工作，当载荷大到一定程度时，补偿气室才参加工作。补偿气室开始工作时的弹簧上载荷称为临界载荷，用符号 P_k 表示。当弹簧上载荷超过 P_k 时，补偿气室受压缩和主气室一起工作，使得工作容积加大，弹簧的气体折算高度值也加大，而弹簧的固有振动频率下降，其行驶平顺性改善。其折算高度的变化如图 3-40(b)所示。图中表明，当弹簧上载荷为 $P_1(<P_k)$时，只有主气室工作，此时弹簧的折算高度按曲线 1 变化，当载荷增至 P_k 时，折算高度沿曲线 1 降至 H_{k1}。一旦载荷超过临界载荷 P_k，补偿气室参加工作，弹簧折算高度变化特性就不再由曲线 1 而是由曲线 2 来表示。当载荷从 P_k 增至满载值 P_2 时，气体折算高度从 H_{k2} 减至 H_2。如果无补偿气室只有单气室工作，相应满载 P_2 的气体折算高度为 H_{20}，如图 3-40(b)所示。由于 $H_{20}<H_2$，所以单气室油气弹簧在满载时的固有振动频率要比带补偿气室的油气弹簧在满载时的固有振动频率高，其行驶平顺性也差。

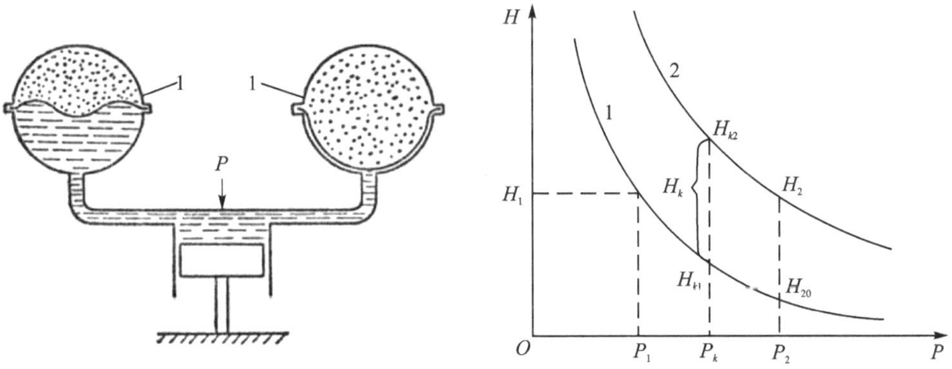

(a) 工作原理　　(b) 特性曲线

图 3-40　带补偿气室的油气弹簧的工作原理图和特性曲线

带补偿气室的油气弹簧的计算步骤如下所述。

① 按满载时的允许气压$[p_2]$和簧载重量 G_s 确定活塞直径，即

$$D \geqslant \sqrt{\frac{4G_s}{\pi([p_2])}} \quad ([p_2] \text{ 取 } 5 \sim 7 \text{ MPa}) \tag{3-135}$$

② 计算空载时的气压 p_1。它是根据活塞直径 D 和空载时弹簧重量 G_{s0} 来确定的，即

$$p_1 = \frac{G_{s0}}{-\frac{\pi}{4}D^2}$$

③ 根据选定的空载和满载时固有振动频率，确定空载和满载时的气体折算高度 H_1 和 H_2。为保证良好的行驶平顺性，空载振动频率 n_1 和满载时振动频率 n_2 应尽量接近。振动频率和折算高度的关系可由式(3－133)简化为

$$n \approx \frac{1}{2\pi}\sqrt{\frac{kg}{H}}$$

把 n_1 和 n_2 值代入上式，即可求得 H_1 和 H_2。

④ 确定临界载荷。补偿气室开始工作时的 P_k 可定为半载，但对很少有半载工况的汽车(如矿山用车)，P_k 可取得高些以减少弹簧高度的变化。P_k 作用下的气体压力为

$$p_k = \frac{4P_k}{\pi D^2}$$

⑤ 确定补偿气室容积 V_k。根据满载时的压力 p_2 和气体折算高度 H_2，可求出补偿气室开始工作后相应于 P_k 的气体折算高度：

$$H_{k2} = \frac{p_2 H_2}{p_k} \tag{3-136}$$

根据空载时的气体折算高度 H_1 和气压 p_1，可求出载荷为 P_k(气压为 p_k)时主气室的气体折算高度(即补偿气室尚未参加工作时)：

$$H_{k1} = \frac{p_1 H_1}{p_k} \tag{3-137}$$

其差值即为补偿气室的折算高度：

$$H_k = H_{k2} - H_{k1} = \frac{p_2 H_2 - p_1 H_1}{p_k} \tag{3-138}$$

补偿气室的容积为

$$V_k = H_k A = \frac{\pi D^2 (p_2 H_2 - p_1 H_1)}{4p_k} \tag{3-139}$$

这种结构在意大利矿用车(佩尔利尼 S－30)上采用过。

3.2　稳定装置

为提高汽车平顺性，就得降低悬架刚度；而降低悬架刚度，则车身稳定性势必变差。总之，平顺性与车身稳定性是一对矛盾。

汽车稳定装置(也叫稳定器)正是为协调整车平顺性与车身稳定性这一矛盾而安装的。在汽车正常行驶(车身上下振动)时，稳定装置不起作用，一旦车身倾斜，稳定装置便立刻提供一个反倾力矩，阻止车身倾斜。图 3－41 所示为稳定器的作用原理。安装稳定装置可使车身倾角减小 15%～50%。例如，军用 421 型救护车在安装稳定装置后，当侧向加速度 $j=0.4g$ 时，可使车身侧倾角 α 减小 42%，如图 3－42 所示。正因如此，现代轿车和各种乘用车都普遍安装了稳定装置。

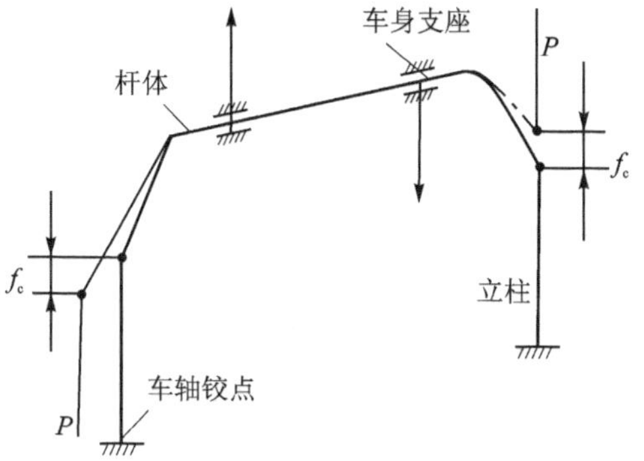

图 3-41　稳定装置的作用原理

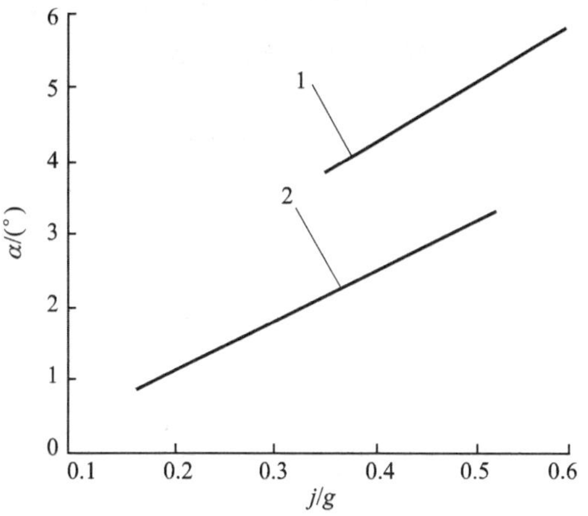

1—未装稳定装置；2—装有稳定装置

图 3-42　421 型救护车的侧倾角(实测)

3.2.1　稳定装置的设计规范

设计稳定装置时，首先需要弄清两个问题：一是否需要加装稳定装置(角刚度限值)；二是在什么地方加装稳定装置(角刚度比限值)。

1. 是否需要加装稳定装置(角刚度限值)

对于汽车是否需要加装稳定装置，主要是看整车角刚度值是否够大。整车角刚度是由悬架弹性元件的角刚度 $C_{\theta h}$ 和稳定装置的角刚度 $C_{\theta w}$ 两部分构成，即

$$C_{\theta h}+C_{\theta w} \tag{3-140}$$

是否加横向稳定装置，假定在 $C_{\theta w}=0$ 的情况下，由式(3-141)和式(3-142)来检验：

$$C_{\alpha h} \geqslant \left(1+\frac{j}{g\alpha}\right)G'e_r \tag{3-141}$$

式中　$C_{\alpha h}$——整车弹性元件横向角刚度(N·m/rad)；

G'——整车悬挂负荷(N)；

e_r——整车侧倾力矩臂(m)；

α——车身侧倾角 (rad)；

j——侧向加速度 (g)；

g——重力加速度 (m/s^2)。

对于轿车和各种乘用车，当侧向加速度 $j=0.4g$ 时，若限定车身侧倾角不得大于 0.058 rad (约 3.3°)，那么应有

$$C_{\alpha h} \geqslant 8G'e_r \tag{3-142}$$

由式(3-142)可知，当弹性元件所提供的整车横向角刚度小于 $8G'e_r$时，就应考虑加装横向稳定装置。

汽车一般不加纵向稳定装置。但有些汽车，由于轴距过小，纵倾角过大，也可加装纵向稳定装置。到底是否需要加装，可由式(3-143)和式(3-144)来检验：

$$C_{\beta h} \geqslant \left[\left(1+\frac{j}{g\beta}\right)e_p+(b_1-a_1)\frac{j}{g}\right]G' \tag{3-143}$$

式中 $C_{\beta h}$——整车弹性元件纵向角刚度(N·m/rad)；

e_p——整车纵倾力矩臂(m)；

β——车身纵倾角(rad)；

a_1——中性面至前轴的距离(m)；

b_1——簧载质量质心面至前轴的距离(m)。

当 $j=0.4g$ 时，若令 $a_1=b_1$，并限定 β 不大于 0.026 rad(约 1.3°)，则有

$$C_{\beta h} \geqslant 16G'e_p \tag{3-144}$$

式(3-144)说明，当悬架弹性元件所提供的整车纵向角刚度小于 $16G'e_p$ 时，可考虑加装纵向稳定装置。

至于要加多大尺寸的稳定装置，仍应以式(3-142)和式(3-144)为依据。若 $C_{\alpha h}$ 或者 $C_{\beta h}$ 过小，尺寸就大一些；若小得不多，尺寸就小一些。结合考虑前后轴角刚度值的情况，直至满足车身倾角的限值。

表 3-10 列出了 6 个车型横向稳定装置的主要参数的具体数值，以供设计参考。

表 3-10　6 个车型横向稳定装置的主要参数

mm

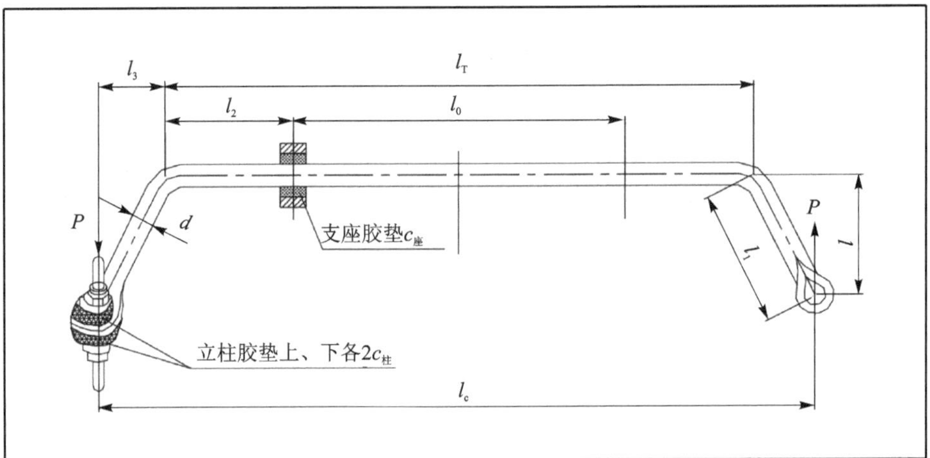

车　型	l_c	l_0	l_T	l	d
421 救护车	955	820	925	185	20
ZQ6450 轻型客车	945	685	819	290	24
CAQ051 吉普车	1 000	740	830	290	27
ZQ6600 轻型客车(前)	990	800	906	300	28
ZQ6600 轻型客车(后)	762	660	678	286	28
Liland 大客车	1 060	740	1 010	385	55

2. 在什么地方加稳定装置(角刚度比限值)

稳定装置可装于纵向，也可装于横向。横向上，作为二轴汽车，可以装于前轴，也可装于后轴，还可前、后轴同时加装。到底加装在哪里，需要具体分析。

纵向是否需要加装稳定装置，可由式(3-144)判断。然而，对于横向却并非那么简单，它应由整车操纵稳定性和车身受力状况两大因素综合考虑决定。主要通过稳定装置的设计来控制前、后轴角刚度 $C_{\alpha 1}$ 和 $C_{\alpha 2}$ 的分配，即控制角刚度比 $\lambda=C_{\alpha 1}/C_{\alpha 2}$ 的大小。

(1) 保证合理的转向特性

车轴偏离角的大小,是与该车轴的角刚度成正比的。因此,通过稳定装置的设计来调整整车角刚度在前后轴的分配,就能改变前后轴偏离角的大小,从而改变整车的转向特性趋势。众所周知,角刚度比 $\lambda>1$ 是不足转向趋势;$\lambda=1$ 是中性转向趋势;$\lambda<1$ 是过多转向趋势。单从这一点出发,有资料介绍 λ 值应在 1～2 的范围内选取。然而,这是不全面的。事实上,转向特性是由轴荷分配、梯形机构、悬架参数、轮胎特性以及单胎或双胎等因素所决定的。若各因素的综合表现是不足转向过强,则 λ 值可以等于 1,甚至小于 1。在二轴汽车中,建议当侧向加速度 $j=0.4g$ 时,λ 值按下式所给的前后轴偏离角差 Δ 来综合选取:

$$\Delta=\delta_1-\delta_2=1^\circ\sim 3^\circ \tag{3-145}$$

式中,δ_1、δ_2 为前、后轴偏离角。

(2) 消除车身附加力矩

汽车在侧向加速度的作用下,由于各轴簧载质量的大小和质心高度不一样,悬架机构不一样,其各轴所承受的外力矩也就不一样。此时若要保持车身在各轴处的侧倾角相等,则整车横向角刚度在各轴上的分配就必须与之相应;否则,车身将承受一个附加力矩。

作为二轴汽车,保持车身等角侧倾角刚度比可按下式(3-146)取值:

$$\lambda_e=\frac{e_1b_2}{e_2b_1} \tag{3-146}$$

式中　λ_e——等角侧倾角刚度比;

e_1、e_2——前、后轴处的侧倾力矩臂;

b_1、b_2——前、后轴至簧载质量质心面的距离。

如果前、后轴至簧载质量质心距离相近,且侧倾轴线近于水平状态,则 λ_e 值可用下式计算:

$$\lambda_e\approx\frac{b_2}{b_1} \tag{3-147}$$

由上述情况可知,横向稳定装置到底是装于前轴,还是装于后轴,或者是前、后都装,以及装多大规格,这是一个需要综合考虑的问题。它不仅需要衡量车身侧倾角的大小,还要考虑操纵稳定性和车身受力状况等因素,表 3-11 列出了 6 个车型的角刚度和角刚度比的数值。

表 3-11　6 个车型的横向角刚度和角刚度比

车　型	前轴弹簧 $C_{\alpha h1}$/(N·m·rad^{-1})	后轴弹簧 $C_{\alpha h2}$/(N·m·rad^{-1})	前稳定器 $C_{\alpha w1}$/(N·m·rad^{-1})	后稳定器 $C_{\alpha w2}$/(N·m·rad^{-1})	前悬架 $C_{\alpha 1}$/(N·m·rad^{-1})	后悬架 $C_{\alpha 1}$/(N·m·rad^{-1})	整车 C_{α}/(N·m·rad^{-1})	角刚度比 前/后 λ	角刚度比 稳/簧 K
421 救护车	23 645	27 099	11 932	—	35 577	27 099	62 676	1.31	0.24
CAQ051 吉普车	17 006	33 387	13 414	—	30 419	33 387	63 806	0.91	0.27
ZQ6450 轻型客车	15 040	39 410	25 660	—	40 700	39 410	80 110	1.03	0.47
3NC-111 轿车	19 110	18 130	11 760	7 252	30 870	25 382	56 252	1.22	0.51
ZQ6600 轻型客车	21 522	42 574	47 580	34 681	64 096	77 255	141 351	0.83	0.58
林肯轿车	13 132	17 442	21 168	—	34 300	17 444	51 744	1.97	0.69

3.2.2 稳定装置的设计计算

稳定装置的设计计算包括三个任务，下面分别予以介绍。

1. 计算杆体和橡胶件的变形

稳定装置杆体和橡胶件的变形，是指杆体端部在垂直载荷 P 的作用下，杆体和橡胶件转换到立柱处的垂直方向上的合成位移，如图 3-40 所示。

杆体和橡胶件的合成变形量按下式计算：

$$f_c = f'_c + f_R \tag{3-148}$$

式中 f_c——杆体和橡胶件的合成变形量(mm)；

f'_c——杆体换算到立柱处的变形量(mm)；

f_R——橡胶件换算到立柱处的变形量(mm)。

杆体变形 f'_c的具体计算公式及其代号意义汇集于表 3-12 之中。普通型杆体变形公式的推导参见 3.2.4 小节。

表 3-12 杆体换算到立柱处的垂直位移

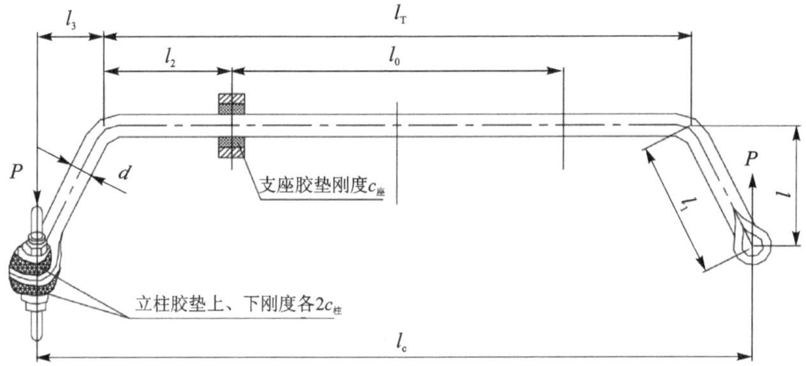

$E=2.059\times10^7$ kPa，$G=7.983\times10^6$ kPa，$J=\dfrac{\pi d^4}{64}$ cm^4，$J_p=\dfrac{\pi d^4}{32}$ cm^4

<table>
<tr><th>类 码</th><th>结构形式</th><th>计算公式</th></tr>
<tr><td>A</td><td>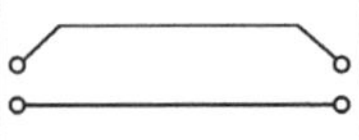</td><td>$f'_c=\dfrac{l^2 l_T}{2}\cdot\dfrac{P}{GJ_p}+\left[\dfrac{l_1^3}{3}+\dfrac{(l_2+l_3)^2 l_0}{6}+\dfrac{3(l_2+l_3)l_2 l_3+l_2^3}{3}\right]\cdot\dfrac{P}{EJ}=A_0$</td></tr>
<tr><td>B</td><td>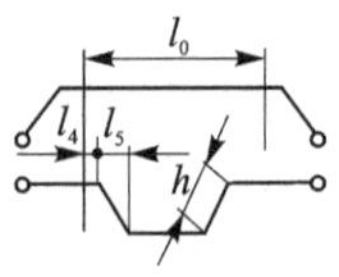</td><td rowspan="2">$f'_c=A_0+\dfrac{hl^2P}{2EJ}+\dfrac{h(l_2+l_3)(l_2+l_3+l_4)(3l_0-6l_4-2l_5)}{6l_0}\cdot\dfrac{P}{EJ}$</td></tr>
<tr><td>C</td><td></td></tr>
</table>

续表 3-12

类 码	结构形式	计算公式
D	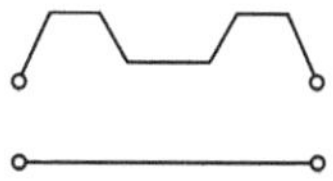	$f'_c=A_0+F_5+F_6+F_7$ 式中： $F_5=\frac{\left[(l_2+l_3)(l_0-2l_4)\sqrt{h^2-l_5^2}+ll_0l_5\right]\left[(l_2+l_3+l_4)\sqrt{h^2-l_5^2}+ll_5\right]}{2l_0h}\cdot\frac{P}{GJ_p}$ $F_6=\frac{(l_2+l_3)(l_0+2l_3+2l_2)(2h^2-3l_4l_5)h}{6l_0h_4}\cdot\frac{P}{EJ}$ $F_7=\frac{-(l_2+l_3)}{6l_4h^3}\cdot\left[2h^2-(l_2+l_3+l_4)l_5+\sqrt{h^2-l_5^2}\right]\cdot$ $\left[h^2+(l_2+l_3+l_4)l_5-l\sqrt{h^2-l_5^2}\right]^2\cdot\frac{P}{EJ}$
E	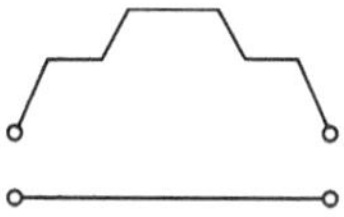	$f'l_c=A_0+F'_5+F'_6+F'_7$ 式中： $F'_5=\frac{1}{2l_0h}\cdot\left[(l_2+l_3)(l_0+2l_4)\sqrt{h^2-l_5^2}-ll_0l_5\right]\cdot$ $\left[(l_2+l_3+l_4)\sqrt{h^2-l_5^2}-ll_5\right]\cdot\frac{P}{GJ_p}$ $F'_6=F_6$ $F'_7=\frac{-(l_2+l_3)}{3l_4h}\cdot\left\{h^4+3h^2\left[l_5(l_2+l_3+l_4)+l\sqrt{h^2-l_5^2}\right]+\right.$ $\left.3\left[l_5(l_2+l_3+l_4)+l\sqrt{h^2-l_5^2}\right]^2\right\}\cdot\frac{P}{EJ}$
F		$f'_c=\frac{l_Tl^2P}{2GJ_p}+\frac{P}{6EJ}\left[2(l_1^3+l_2^3)+6(l_3-l_2)l_3l_2+(l_3-l_2)^2l_0\right]$

表 3-12 列出了 6 种不同结构形式稳定装置的计算公式。这些形式的出现，皆因总体布置的客观需要。例如 CAQ051 型越野车，为了躲过摇车把孔，采用了下凹式(B)；YJ2020 型越野车，为防止减振器干涉，采用了内收式(F)等。橡胶件的变形量 f_R 为

$$f_R=\left[\left(\frac{l_c}{l_0}\right)^2\cdot\frac{1}{c_s}+\frac{2}{c_p}\right]P \tag{3-149}$$

式中 f_R——橡胶件换算到立柱处的变形量(mm)；

c_s——支座胶垫线刚度(N/mm)；

c_p——立柱上下胶垫线刚度(N/mm)；

P——作用于立柱处的垂直载荷(N)；

l_c——立柱中心距(mm)；

l_0——支座中心距(mm)。

2. 杆体和橡胶件的换算线刚度和角刚度

稳定装置的线刚度，是指换算到立柱处的垂直线刚度，即

$$c_w = P/f_c \quad (\mathrm{N/m}) \tag{3-150}$$

稳定装置的角刚度为

$$C_{\alpha w} = \frac{1}{2} c_w l_c^2 \quad (\mathrm{N \cdot m/rad}) \tag{3-151}$$

式中，l_c 为立柱中心距(m)。

3. 杆体的强度校核

为校核稳定器装置杆体的强度，必须确定作用于杆体端部的垂直载荷 P。要确定 P，就得给出车身的极限侧倾角 α_1：

$$\alpha_1 = \frac{j/g}{\dfrac{C_\alpha}{G' e_r} - 1} \quad (\mathrm{rad}) \tag{3-152}$$

式中 C_α——整车横向角刚度(N·m/rad)；

G'——簧载负荷(N)；

e_r——侧倾力矩臂(m)；

j——侧向加速度，此处令 $j=0.8g$。

杆体端部的垂直载荷为

$$P = \frac{1}{2} c_w \cdot l_c \cdot \alpha_1 \quad (\mathrm{N}) \tag{3-153}$$

式中 c_w——稳定装置的线刚度(N/mm)；

l_c——立柱中心距(mm)；

α_1——极限侧倾角(rad)。

杆体弯臂根部弯曲应力为

$$\sigma = \frac{32 P l_1}{\pi d^3} \quad (\mathrm{MPa}) \tag{3-154}$$

式中 P——杆端垂直载荷(N)；

l_1——弯臂长度(mm)；

d——杆体直径(mm)。

杆体扭转应力为

$$\tau = \frac{16 P l}{\pi d^3} \quad (\mathrm{MPa}) \tag{3-155}$$

式中，l 为弯臂端部至杆体的距离(mm)。

弯臂根部的合成应力为

$$\sigma_n = [\sigma^2 + (2\tau)^2]^{\frac{1}{2}} \tag{3-156}$$

3.2.3 结构及布置

1. 杆 体

杆体结构形式应根据布置需要确定。材料一般选取 $60Si_2Mn$ 等弹簧钢。

为了得到所需的角刚度值，必须选取一个合适的杆体直径。为了充分发挥材料的作用，表 3－12 说明图中的参数 l_c 要尽量放大。在 l_c 已定的情况下，l_0 和 l_T 的尺寸也应尽量放大。

此外，在不产生过大的应力集中且加工允许的条件下，杆体弯臂拐弯处的半径应尽量减小，这是因为尺寸 l_2 一般很小。半径大了，支座胶垫就可能与圆弧部分接触，产生一个有害的轴向力，导致杆体或胶垫窜移，或者挤坏胶垫。

2. 支座胶垫及支座卡子

一般汽车稳定装置的支座都装有支座胶垫，其垂直线刚度一般为 300～500 N/mm。为了防止杆体挤坏和磨损胶垫，胶垫内孔部分须整体硫化一层帆布带或尼龙织物层。

为避免松动，支座卡子的内口尺寸应稍小于支座胶垫的外口尺寸。安装时，支座卡子的固定螺栓必须拧紧，否则稳定装置的效能将大幅降低。

为防止支座胶垫从支座卡子中松脱，胶垫两端可带一凸缘，如图 3－43 所示。

3. 立柱及立柱胶垫

为防止弯曲，两立柱的直径不可过小，且长度应尽量缩短。小轿车和轻型车的稳定装置，一般在立柱的上、下部分分别装有两个立柱胶垫。胶垫的垂直线刚度一般为 100～150 N/mm。

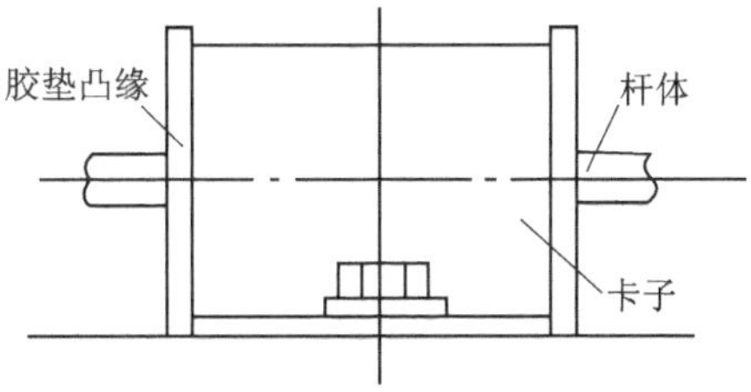

图 3－43　支座的固定

4. 布置安装

稳定装置两立柱的下铰点决定着杆体的位置。横向稳定装置的两个立柱下铰点，在横向上须与车身中心线对称，在纵向上最好装于车轴正上方，以免车轴承受一个附加力矩。

在满载静状态下，杆体弯臂与立柱间的夹角以近于 90°为宜。为避免运动干涉，尚需进行轨迹校核等。

3.2.4　普通型杆体变形公式的推导

为使概念清晰，推导不采用能量法，而是按基本的弯曲扭转变形作隔离刚化处理来推导。杆体变形公式的推导如下所述。

变形量均为换算到立柱处的垂直位移，此处只推导普通型的变形公式。图 3－44 中所示为全长，故用字母 L 表示；公式中用半长计算，均用英字母 l 表示，其具有对应关系。

1. l_T 段之扭转变形量 f_1

扭转角为

$$\varphi=\frac{M_{扭}l_T}{GJ_p}\quad(\mathrm{rad})$$

所以扭转变形量为

$$f_1=\frac{\varphi}{2}l=\frac{pll_Tl}{2GJ_p}=\frac{pl_Tl^2}{2GJ_p}$$

2. l_1 段之弯曲变形量 f_2

因为

$$\frac{1}{\rho(x)}=\frac{\mathrm{d}^2y}{\mathrm{d}x^2}=\frac{M(x)}{EJ}$$

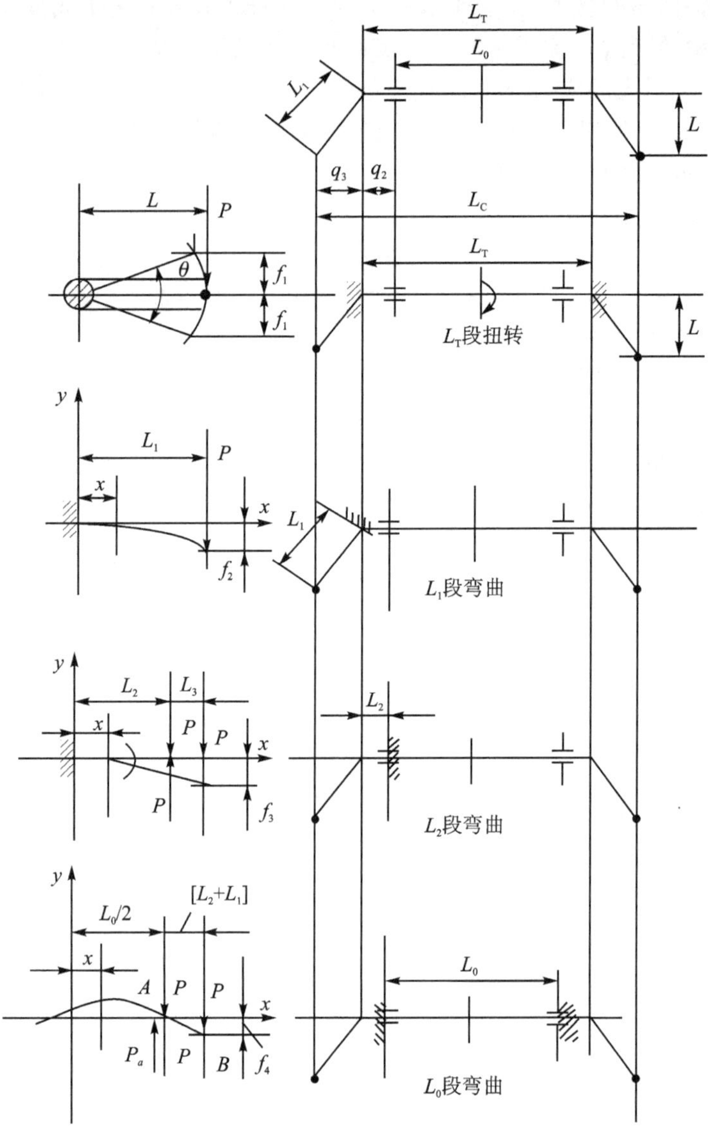

图 3-44　一般结构变形

$$M(x)=P(l_1-x)$$

$$\theta=\frac{P}{EJ}\left(l_1x-\frac{x^2}{2}+C\right)\quad(x=0,\theta=0,C=0)$$

$$y=\frac{P}{EJ}\left(\frac{l_1}{2}x^2-\frac{x^3}{6}+Cx+D\right)\quad(x=0,y=0,D=0)$$

令 $x=l_1$,则有

$$f_2=y=\frac{Pl_1^3}{3EJ}$$

3. l_2 段之弯曲变形 f_3

$$M(x)=Pl_3+P(l_2-x)$$

$$\theta=\frac{P}{EJ}\left[(l_2+l_3)x-\frac{x^2}{2}+C\right] \quad (x=0,\theta=0,C=0)$$

$$y=\frac{P}{EJ}\left[\frac{1}{2}(l_2+l_3)x^2-\frac{x^3}{6}+Cx+D\right] \quad (x=0,y=0,D=0)$$

令 $x=l_2$，则有

$$\theta=\frac{P}{EJ}\left[(l_2+l_3)l_2-\frac{l_2^2}{2}\right]$$

$$y=\frac{P}{EJ}\left[\frac{1}{2}(l_2+l_3)l_2^2-\frac{l_2^3}{6}\right]$$

$$f_3=y+\theta l_3=\frac{P}{EJ}\left[(l_2+l_3)\ l_2l_3+\frac{l_2^3}{3}\right]$$

4. l_0 段之弯曲变形 f_4

将力 P 由点 B 平移至点 A，则点 A 受有一力 P 和一附加力偶矩 $P(l_2+l_3)$，点 A 处还有一力 P_a，即

$$P_a=\frac{2(l_2+l_3)+l_0}{l_0}P$$

点 A 处的合力是

$$P_a-P=\frac{2(l_2+l_3)}{l_0}P$$

$$M(x)=P(l_2+l_3)-P\ \frac{2(l_2+l_3)}{l_0}\left(\frac{l_0}{2}-x\right)=-\frac{2(l_2+l_3)}{l_0}Px$$

$$\theta=\frac{P}{EJ}\left[\frac{l_2+l_3}{l_0}x^2+C\right]$$

$$y=\frac{P}{EJ}\left[\frac{l_2+l_3}{3l_0}x^3+Cx+D\right]$$

由 $x=0$，$y=0$，可得

$$D=0$$

由 $x=\frac{l_0}{2}$，$y=0$，可得

$$C=-\frac{(l_2+l_3)l_0}{12}$$

令 $x=\frac{l_0}{2}$，则有

$$\theta=\frac{P}{EJ}\left[\frac{(l_2+l_3)x^2}{l_0}-\frac{(l_2+l_3)l_0}{12}\right]=\frac{P}{EJ}\left[\frac{(l_2+l_3)l_0}{4}-\frac{(l_2+l_3)l_0}{12}\right]$$

$$=\frac{P}{6EJ}(l_2+l_3)l_0$$

$$y=\frac{P}{EJ}\left[\frac{(l_2+l_3)x^3}{3l_0}-\frac{(l_2+l_3)l_0x}{12}\right]=\frac{P}{EJ}\left[\frac{(l_2+l_3)l_0^2}{24}-\frac{(l_2+l_3)l_0^2}{24}\right]=0$$

$$f_4=\theta(l_2+l_3)+y=\frac{P}{6EJ}(l_2+l_3)^2l_0$$

于是有

$$f_c = f_1 + f_2 + f_3 + f_4 = A_0$$

3.3 阻尼元件

在汽车悬架中，如果只有弹性元件而没有摩擦或阻尼元件，那么车身的振动将会永无休止地延续下去，汽车行驶的平顺性和操纵稳定性将会变差。因此，悬架设计必须考虑带有衰减振动的阻尼力。钢板弹簧叶片间的干摩擦虽是一种阻尼力，但其数值不稳定，难以控制，所以汽车悬架都装有专用的减振装置。

汽车悬架中广泛采用的阻尼元件就是内部充有液体的液力式减振器。汽车车身和车轮振动时，减振器内的液体在流经阻尼孔时的摩擦和液体的黏性摩擦就会形成振动阻力，将振动能量转变为热能，并散发到空气中去，实现衰减振动的目的。

下面分别介绍减振器的分类、发展及其选用设计。

3.3.1 阻尼元件的分类及发展

1. 减振器的分类

根据结构形式的不同，减振器可分为摇臂式和筒式两种。若按其作用原理，减振器又可分为单向作用式和双向作用式。摇臂式减振器虽然能在比较大的工作压力（10～20 MPa）下工作，但其工作特性受活塞磨损和工作温度变化的影响较大，现已被淘汰。筒式减振器虽然工作压力仅为 2.5～5 MPa，但其质量小、工作可靠，适合大批量生产，特别是其工作性能稳定，故而在现代汽车上得到了广泛的应用。

筒式减振器又分为单筒式、双筒式和充气式三种，下面介绍前两种。

（1）单筒式减振器

单筒式减振器（见图 3-45）在密封、混合液氧化、泡沫多、油液正常消耗后的补充等方面存在问题，并且都不易解决，故这种单筒式减振器大多用于轻型摩托车上。双筒式减振器，特别是双筒充气液力减振器具有工作性能稳定、干摩擦阻力小、噪声低、总长度短等优点，普遍采用。

（2）双筒式减振器

双向作用筒式减振器（见图 3-46）一般有 4 个阀，即压缩阀、伸张阀、流通阀和补偿阀。流通阀和补偿阀是一般的单向阀，其弹簧弹力很小，当阀上的油压作用力与弹簧弹力同向时，阀处于关闭状态；而当油压作用力与弹簧力反向时，只要有很小的油压，阀便能开启。压缩阀和伸张阀是卸荷阀，其弹簧刚度较大，预紧力较大，只有当油压增大到一定程度时，阀才能开启；当油压降低到一定程度时，阀即自行关闭。

双向作用筒式减振器的工作原理包括压缩、伸张两个行程。

1）压缩行程

当汽车车轮滚上凸起或滚出凹坑时，车轮移近车架（车身），减振器受压缩，减振器的活塞下移。活塞下面的腔室（下腔）容积减小，油压升高，油液经流通阀流到活塞上面的腔室（上腔）。由于上腔被活塞杆占去一部分，所以上腔内增加的容积小于下腔减小的容积，还有一部分油液推开压缩阀，流回储油缸。这些阀对油液的节流便造成对悬架压缩运动的阻尼力。

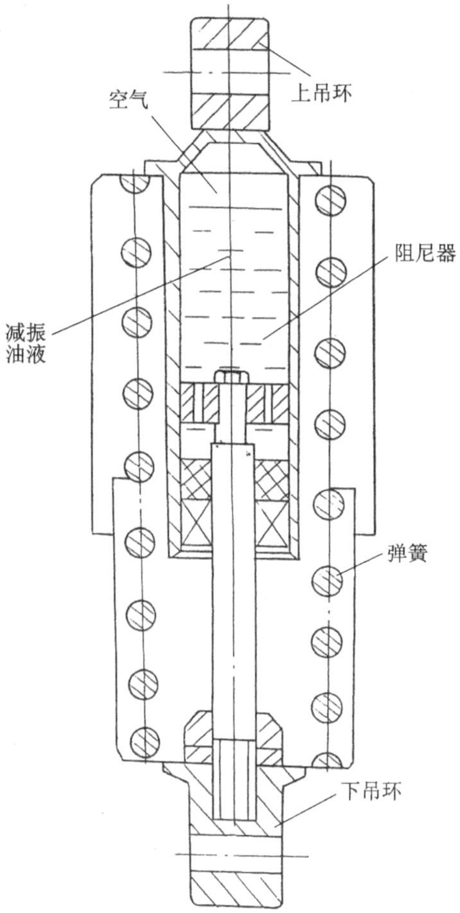

图 3-45　单筒式减振器示意图

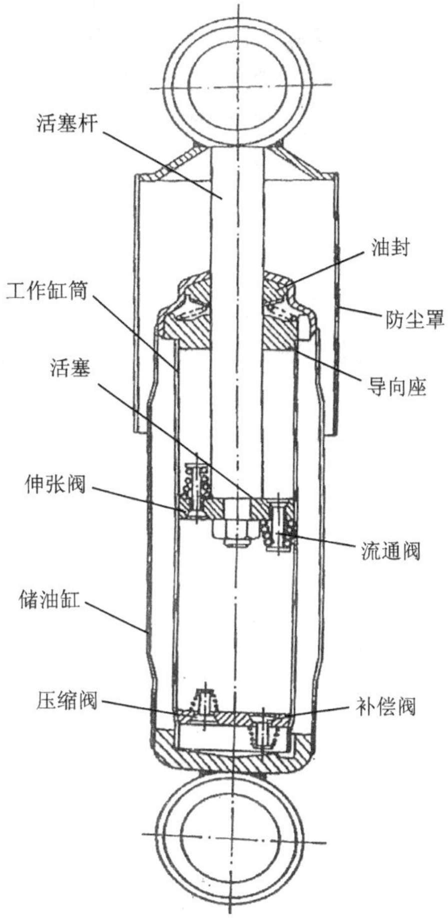

图 3-46　双向作用筒式减振器示意图

2）伸张行程

当车轮滚进凹坑或滚离凸起时，车轮相对车身移开，减振器受拉伸。此时减振器活塞向上移动。活塞上腔油压升高，流通阀关闭，上腔内的油液便推开伸张阀流入下腔。同样，由于活塞杆的存在，自上腔流来的油液还不足以充满下腔所增加的容积，下腔内产生一定的真空度，这时储油缸中的油液便推开补偿阀流入下腔进行补充。此时，这些阀的节流作用便造成对悬架伸张运动的阻尼力。

压缩阀的节流阻力应设计成随活塞运动速度而变化。例如，当车架或车身振动缓慢（即活塞向下的运动速度低）时，油压不足以克服压缩阀弹簧的预紧力而推开阀门。此时多余的油液便经一些常通的缝隙流回储油缸。当车身振动剧烈，即活塞向下运动的速度高时，活塞下腔油压骤增；当达到能克服压缩阀弹簧的预紧力时，便推开压缩阀，使油液在很短的时间内通过较大的通道流回储油缸。这样，油压和阻尼力都不致超过一定限度，以保证压缩行程中弹性元件的缓冲作用得到充分发挥。

同样，伸张行程中减振器的阻尼力也应设计成随活塞运动速度而变化。当车轮向下运动速度不大（即活塞向上的运动速度不大）时，油液经伸张阀的常通孔隙流入下腔，由于通道截面积很小，便产生较大的阻尼力，从而消耗了振动能量，使振动迅速衰减。当车身振动剧烈时，伸张阀打开，通道截面积增大，使油压和阻尼力保持在一定限度内，这样一来，减振器及悬架系统的某些零件便不会因超载而损坏。

由于伸张阀弹簧的刚度和预紧力比压缩阀的大，在同样的油压力作用下，伸张阀及相应的常通缝隙的通道截面积总和小于压缩阀及相应的常通缝隙的通道截面积总和。这就保证了减振器在伸张行程内产生的阻尼力比压缩行程内产生的阻尼力大得多。

2. 减振器的发展

为适应汽车高速、舒适、安全的需要，充气式减振器、阻力可调式减振器、电液自适应式减振器以及电控式减振器等新型减振器也被开发并应用，下面分别介绍。

(1) 充气式减振器

充气式减振器是20世纪60年代后发展起来的一种新型减振器，按结构分为单筒式和双筒式，按工作介质(油和气)储存方式分为油气分开式和油气混合式。图3-47所示为一种单筒油气分开式充气减振器。其结构特点是在缸筒的下部装一个浮动活塞，在浮动活塞与缸筒一端形成的密闭气室中充有高压(2～3 MPa)的氮气。在浮动活塞的上面是减振器的油液。浮动活塞上装有大断面的O形密封圈，它把油和气完全分开。工作活塞上装有随其运动速度大小而改变通常截面积的压缩阀和伸张阀。此二阀均由一组厚度相同、直径由大到小排列的弹性阀片组成。

当车轮上下跳动时，减振器的工作活塞在油液中做往复运动。使工作活塞的上腔与下腔之间产生油压差，压力油便推开压缩阀或伸张阀来回流动，从而产生拉伸或压缩阻尼力。由于活塞杆的进出而引起的缸筒储油容积的变化，所以由浮动活塞的上下运动进行补偿。

这种充气式减振器的优点是结构简单、成本低，油气分开，消除了油的乳化现象；其缺点是长度较长，对于活塞杆直径大、行程大(储油容积变化大)的减振器不太适合。

双筒式充气减振器一般采用油气混合式，其结构与普通双筒减振器基本相同。图3-48所示为日本KYB公司为克莱斯勒公司T115车生产的双筒充气式减振器，其储油缸内充有0.4～1 MPa的氮气，当活塞杆向外抽出时，高压气体就压迫储油缸下部的油液通过补偿阀进入工作缸内。

由于充气式减振器活塞杆拉伸时需补偿的油液上存在一个较大的气压，所以保证了减振器高频振动时及时补油，从而消除了减振器的外特性高频畸变、空程及噪声等问题。除此之外，还可防止汽车停车时因减振器不用致油液泄漏、空气进入工作缸内而产生所谓的“早晨病”。

(2) 阻力可调式减振器

图3-49所示为阻力可调式减振器的示意图，装有这种减振器的悬架系统采用了刚度可变的空气弹簧。工作过程：当汽车的载荷增加时，空气囊中的气压升高，气室内的气压也随之升高，而膜片向下移动与弹簧产生的压力相平衡；与此同时，膜片带动与它相连的柱塞杆和柱塞下移，使得柱塞相对空心连杆上的节流孔的位置发生变化，结果减小了节流孔的通道截面积，增加了油液流动阻力。反之，当汽车载荷减小时，柱塞上移，结果增大了节流孔的通道截面积，减小了阻尼力。因此达到了随汽车载荷的变化而改变减振器阻力的目的。

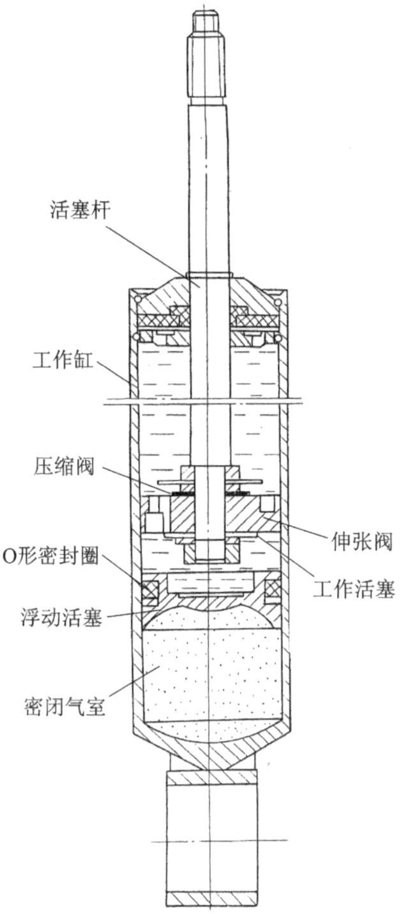

图 3－47 单筒油气分开式充气减振器

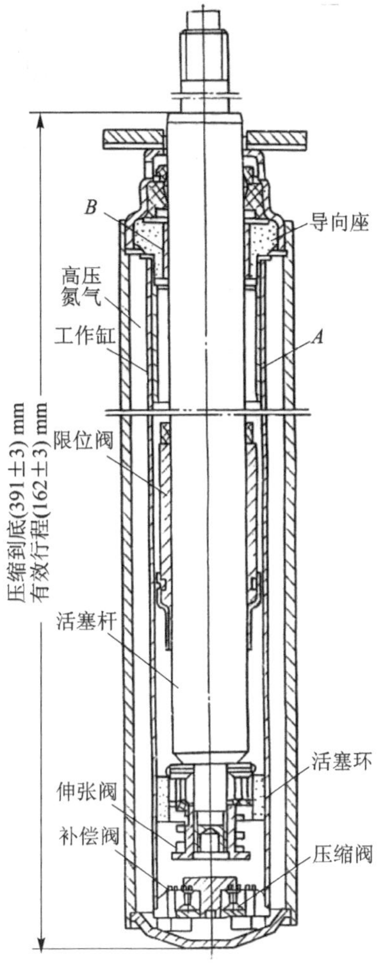

图 3－48 日本 KYB 公司为克莱斯勒公司

这种减振器会用于高档大客车或高级轿车上。

(3) 电液减振器

图 3－50 所示为自适应式减振器结构示意图，它是采用电流变体智能材料来调节阻尼力大小的。工作机理：电流变体流体在外加强电场作用下，其流变性会发生突变，由流动的低黏度的液体变为难流动的高黏度塑性类固体；当撤去外加电场后，又可在瞬间内恢复到液态。

这种减振器的结构形式与单筒充气式减振器相似，在减振器下部设有一个浮动活塞，形成一个密闭气室，内充有高压（2～3 MPa）的氮气，在浮动活塞的上部为电流变体。伸张和压缩过程可以共用一个阻尼通道，其阻尼力的大小是通过改变电场强度而使流体黏度改变实现的。

图 3－51 所示为自适应减振器的控制原理。

(4) 电控减振器

目前广泛采用的液力减振器属于被动型减振器，减振器结构及参数一经确认，它的阻尼特性也就随之固定了。20 世纪 70 年代以来，国外一直致力于研究主动悬架，目前取得了很大进展，研究成果已在一些高级轿车上得到了应用。主动悬架分为全主动悬架和半主动悬架。全

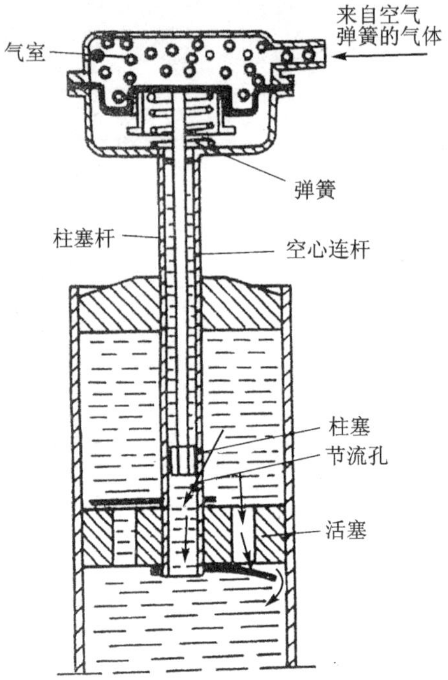

图 3-49　阻力可调式减振器

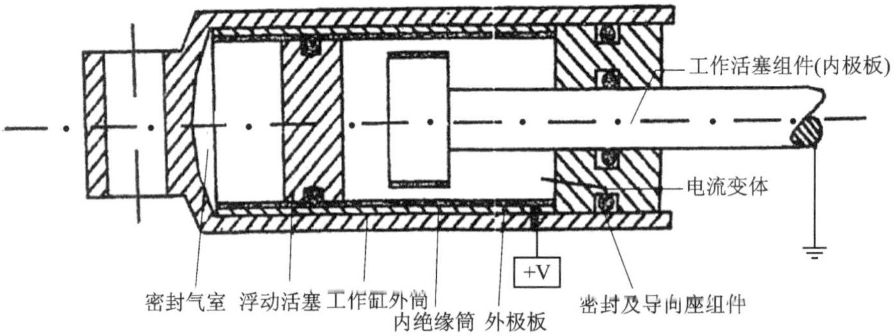

图 3-50　自适应式减振器结构示意图

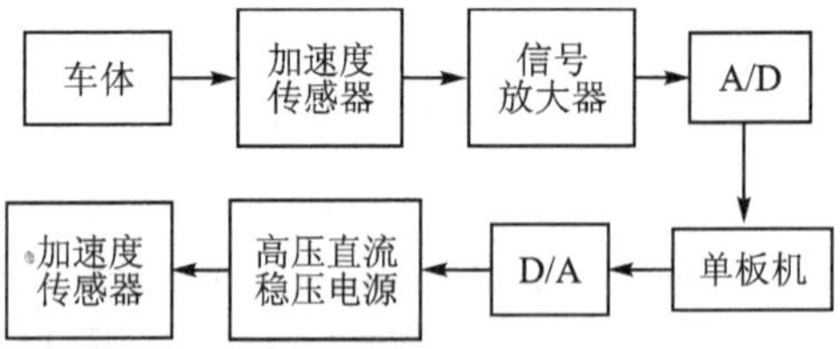

图 3-51　自适应减振器控制原理

主动悬架以一个液压缸代替弹簧和减振器，液压缸的阻尼力和位移是通过将反馈回来的代表车身的绝对速度，以车身与路面之间的相对位移的电信号输入到一个控制液压缸的伺服阀而实现的。其控制原理如图 3-52 所示。图 3-53 所示为两种主动悬架系统简图。

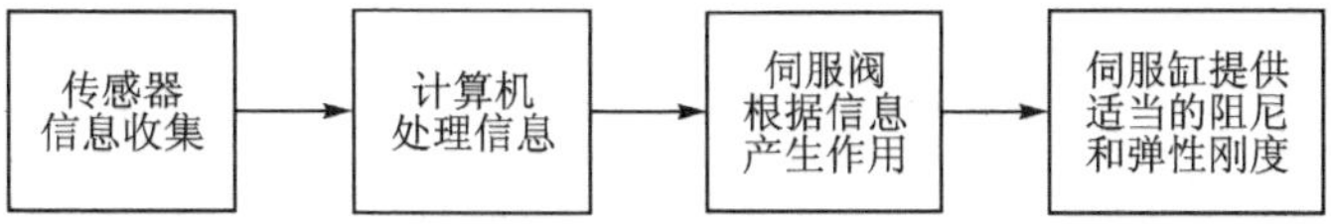

图 3 - 52　全主动悬架控制原理

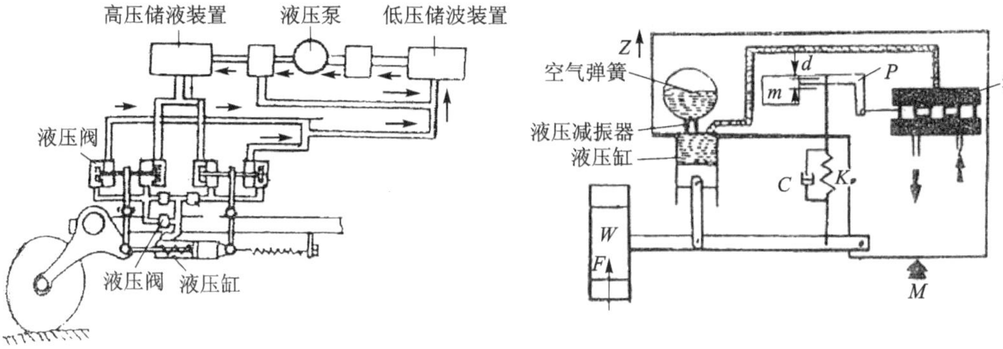

图 3 - 53　两种主动悬架系统简图

全主动悬架需要发动机提供数千瓦的动力，结构比较复杂，制造精度要求高，目前其控制理论还不成熟。

半主动悬架比全主动悬架结构简单、成本低、工作可靠，其核心部分是可调阻尼减振器。图 3 - 54 所示为半主动悬架系统结构示意图。半主动悬架技术比较成熟，已在很多车型上得到了应用。

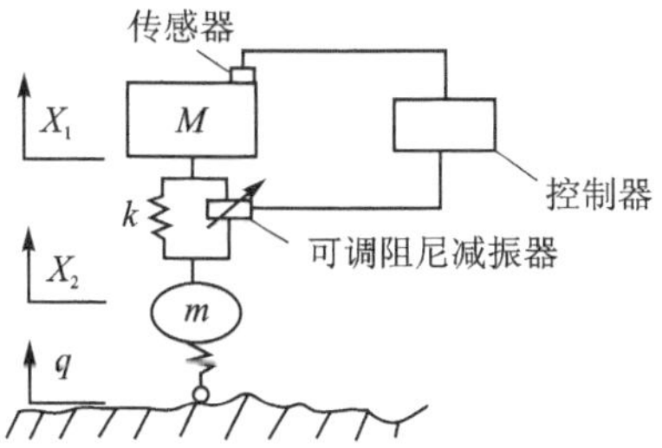

图 3 - 54　半主动悬架系统结构示意图

Boge 公司生产的充气式双筒式弹簧柱如图 3 - 55 所示。它具有弹性液压式拉伸行程限位器和电控的三挡阻尼调节器。安装在外套管上的 2 个电磁阀通入环形通道内。通道经孔与工作缸筒中的工作腔相连。如果阀体接通进油孔，则油液自环形通道流出，经前开口顶开弹簧组件，再经此流入补偿腔。阻尼特性由在活塞上的伸张阀（或底部的压缩阀）和随后接通的电磁阀中的液流阻力共同决定。如果两个电磁阀都不开启，则阻尼特性处于最硬挡。如果两个电磁阀中有一个开启，则阻尼特性处于次硬挡；如果两个电磁阀同时开启，则阻尼特性最软。

图 3 - 56 所示为一种转阀控制三级可调减振器，调节步进电动机带动阀芯转动，使得控制阀孔具有关闭、小开、全开三个位置，对应产生三种阻尼特性，如图 3 - 57 所示。

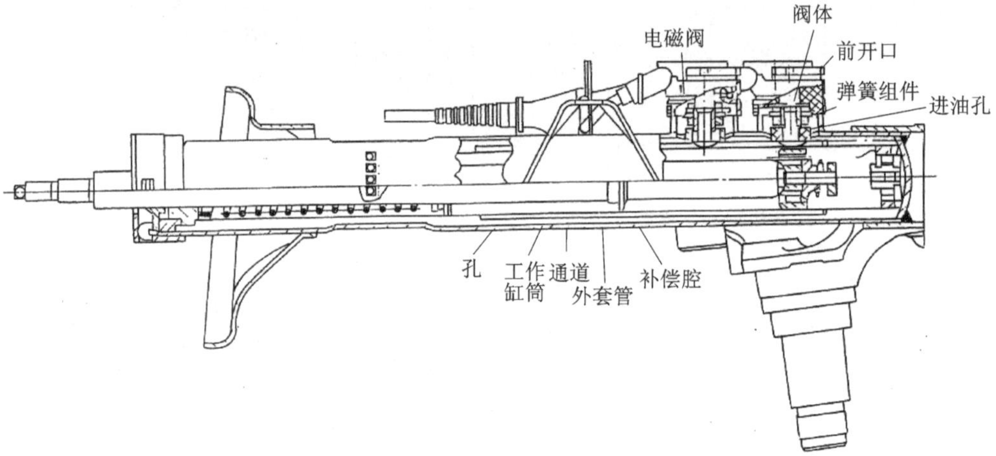

图 3-55 Boge公司生产的充气式双筒式弹簧柱

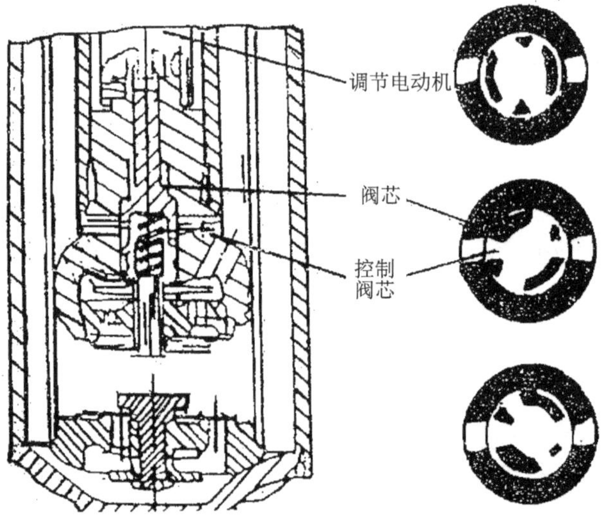

图 3-56 转阀控制三级可调减振器

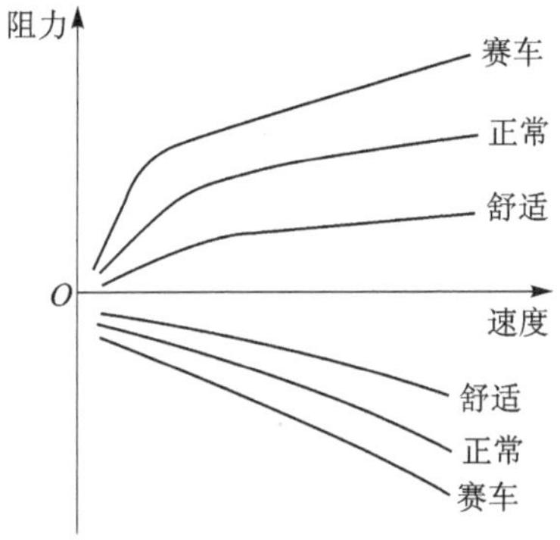

图 3-57 阻尼特性曲线

3.3.2 阻尼元件的选用设计

本书所述的减振器的设计，主要是针对具体的悬架选定减振器的阻尼特性、主要参数及其合理的布置位置等。主要参数是指阻尼比、阻尼系数、最大卸荷力以及工作缸径等。

1. 阻尼特性

减振器的阻尼特性是指阻力-位移特性和阻力-速度特性，如图 3-58 所示。

阻力-位移特性图也叫示功图，它所显示的是阻尼力 P 在一个周期内所做的功。减振器的阻尼力 P 与减振器的振动速度之间的关系如下：

$$P = Kv^n \tag{3-157}$$

式中 K ——阻尼系数；

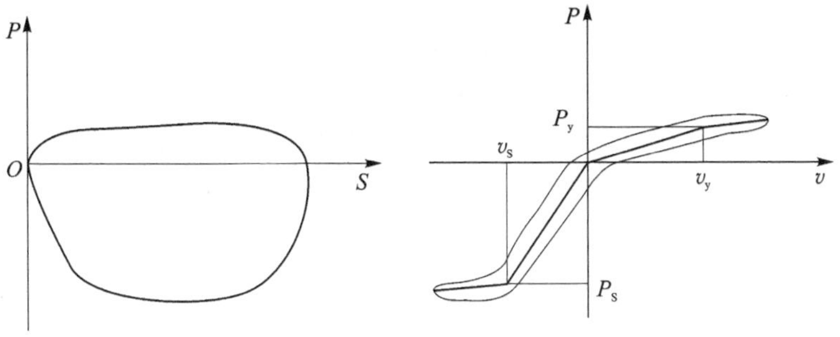

(a) 阻力-位移特性　　　　(b) 阻力-速度特性

图 3-58　减振器的特性

n——速度指数。

在减振器卸荷阀打开之前，$P-v$ 特性保持线性关系，即 $n=1$。$P-v$ 特性曲线由 4 段近似直线的线段组成，其中压缩行程和伸张行程各占两段。特性曲线的斜率便是减振器的阻尼参数，即 $K=P/v$，所以减振器有 4 个阻尼系数。在没有特别指明时，阻尼系数是指卸荷阀开启前的阻尼系数。通常压缩行程的阻尼系数 $K_y=P_y/v_y$ 与伸张行程的阻尼系数 $K_s=P_s/v_s$ 是不相等的。为防止悬架过大地传递地面的冲击，其压拉比 ξ 一般可取值为

$$\xi=\frac{K_y}{K_s}\approx\frac{1}{4}\sim\frac{1}{2} \tag{3-158}$$

对于 ξ 值，小轿车取低一些，越野车可取高一些。为减少汽车制动时的车身纵向位移，可降低角减速度(表示角加速度为负值)，前悬架减振器的压拉比应大于后悬架减振器的压拉比。

悬架阻尼系数 K 应是压缩行程阻尼系数 K_y 和复原行程阻尼系数 K_s 的均值，即

$$K=\frac{1}{2}(K_y+K_s) \tag{3-159}$$

2. 阻尼比

阻尼比也叫相对阻尼系数，它是评价悬架性能优劣的重要参数之一，是悬架“软”或“硬”的标志，是振动衰减快慢的标志。其表达式如下：

$$\psi=\frac{K}{2\sqrt{cm}} \tag{3-160}$$

由式(3-160)可知，所谓相对阻尼系数，就是相对于悬挂质体质量 m 的大小和悬架系统刚度 c 大小的一个系数。它是悬架设计的技术指标之一，有了这个指标，就可据此选定阻尼系数 K 了。如果所论悬架的 c 值和 m 值较大，就应使悬架“硬”一点，阻尼系数 K 值取大一点；反之则取小一点。

在压拉行程，阻尼比 ψ 的平均值一般取为 0.2～0.4，如果弹性元件无内摩擦，可取为 0.25～0.35。

3. 阻尼系数

(1) 阻尼系数表达式

减振器的阻尼系数是阻力-速度特性曲线的斜率，即 $K=\mathrm{d}P/\mathrm{d}v$。在悬架刚度 c、悬挂质量 m 以及阻尼比 ψ 均已给定的情况下，阻尼系数为

$$K=\frac{2\sqrt{cm}}{\cos\delta}(\psi-\psi_{簧}) \tag{3-161}$$

式中 $\psi_{簧}$——弹性元件的当量相对阻尼系数。

δ——减振器轴线 J_dJ_u 线与 CJ_d 线的垂线之间的夹角，点 C 是减振器下支点 J_d 的运动瞬心(悬架中心)，如图 3-59 所示。

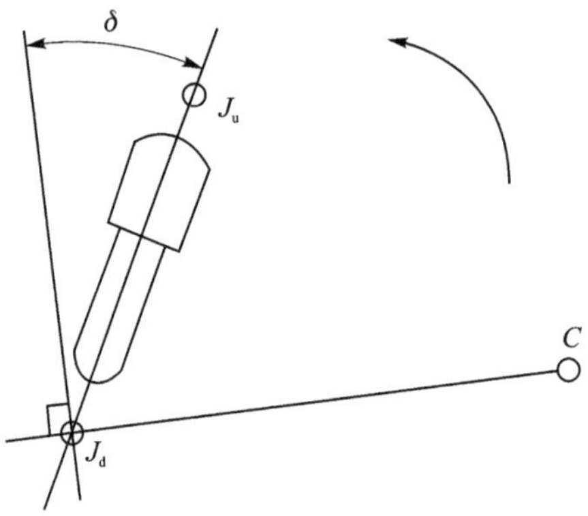

图 3-59 减振器的布置角度

当量相对阻尼系数计算式为

$$\psi_{簧}=\frac{1}{\sqrt{1+(2\pi/\ln\tau)^2}} \tag{3-162}$$

式中，τ 为相邻周期振幅比，$\tau=A_i/A_{i+1}$，它可由去掉减振器的试验曲线测出。在设计新车之前，可根据板簧的片数和长度酌情取值。

利用式(3-161)，在设计时便可确定减振器的阻尼系数。当减振器制作出来之后，又该如何按示功图确定和检验它的阻尼系数呢?

(2) 按示功图确定阻尼系数

利用示功图确定减振器阻尼系数的方法有很多，同一个示功图，采用不同的方法处理，得出的阻尼系数值相差很大，因此有必要研究一下这个问题。

下面介绍三种方法：特定值法、$P-v$ 图法和平均值法。

在分析研究之前，先简单介绍一下汽车减振器试验台和示功图的有关情况。

减振器性能试验台的工作原理如图 3-60 所示。试验台的规范：转速 $n=100$ r/min，滑块 A 的行程 S_0 取为 100 mm。S_0 是曲柄长度 R 的 2 倍，并且也是减振器活塞的实际行程。减振器缸筒下端 B 和扭杆弹簧 O_2B 相连，故活塞与缸筒的相对行程 S 小于 S_0。记录板随滑块上、下平移，画针 O_2a 由弹簧杆牵动。

"双百规范"试验台的活塞速度 $v=0.52$ m/s，这个速度需要提高。目前我国个别公司的产品 v 值已近 1 m/s，国外已有大于 2.5 m/s 不畸变的减振器。

当曲柄机构运动时，画针端点 a 在记录板上留下的迹线便是示功图。它的横坐标代表阻力，纵坐标代表位移，面积代表功。每个试验台都有各自的校正系数 $\alpha_{校}$，而且压缩行程的校正系数 $\alpha_{压校}$ 和复原行程的校正系数 $\alpha_{拉校}$ 在数值上还不一定相等。$\alpha_{校}$ 和横坐标数值 A 之积才是减振器的阻力 P。最大压缩阻尼力为

$$P_{压max}=\alpha_{压校}A_{压max}$$

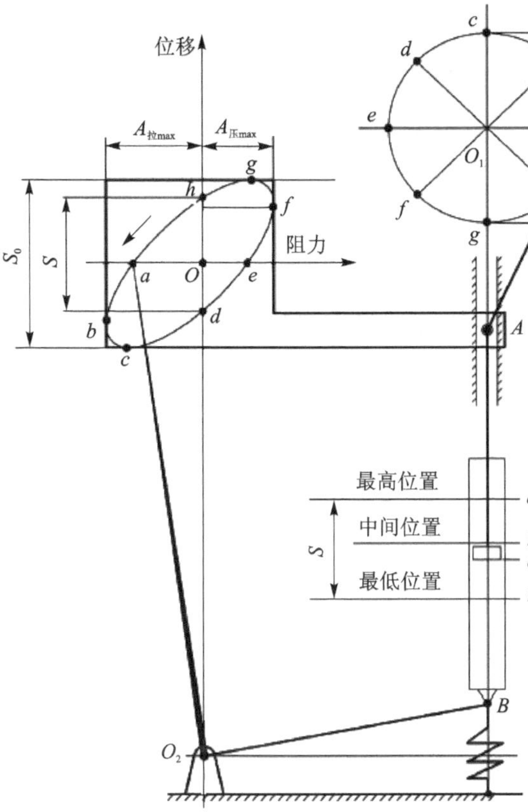

图 3-60 减振器性能试验台的工作原理

最大复原阻尼力为

$$P_{拉max}=\alpha_{拉校}\ A_{拉max}$$

$\alpha_{校}$ 和示功图的面积 F 之积是减振器所做的功 W。压缩行程的面积 $F_{压}$(即路径 S_{defghd} 区域的面积)与 $\alpha_{压校}$ 之积代表压缩行程所做的功 $W_{压}$，即 $W_{压}=\alpha_{压校}\ F_{压}$；复原行程的面积(S_{habcdh})，$F_{拉}$ 与 $\alpha_{拉校}$ 之积代表复原行程所做的功 $W_{拉}$，即

$$W_{拉}=\alpha_{拉校}\ F_{拉}$$

大家知道，在工作范围内，一般认为阻尼力为

$$P=Kv$$

式中，v 为活塞的相对速度。

阻尼系数 K 又分为压阻系数 $K_{压}$ 和拉阻系数 $K_{拉}$，而总的周期阻尼系数为

$$K=\frac{K_{压}+K_{拉}}{2}$$

为减少传递到车身上的冲击，保证车轮与地面的良好附着，压阻系数和拉阻系数的比值 $\xi=\dfrac{K_{压}}{K_{拉}}$一般取$\dfrac{1}{4}\sim\dfrac{1}{2}$。为减少制动时车身的角加速度，前桥的压拉阻尼系数比应大于后桥，即 $\xi_1>\xi_2$。

下面介绍三种按示功图确定阻尼系数的方法，然后分析比较每种方法的优劣。

1）特定值法的公式推导

在曲柄连杆机构式的减振器试验台上，活塞的运动速度是和曲柄端点在垂直方向上的运动速度 v_θ 相关的，参见图 3-60 和图 3-61。

$$v_\theta=\frac{2\pi Rn}{60}\cos\theta=\frac{\pi S_0 n}{60}\cos\theta \tag{3-163}$$

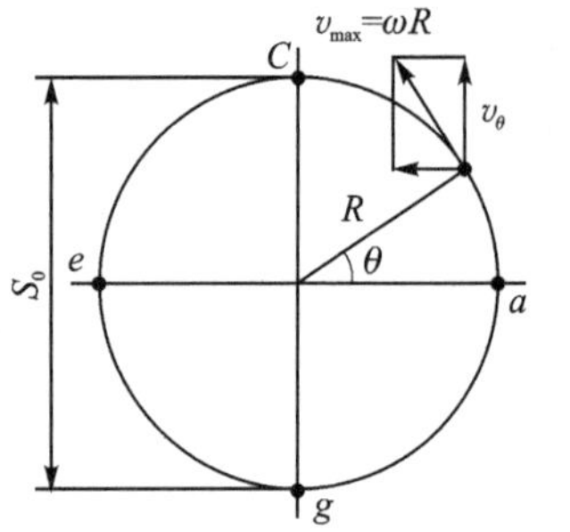

图 3-61　v_{max} 与 v_θ 的关系

当曲柄端点在 a、e 位置时，v_θ 达到最大值 $v_{max}=\frac{\pi S_0 n}{60}$，而此时在示功图上，横坐标也相应出现最大值 A_{max}，即阻力也出现最大值 $P_{max}=\alpha_{校}A_{max}$。所谓特定值法，就是抓住这种特定点求阻尼系数 $K_{特}$，即

$$K_{特}=\frac{P_{max}}{v_{max}}=\frac{\alpha_{校}A_{max}}{\frac{\pi S_0 n}{60}}=\frac{60\alpha_{校}}{\pi S_0 n}A_{max} \tag{3-164}$$

当前，不少人就是按此方法利用示功图确定阻尼系数的。然而，在试验台中，减振器的下支点是被连接到一个扭杆弹簧的臂上，因此，活塞的实际行程 S_0 就要大于活塞相对于缸筒的行程 S，故活塞相对于缸筒的运动速度可近似表示为

$$v_\theta=\frac{\pi Sn}{60}\cos\theta$$

由此，阻尼系数表示为

$$K_{特}=\frac{60\alpha_{校}}{\pi Sn}A_{max} \tag{3-165}$$

活塞相对速度的这种近似计算方法是否可靠呢？严格的方法，应该是从理论上找出活塞相对速度与减振器及试验台相关参数的关系，然后再推求出阻尼系数：

$$K_{特}=\frac{P_{max}}{v_{max}}=\frac{P_{max}}{\left[\frac{dZ}{dt}\right]_{max}}=\frac{P_{max}}{\left(\frac{dZ}{dt}\right)_{max}} \tag{3-166}$$

先利用图 3-62 的关系导出 $v_\theta=f(\theta)$ 的关系式。在图 3-62 中，曲柄长度 $R=S_0/2$，连杆长度为 l，θ 是曲柄的任意转角，C 是连杆端点 A、P 的运动瞬心，ω 是曲柄的角速度。

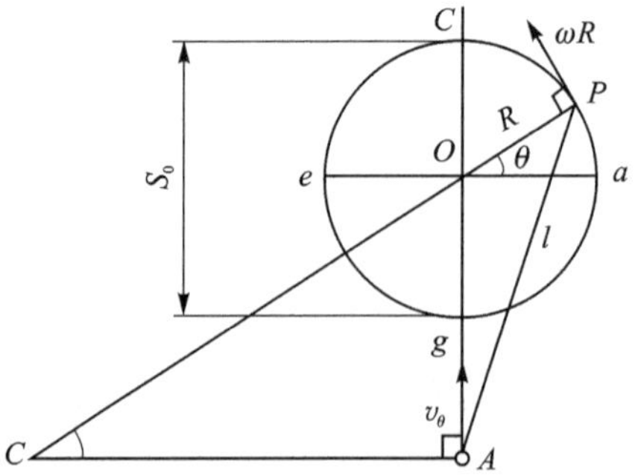

图 3-62　v_θ 的推求

曲柄端点的线速度 ωR 与连杆下端点 A 在垂直方向上的运动速度 v_θ 的关系如下：

$$v_\theta = \frac{|CA|}{|CP|}\omega R = \frac{|OA|\cot\theta}{\dfrac{|OA|}{\sin\theta}+R} = \frac{|OA|\cos\theta}{|OA|+R\sin\theta}\omega R$$

$$= \left(1-\frac{R\sin\theta}{\sqrt{l^2-R^2\cos^2\theta}}\right)\omega R\cos\theta$$

因为

$$|OA| = \sqrt{l^2-R^2\cos^2\theta}-R\sin\theta$$

所以有

$$v_\theta = \left[1-\frac{\sin\theta}{\sqrt{(l/R)^2-\cos^2\theta}}\right]\cos\theta\cdot\omega R \tag{3-167}$$

接下来再推求活塞与缸筒的相对位移 Z 与曲柄转角 θ 的关系。如图 3-63 所示，Z 是滑块位移 Z_1 与缸筒（下支点）位移 Z_2 的差，即

$$Z = Z_1 - Z_2$$

而

$$Z_1 = R\sin\omega t$$

$$\mathrm{d}Z = \mathrm{d}Z_1 - \mathrm{d}Z_2$$

$$\mathrm{d}Z_1 = R\cos\omega t\cdot\mathrm{d}(\omega t)$$

对于 $\mathrm{d}Z_2$ 这一项，必须先找出 $Z_2 = f(\omega t)$ 这个函数关系式才能求得。

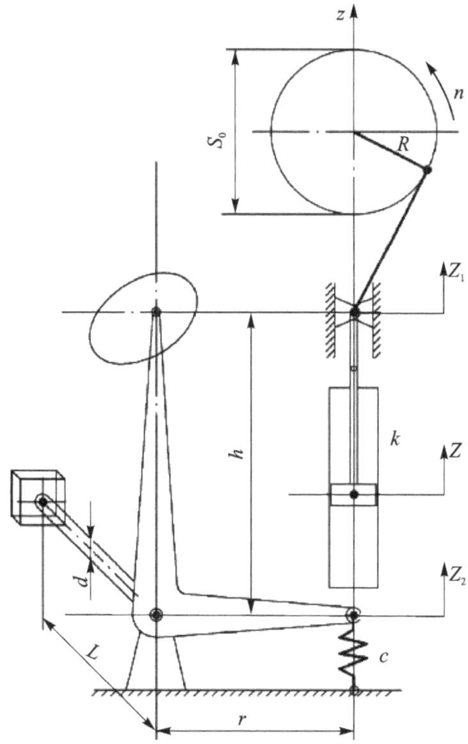

图 3-63　Z 与 θ 的关系

若假设阻尼力是速度的线性函数，且不计加速阻力，那么由缸筒的力平衡关系，可得方程：

$$K\frac{\mathrm{d}Z}{\mathrm{d}t}-cZ_2=0$$

式中,c 为扭杆的换算线刚度。再将 $\mathrm{d}Z=R\cos\omega t\cdot\mathrm{d}(\omega t)-\mathrm{d}Z_2$ 代入上式,便得到

$$\frac{\mathrm{d}Z_2}{\mathrm{d}t}+\frac{cZ_2}{K}-R\omega\cos\omega t=0 \qquad (3-168)$$

根据 $\dot{Z}_2+p(t)Z_2=Q(t)$,$Z_2=\dfrac{\int Q(t)\mathrm{e}^{\int P(t)\mathrm{d}t}\cdot\mathrm{d}t}{\mathrm{e}^{\int P(t)\mathrm{d}t}}$,可求得

$$\begin{aligned}Z_2&=R\omega\frac{\omega\sin\omega t+\frac{c}{K}\cos\omega t}{\left(\frac{c}{K}\right)^2+\omega^2}\\&=R\omega\frac{K^2\omega\sin\omega t+Kc\cos\omega t}{c^2+K^2\omega^2}\\&=\frac{R\omega K}{c^2+K^2\omega^2}\sqrt{c^2+K^2\omega^2}\left(\frac{K\omega}{\sqrt{c^2+K^2\omega^2}}\sin\omega t+\frac{c}{\sqrt{c^2+K^2\omega^2}}\cos\omega t\right)\end{aligned}$$

若令

$$\frac{K\omega}{\sqrt{c^2+K^2\omega^2}}=\cos\varphi,\qquad\frac{c}{\sqrt{c^2+K^2\omega^2}}=\sin\varphi$$

则

$$Z_2=\frac{R\omega K}{c^2+K^2\omega^2}(\cos\varphi\sin\omega t+\sin\varphi\cos\omega t)=\frac{R\omega K}{c^2+K^2\omega^2}\sin(\omega t+\varphi) \qquad (3-169)$$

由于

$$\tan\varphi=\frac{c}{K\omega},\qquad\omega=\frac{\pi n}{30}$$

于是有

$$\mathrm{d}Z_2=\frac{K\omega R}{\sqrt{c^2+K^2\omega^2}}\cos\omega t\,\mathrm{d}(\omega t)=R\cos\varphi\cos(\omega t+\varphi)\,\mathrm{d}(\omega t)$$

将 $\mathrm{d}Z_1=R\cos\omega t\cdot\mathrm{d}(\omega t)$ 和 $\mathrm{d}Z_2$ 代入 $\mathrm{d}Z=\mathrm{d}Z_1-\mathrm{d}Z_2$,可得

$$\mathrm{d}Z=R\omega\cos\omega t\,\mathrm{d}t-R\omega\cos\varphi\cos(\omega t+\varphi)\,\mathrm{d}t \qquad (3-170)$$

$$\frac{\mathrm{d}Z}{\mathrm{d}t}=R\omega\cos\omega t-R\omega\cos\varphi\cos(\omega t+\varphi) \qquad (3-171)$$

令 $V=\dfrac{\mathrm{d}Z}{\mathrm{d}t}=0$,可解得

$$\tan\omega t=-\frac{c}{K\omega}$$

即

$$(\omega t)_{v=0}=-\varphi$$

再令 $\dfrac{\mathrm{d}v}{\mathrm{d}(\omega t)}=0$,又求得

$$\cot\omega t=\tan\varphi$$

$$\frac{d^2 v}{d(\omega t)^2} = R\omega\left[\cos\varphi\cos(\omega t+\varphi) - \cos\omega t\right] < 0$$

所以 $v'=0$ 时的相位值是 v 获得极大值的点，即 $(\omega t)_{v=v_{max}} = \left(\frac{\pi}{2}-\varphi\right)$ 时，活塞相对于缸筒的速度达到极大值：

$$v_{max} = R\omega\cos\left(\frac{\pi}{2}-\varphi\right) = R\omega\sin\varphi = \frac{R\omega c}{\sqrt{c^2+K^2\omega^2}} \tag{3-172}$$

活塞相对速度由 0 变到最大值之间的相位角为

$$\left[\left(\frac{\pi}{2}-\varphi\right) - (-\varphi)\right] = \frac{\pi}{2}$$

这是符合规律的。

由于阻尼等因素的影响，活塞相对速度与曲柄机构的运动关系滞后了一个角度 $\left(\frac{\pi}{2}-\varphi\right)$，如图 3-64 所示。显然，$\varphi$ 值越大，滞后角就越小，而 $\tan\varphi = \frac{c}{K\omega}$，故滞后角和扭杆刚度 c 成反比，与试验台的角速度 ω 及阻尼系数 K 成正比。

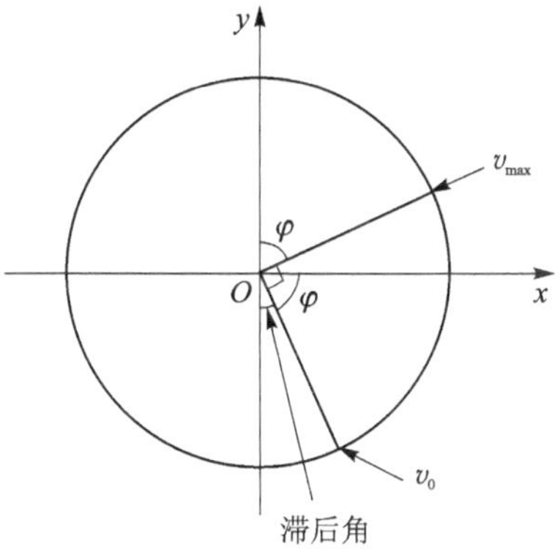

图 3-64　相位角与滞后角

既然已找到了活塞相对于缸筒的最大速度，那么就可以从理论上推求特定值法的阻尼系数了。因为

$$v_{max} = \frac{R\omega c}{\sqrt{c^2+K^2\omega^2}} = \frac{P_{max}}{K}$$

解此方程便可得

$$K_{特} = \frac{c}{\omega}\left(\frac{1}{R^2c^2-P_{max}^2}\right)^{\frac{1}{2}} P_{max}$$

$$= \frac{c}{\omega}\left[\frac{1}{\left(\frac{Rc}{P_{max}}\right)^2-1}\right]^{\frac{1}{2}} = \frac{c}{\omega}\left[\frac{1}{(Rc/P_{max})^2-1}\right]^{\frac{1}{2}} \tag{3-173}$$

由式(3-173)可见，这种试验台所能测的最大力不能超过曲柄半径和换算线刚度之积，即

$$Rc \geqslant P_{max}$$

下面根据图 3-65 来推求扭杆的换算线刚度 c。设 K_φ 为扭杆的扭转刚度，由材料力学可知：

$$K_\varphi = \frac{\pi G d^4}{32L}$$

式中 d——扭杆的直径；

L——扭杆的有效长度，如图 3-62 所示(图示为扭杆半长 l)。

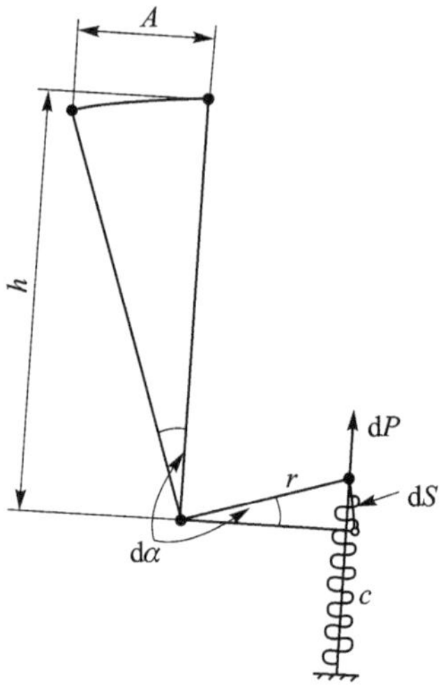

图 3-65 推求扭杆的换算线刚度

按照扭转刚度的定义：

$$K_\varphi = \frac{\mathrm{d}M}{\mathrm{d}\alpha} = \frac{r \cdot \mathrm{d}P}{\mathrm{d}\alpha} = \frac{r \cdot c\,\mathrm{d}S}{\mathrm{d}\alpha} = \frac{rc \cdot r\,\mathrm{d}\alpha}{\mathrm{d}\alpha} = cr^2$$

故扭杆的换算线刚度为

$$c = \frac{K_\varphi}{r^2} = \frac{\pi G d^4}{32 r^2 L} \tag{3-174}$$

式中，r 为扭杆弹簧臂的长度。

附带推求一下校正系数 $\alpha_{校}$ 与换算线刚度的关系。按定义，校正系数是作用在扭杆弹簧臂端点上造成画针端点横向单位位移的纵向力，即

$$\alpha_{校} = \frac{\mathrm{d}P}{A} = \frac{c \cdot \mathrm{d}S}{A} = \frac{c \cdot r\,\mathrm{d}\alpha}{h\,\mathrm{d}\alpha} = c\,\frac{r}{h}$$

所以有

$$\alpha_{校} = c\,\frac{r}{h} \tag{3-175}$$

2) $P-v$ 图法

所谓 $P-v$ 图法，就是阻力-速度特性曲线法，如图 3-66 所示。

由特定值法可知，根据示功图，可确定最大阻力以及活塞的相对行程 S；再根据试验台的转速，又可算出相应的最大速度，一张示功图便可在坐标系上定出两个点来。每一张示功图不仅和给定转速相对应，而且和曲柄的长度 $R=S_0/2$ 的大小有关系。在同一试验台上，若逐次改变曲柄的长度，便可画出一族示功图，如图 3-67 所示，从而便可找到若干个阻力随速度变化的点了。将这些点连接起来，其曲线便是阻力-速度特性曲线。这条曲线的斜率就是减振器

的阻尼系数,即

$$K_{P-v} = \tan \alpha_{特} \tag{3-176}$$

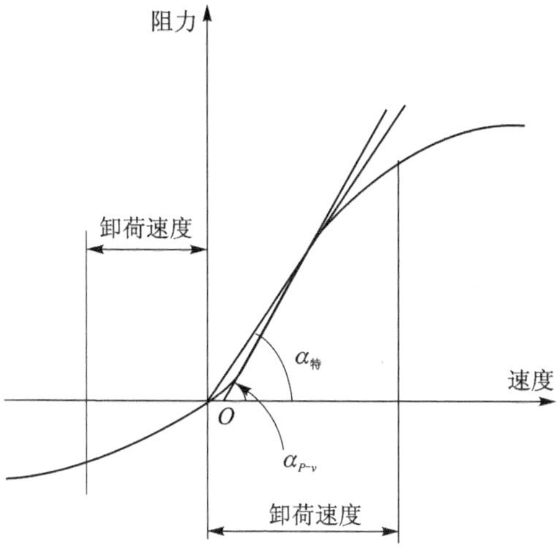

图 3-66　阻力-速度特性

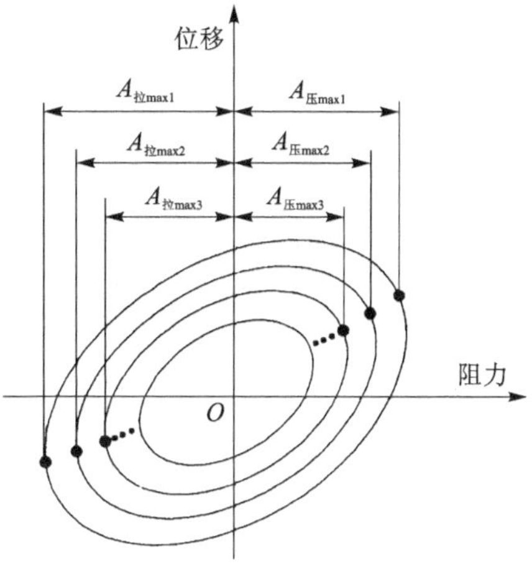

图 3-67　示功图族

3）平均值法的公式推导

所谓平均值法,就是利用示功图的面积 F,找出平均阻力 $P_{平}$,再根据试验台的工作原理,推算出活塞的平均速度 $v_{平}$。这二者比值,即 $K_{平} = P_{平}/v_{平}$,就是按平均值法所确定的阻尼系数。

平均速度可以利用显示在示功图上的活塞的相对位移 S 来计算,也可以从理论上推算。因此平均值法也有几种情况。

第一种情况:

$$v_{平} = \frac{2Sn}{60} = \frac{Sn}{30}$$

$$P_{平} = \frac{W}{S} = \frac{\alpha_{校} F}{S}$$

平均阻尼系数为

$$K_{平} = \frac{\alpha_{校} F}{S} \bigg/ \frac{Sn}{30} = \frac{30\alpha_{校} F}{S^2 n} \tag{3-177}$$

第二种情况:理论上活塞相对速度的平均值为

$$v_{平} = \int_{-\varphi}^{\frac{\pi}{2}-\varphi} \frac{v_{\alpha}\,\mathrm{d}\alpha}{\frac{\pi}{2}} = \int_{-\varphi}^{\frac{\pi}{2}-\varphi} \frac{R\omega[\cos\alpha - \cos\varphi\cos(\alpha+\varphi)]\,\mathrm{d}\alpha}{\frac{\pi}{2}}$$

$$= \frac{2}{\pi} R\omega \sin\varphi = \frac{2}{\pi} v_{\max} = \frac{2}{\pi} \frac{R\omega c}{\sqrt{c^2 + K^2\omega^2}}$$

所以平均阻尼系数为

$$K_{平} = \frac{P_{平}}{v_{平}} = \frac{\alpha_{校} F}{S} \cdot \frac{\pi}{2} \frac{\sqrt{c^2 + K^2\omega^2}}{R\omega c}$$

故

$$\left(\frac{2R\omega cSK_{平}}{\pi F\alpha_{校}}\right)^2=c^2+K_{平}^2\omega^2$$

$$K_{平}=\frac{c}{\omega}\sqrt{\left(\frac{2RcS}{\pi F\alpha_{校}}\right)-1} \tag{3-178}$$

第三种情况：若令理论平均速度$\frac{2R\omega}{\pi}\sin\varphi=\frac{Rn}{15}\sin\varphi$与按活塞相对位移$S$（显示于示功图上的）推算的平均速度$\frac{Sn}{30}$相等（令最大速度相等也一样），即

$$\frac{Rn}{15}\sin\varphi=\frac{Sn}{30}$$

那么便有

$$\sin\varphi=\frac{S}{2R}=\frac{S}{S_0}$$

进而得

$$\varphi=\arcsin\left(\frac{S}{S_0}\right)$$

此式可用来推算出滞后角。再由

$$\sin\varphi=c/\sqrt{c^2+K^2\omega^2}=S/S_0$$

可解得

$$K_{平}=\pm\frac{30c}{\pi nS}\sqrt{S_0^2-S^2} \tag{3-179}$$

4）三种方法的计算示例

我们曾用英国 Armstrong red max 4 型阻力可调式减振器，在原北汽设计科试验台上画过一个示功图（见图 3-68）。该试验台的有关参数：转速 $n=100$ r/min，滑块实际行程 $S_0=10.2$ cm，活塞相对行程 $S=8.3$ cm；扭杆直径 $d=2.15$ cm，扭杆有效长度 $L=37$ cm，扭臂长度 $r=30$ cm，画针长度 $h=72.5$ cm。

由于该试验台扭杆的扭转刚度正反向一致（实测结果），故换算刚度和校正系数均可直接算出。

换算刚度为

$$c=\frac{\pi Gd^4}{32rL}=\frac{3.14\times8\times10^5\times2.15^4\times g}{32\times30^2\times37}=494.2\ \text{N/cm}$$

校正系数为

$$\alpha_{校}=c\,\frac{r}{h}=494.2\ \text{N/cm}\times\frac{30}{72.5}=204.5\ \text{N/cm}$$

实测数据为 202.9 N/cm，可见误差极微小。

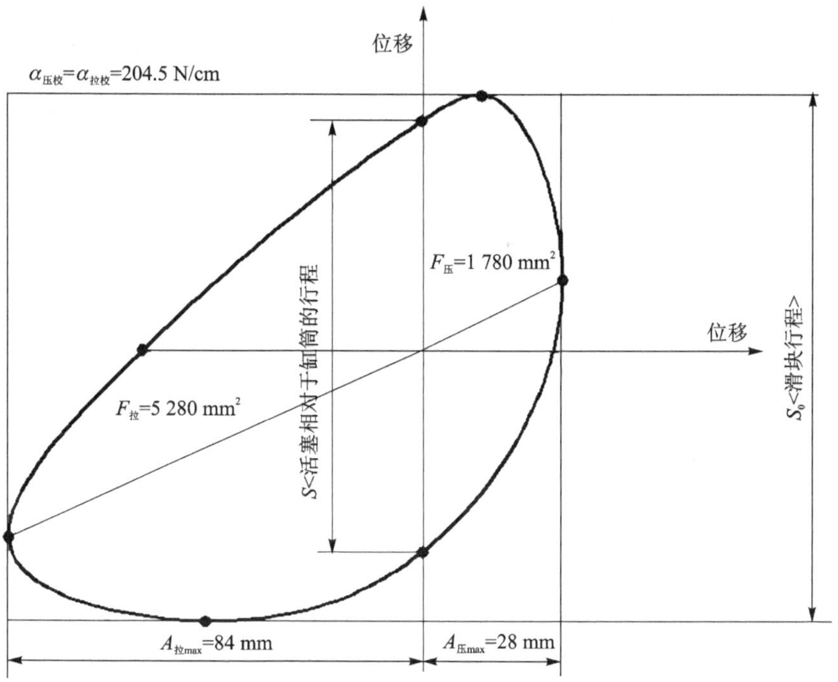

$F_{压}$—压缩行程的面积；$F_{拉}$—复原行程的面积；$\alpha_{压校}$、$\alpha_{拉校}$—校正系数

图 3-68 Armstrong red max 4 减振器的示功图

下面分别计算阻尼系数。

① 按特定值法。根据式(3-164)，有

$$\begin{cases} K_{特压}=\dfrac{60\alpha_{校}}{\pi S_0 n}A_{压max}=1\ 072.5\ \text{N}\cdot\text{s/m} \\ K_{特拉}=\dfrac{60\alpha_{校}}{\pi S_0 n}A_{拉max}=3\ 217.5\ \text{N}\cdot\text{s/m} \\ K_{特}=2\ 145\ \text{N}\cdot\text{s/m} \end{cases}$$

根据式(3-165)，有

$$\begin{cases} K_{特压}=\dfrac{60\alpha_{校}}{\pi S n}A_{压max}=1\ 318\ \text{N}\cdot\text{s/m} \\ K_{特拉}=\dfrac{60\alpha_{校}}{\pi S n}A_{拉max}=3\ 954\ \text{N}\cdot\text{s/m} \\ K_{特}=2\ 636\ \text{N}\cdot\text{s/m} \end{cases}$$

根据式(3-173)，有

$$\begin{cases} K_{特压}=\dfrac{c}{\omega}\left(\dfrac{1}{R^2c^2-P_{压max}^2}\right)^{\frac{1}{2}}P_{压max}=1\ 098.3\ \text{N}\cdot\text{s/m} \\ K_{特拉}=\dfrac{c}{\omega}\left(\dfrac{1}{R^2c^2-P_{拉max}^2}\right)^{\frac{1}{2}}P_{拉max}=4\ 393.4\ \text{N}\cdot\text{s/m} \\ K_{特}=2\ 745.8\ \text{N}\cdot\text{s/m} \end{cases}$$

② 按平均值法。根据式(3-177)，有

$$K_{平压}=\frac{30\alpha_{压校}\ f_{压}}{S^2 n}=1\ 588.7\ \text{N}\cdot\text{s/m}$$

$$K_{平拉}=\frac{30\alpha_{拉校}\ f_{拉}}{S^2 n}=4\ 707.2\ \text{N}\cdot\text{s/m}$$

$$K_{平}=3\ 147.9\ \text{N}\cdot\text{s/m}$$

根据式(3-178),有

$$K_{平压}=\frac{c}{\omega}\sqrt{\left(\frac{2RcS}{\pi F_{压}\ \alpha_{压校}}\right)^2-1}=1\ 343.5\ \text{N}\cdot\text{s/m}$$

$$K_{平拉}=\frac{c}{\omega}\sqrt{\left(\frac{2RcS}{\pi F_{压}\ \alpha_{拉校}}\right)^2-1}=6\ 541\ \text{N}\cdot\text{s/m}$$

$$K_{平}=3\ 942.3\ \text{N}\cdot\text{s/m}$$

根据式(3-179),有

$$K_{平}=\frac{30c}{\pi nS}(S_0^2-S^2)^{\frac{1}{2}}=3\ 373.5\ \text{N}\cdot\text{s/m}$$

各种方法的计算结果见表3-13。

表3-13 各种方法的计算结果

计算方法 / 阻尼系数	特定值法			平均值法		
	式(3-164)	式(3-165)	式(3-173)	式(3-177)	式(3-178)	式(3-179)
$K_{压}/(\text{N}\cdot\text{s}\cdot\text{m}^{-1})$	1 073	1 318	1 098	1 589	1 344	
$K_{拉}/(\text{N}\cdot\text{s}\cdot\text{m}^{-1})$	3 218	3 954	4 393	4 707	6 541	
$K/(\text{N}\cdot\text{s}\cdot\text{m}^{-1})$	2 145	2 636	2 746	3 148	3 942	3 374
$K_{压}/K_{拉}$	0.33	0.33	0.25	0.34	0.21	

5) 三种方法的分析评价

以上三种方法均有一定的道理,那么,到底哪种方法更接近于实际、更实用呢?通过特定值法和平均值法的计算,从表中所列数据可以明显看出:同一示功图,由于计算处理的方法不一样,阻尼系数的数值差别很大。但若把这些数据和 $P-v$ 图的趋态相对照,也不难得到结论,如图3-69所示。

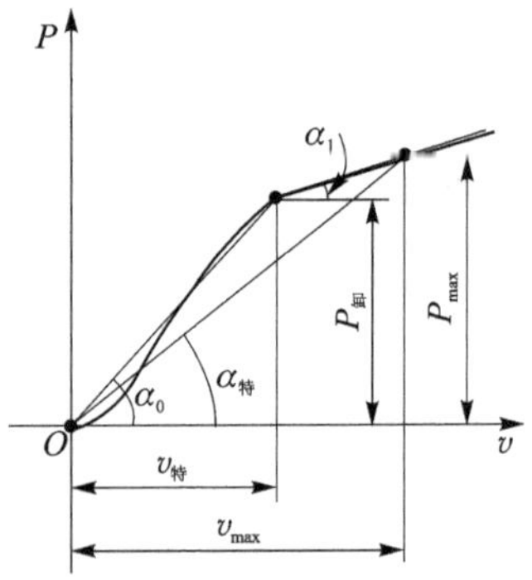

图3-69 三法对比

按特定值法所确定的阻尼系数 $K_{特}=\frac{P_{特}}{v_{特}}$,当 $v_{特}$ 不超过卸荷速度 $v_{卸}$ 时,是和按 $P-v$ 图法所确定的阻尼系数基本一致的。作为"双百"规范的试验台和一般汽车减振器,$v_{特}$(即 v_{max})$>v_{卸}$。因为

$$v_{max}=R\omega\sin\varphi=\frac{S\omega}{2}=\frac{0.083\times\pi\times 100}{60}\ \text{m/s}=0.435\ \text{m/s}$$

而 $v_{卸}$ 超不过0.35 m/s,所以,当 $v_{特}>v_{卸}$ 时,$K_{特}=\frac{P_{max}}{v_{max}}$,小于按 $P-v$ 图法确定的卸荷之前

的阻尼系数，而又大于卸荷之后的阻尼系数。

$P-v$ 图法较为形象地表达了阻力与速度的相互关系，表达了阻尼系数的变化趋势。从理论上讲，阻尼系数 $K=\mathrm{d}P/\mathrm{d}v$ 是合理的。然而，曲线在每一点都有一个斜率，若近似地当作直线处理，那在实质上就和特定值法没有区别了，只不过是趋近的点多而已。况且画一组示功图较为麻烦，作为检验设计也不太方便。

特定值法只是孤立地考虑一个点，而忽视了示功图的全面的实际情况。平均值法则不同：在第一、第二两种情况中，既联系了示功图的整个面积，又考虑了速度的平均值，故用此方法确定的阻尼系数不同于前述的两种方法所确定的值。它比 $P-v$ 图法卸荷前的要小，比卸荷后的要大，再由于 $v_{\max}$ 超过 $v_{卸}$，所以它也必然要大于按特定值法所确定的数值。表 3-13 中的数值正好说明了这一情况。

减振器是装于汽车上使用的，在不少路面上的最大线速度都将超过卸荷速度。那么，设计者选择阻尼系数时到底应该选卸荷之前的，还是之后的呢？这两种情况都不能充分结合实际，而平均值法所确定的数值描绘了全周期的情况，比较适合于实际情况。

在平均值法的第一种情况中，阻尼系数是通过令理论平均速度和按示功图上的活塞的相对位移值 S 所推得的平均速度两者相等来推解出来的。它完全不同于前述各种方法。前述各种方法皆未脱离 $P=Kv$ 这种线性假设，尽管各种方法都不同程度地联系了示功图的实际，但又被线性假设所影响。平均值法第三种情况理论成分较多，虽然联系了活塞相对位移，但缺油、阀门情况等因素却未能考虑，特别是在扭杆刚度正反向一致的情况下，压、拉行程的阻尼系数就无法区分。虽然如此，该方法用来计算周期阻尼系数的平均值还是很值得参考的。

综合来看，平均值法第一种情况是比较合适的，不仅周期阻尼系数较为接近实际，而且压、拉阻尼系数也比较可信。压、拉阻尼系数比 ξ 作为特定值法的两种情况，也是最大力之比，即

$$\xi=\frac{\alpha_{压校}\cdot A_{压\max}}{\alpha_{拉校}\cdot A_{拉\max}}=\frac{P_{压\max}}{P_{拉\max}}$$

作为平均值法，它是总功之比，即

$$\xi=\frac{\alpha_{压校}\cdot F_{压}}{\alpha_{拉校}\cdot F_{拉}}=\frac{W_{压}}{W_{拉}}$$

至于其他方法得出的阻尼系数比，还需进一步研究。

4. 最大卸荷力

由图 3-61 可知，减振器的最大阻尼力 $P_{\max}$ 发生在 a、e 两点，其中以伸张行程为最大，故最大阻尼力 $P_{\max}=\alpha_{校}\cdot A_{\max}=Kv_{\max}=K\pi Sn/60$。

减振器的最大卸荷力 P_0 发生在阀门打开的卸荷点，其表达式为

$$P_0=K_S v_x \tag{3-180}$$

式中　K_S——伸张行程的阻尼系数；

v_x——卸荷速度，一般 $v_x=0.15\sim0.30$ m/s。

卸荷力 $P_{卸}$ 要小于最大阻尼力 $P_{\max}$，其比值 $P_{卸}/P_{\max}\approx0.8$(见图 3-69)。

5. 工作缸直径的确定

筒式减振器的工作缸径伸张行程与最大卸荷力 P_0 的关系式为

$$D=\sqrt{\frac{4P_0}{\pi[P](1-\lambda^2)}} \tag{3-181}$$

式中　[P]——工作缸最大允许压力,取 3~4 MPa;

λ——连杆直径与缸筒之比,双筒式减振器取 $\lambda=0.4\sim0.5$,单筒式减振器取 $\lambda=0.3\sim0.35$。

减振器的工作缸直径 D 有 20 mm、30 mm、40 mm、(45 mm)、50 mm、65 mm 等几种,选取时应按标准。

储液缸直径 $D_c=(1.35\sim1.50)D$,壁厚取为 2 mm,材料可选 20 钢。

6. 合理的布置位置

减振器除能改善平顺性外,还能提高车身稳定性,具体作用有三点:

① 衰减振动,吸收振动能量。

② 阻碍车身侧倾,降低车身横向加速度。

③ 阻碍车身纵倾,降低车身纵向加速度。

到底如何布置减振器,才能有效地改善平顺性及有力地抵抗车身角位移和降低角加速度呢?简单说来,就是要在散热允许的情况下,使减振器产生最大的阻尼力,充分发挥其阻尼效能。

(1) 作为衰减振动

在此种情况下,减振器下支点 J_d 装在车桥上,上支点 J_u 装在车身上,J_d 点的运动瞬心就是悬架中心 C,如图 3-70 所示。如果 v 为 J_d 点的瞬时速度,α 为减振器与 $\overline{CJ_d}$ 线的夹角,那么减振器活塞的相对运动速度为 $v_x=v\sin\alpha$。如果减振器的上支点由点 J_u 改为点 J'_u,α 取为 90°,那么 $v_x=v$,显然此时阻尼效果最佳。

(2) 作为阻碍车身侧倾

在此种情况下,虽然减振器的上支点仍在车身上,下支点仍在车桥上,但装于车身上的上支点的运动瞬心却是侧倾中心 O,如图 3-71 所示。此时,下支点放在 J'_d 点就要优于放在点 J_d。如果侧倾中心 O 的位置较高,那么减振器的合理位置就必须由内倾改为外倾了。

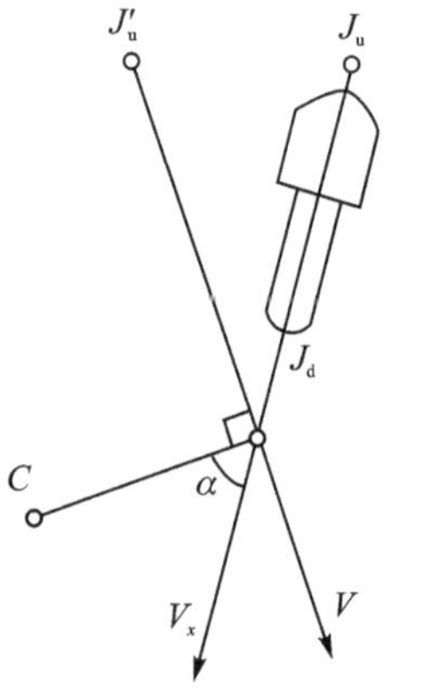

图 3-70　衰减振动布置

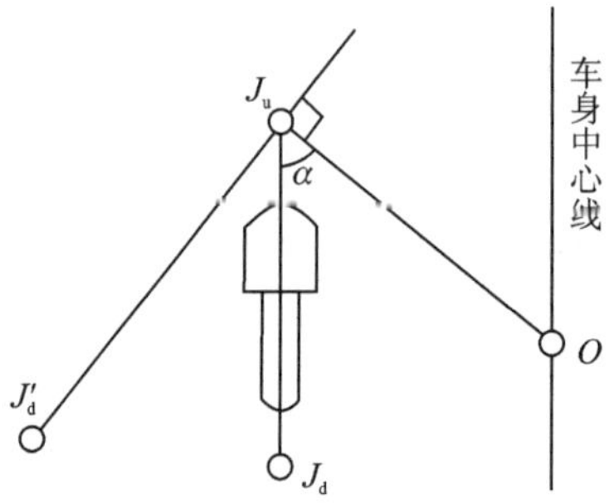

图 3-71　抵抗侧倾布置

(3) 作为阻碍车身纵倾

情况和阻碍侧倾类似,不同的仅仅是侧倾中心变成了纵倾中心。

归纳上述三种情况,减振器的合理位置应是“瞬心—支点”连线的垂线方向,或者说减振器的方向应与支点瞬时速度的方向一致。

由上述三种情况可知,减振器有三种不同的“合理”位置。因此,具体布置时,特别需要权衡利弊,酌情而定。

第 4 章　悬架的设计计算实例

为使读者能够学以致用，便于在设计实践中有所参考，本书特收编了两型双横臂独立悬架的设计计算实例：

① 某越野火力突击车前悬架-双横臂双螺簧双减振器独立悬架；

② 某越野救护车前悬架-双横臂扭杆弹簧独立悬架。

两点说明：

① 两型悬架空间模型相关点的坐标原点与本书规定不同，考虑到无关大碍，为尊重原设计，故未作改动。

② 在前悬架相关点的坐标（即表 4-1）中列出了该车后悬架的部分参数，依上理也未删除。

下面分别介绍两型悬架的设计计算。

4.1　双横臂独立悬架设计计算第一实例

4.1.1　使用环境及设计要求

火力突击车主要行驶于越野道路，包括三级公路和无路地区，也可在良好道路上行驶。其设计要求如下：

① 在越野道路上行驶时，不应过大约束车辆动力的发挥；在公路上以 60～90 km/h 车速行驶时，应具有良好的抓地性能。

② 应保证具有合适的不足转向的趋势。

③ 在前桥处车身频率应为 1.2 Hz 左右，悬架的阻尼比应为 0.3 左右。

④ 配合后悬架，车身侧倾角在 0.4g 侧向加速作用下不应大于 3.5°。

⑤ 导向机构等元件必须具有足够的强度。

4.1.2　悬架形式及有关参数

1. 悬架形式及轮胎

火力突击车前悬架为双横臂变节距螺旋弹簧，筒式减振器与螺簧同轴安装，并带有横向稳定装置，参见图 4-1。

轮胎规格为 265/75R16，载荷指数 $L_1=H_2$，载荷容量 1 100 kg，速度 S 级（160 km/h），胎压 $P_{w1}=210$ kPa，滚动半径为 385 mm。

2. 质量参数

- 整备质量：$M_0=1\ 900$ kg；
- 最大总质量：$M=2\ 650$ kg；
- 前轴：$M_1=1\ 113$ kg(42%)；

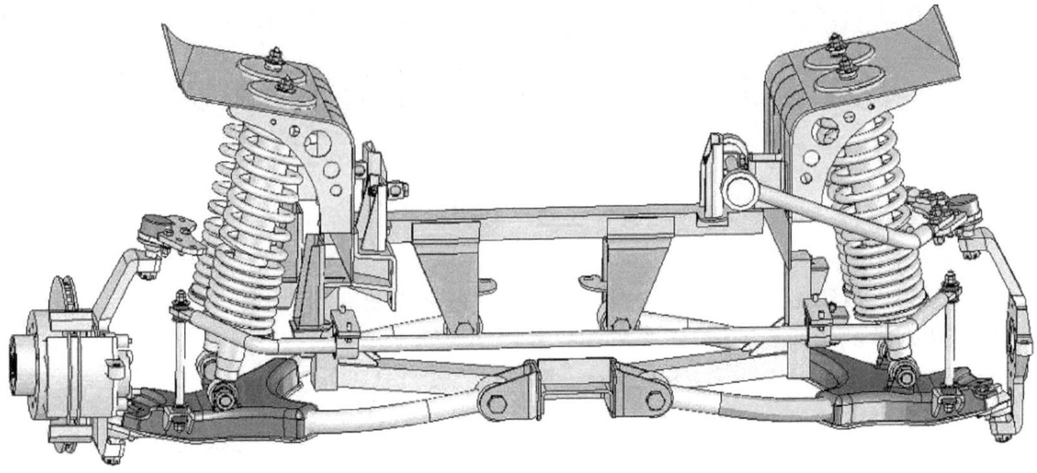

图 4-1　二代火力突击车前悬架

- 后轴：$M_2=1\ 113$ kg(58%)；
- 整车悬挂质量：$M'=2\ 315$ kg；
- 前轴：$M'_1=937$ kg；
- 后轴：$M'_2=1\ 378$ kg；
- 整车非悬挂质量：$M''=335$ kg；
- 前轴：$M''_1=176$ kg；
- 后轴：$M''_2=159$ kg。

3. 尺寸参数

- 轴距：$L=2\ 700$ mm；
- 轮距(前后)：$B=1\ 850$ mm(轮心)，$B=1\ 842$ mm(着地点)；
- 整车质心至前轴的距离：$a=1\ 566$ mm；
- 整车质心高度：$H=690$ mm；
- 悬挂质体质心至前轴的距离：$a'=1\ 601$ mm；
- 整车悬挂质体质心的高度：$H'=734$ mm，(前轴)，$H'_1=710.5$ mm，(后轴)，$H'_2=750$ mm；
- 非悬挂质体质心的高度：$H''=H''_1=H''_2=385$ mm。

4.1.3 悬架的设计计算

在进行计算之前，先将前悬架的导向机构、弹性元件、阻尼元件以及稳定杆等的相关点的坐标代号及数值见图 4-2 和表 4-1，然后按顺序分析计算。各相关点坐标值的确定过程，也就是主要的分析和设计过程，由于篇幅有限，此处省略。

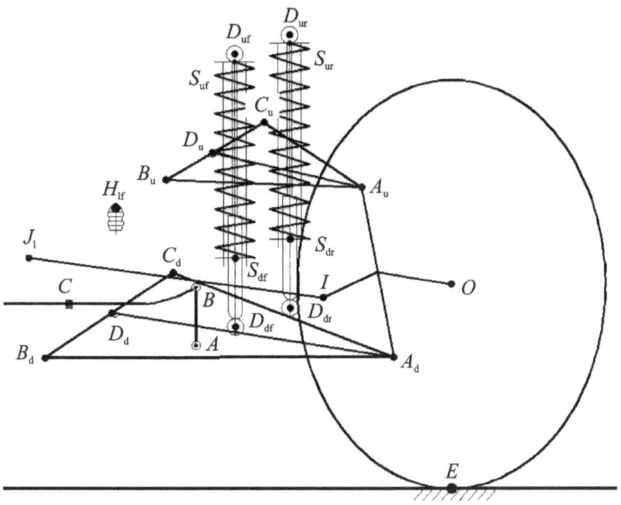

图 4-2 前悬架系统相关点的坐标

表 4-1 前悬架相关点坐标

相关点	X/mm	Y/mm	Z/mm
A_u(主销上支点)	6	−735	158
B_u(上三角架前支点)	−220	−298	290
C_u(上三角架后支点)	305	−344	205
D_u(上臂内支点)	56	−322	245
A_d(主销下支点)	−3	−795	−177
B_d(下三角架前支点)	−245	−141	−73
C_d(下三角架后支点)	245	−141	−73
D_d(下臂内支点)	−4	−141	−73
D_{uf}(前减振器上支点)	−75	−510	439
D_{ur}(后减振器上支点)	75	−510	446
D_{df}(前减振器下支点)	−75	−615	−90
D_{dr}(后减振器下支点)	75	−615	−90
S_{uf}(前螺簧上支点)	−75	−511	437
S_{ur}(后螺簧上支点)	75	−511	444
S_{df}(前螺簧下支点)	−75	−592	28
S_{dr}(后螺簧下支点)	75	−592	28
A(稳定杆立柱下支点)	−100	$l=-695$ $r=695$	−125
B(稳定杆立柱上支点)	−100	$l=-695$ $r=695$	60

续表 4-1

相关点	X/mm	Y/mm	Z/mm
C(稳定杆与大梁连接点)	−348	l=−420 r=420	60
H_{lf}(缓冲块定位点)	−152	−494	24
K_f[左上臂安装孔外端面中心(前)]	−100	−324	270
K_r[(左上臂安装孔外端面中心(后)]	219	−321	219
O(轮心)	0	−925	−60
E(车轮着地中心)	0	−921	−445

1. 前轮定位参数

前轮定位参数主要有主销内倾角、主销后倾角、车轮外倾角、主销内倾距和主销后倾距等，下面分别计算。

(1) 主销内倾角 γ_i

$$\gamma_i = \arctan\left(\frac{Y_{Au} - Y_{Ad}}{Z_{Au} - Z_{Ad}}\right) = \arctan\left(\frac{-735 + 795}{158 + 177}\right) = 10.154^\circ$$

(2) 主销后倾角 γ_r

$$\gamma_r = \arctan\left(\frac{X_{Au} - X_{Ad}}{Z_{Au} - Z_{Ad}}\right) = \arctan\left(\frac{6 + 3}{158 + 177}\right) = 1.54^\circ$$

(3) 车轮外倾角 γ_o

$$\gamma_o = \arctan\left(\frac{Y_E - Y_O}{R}\right) = \arctan\left(\frac{-921 + 925}{385}\right) = 0.6^\circ$$

(4) 主销内倾距(磨半径)a_i

$$a_i = a - R\sin(\gamma_o + \gamma_i)$$

其中,

$$a = \sqrt{l_3^2 - \frac{(l_1^2 + l_3^2 - l_2^2)}{2l_1}^2}$$

$$l_1 = \sqrt{(Z_{Au} - Z_{Ad})^2 + (Y_{Au} - Y_{Ad})^2} = \sqrt{(158 + 177)^2 + (-735 + 795)^2}\ \text{mm}$$
$$= 340.3\ \text{mm}$$

$$l_2 = \sqrt{(Z_{Au} - Z_o)^2 + (Y_{Au} - Y_O)^2} = \sqrt{(158 + 60)^2 + (-735 + 925)^2}\ \text{mm}$$
$$= 289.2\ \text{mm}$$

$$l_3 = \sqrt{(Z_O - Z_{Ad})^2 + (Y_O - Y_{Ad})^2} = \sqrt{(-60 + 177)^2 + (-925 + 795)^2}\ \text{mm}$$
$$= 174.9\ \text{mm}$$

$$a = \sqrt{174.9^2 - \left(\frac{340.3^2 + 174.9^2 - 289.2^2}{2 \times 340.3}\right)^2}\ \text{mm} = 148.6\ \text{mm}$$

代入数值可得

$$a_i = 148.6\ \text{mm} - 385\ \text{mm} \times \sin(10.154^\circ + 0.6^\circ) = 76.8\ \text{mm}$$

(5) 主销后倾距 a_r

$$a_r = R\sin\gamma_r = 385\text{mm}\times\sin 1.54^\circ = 10.4\text{mm}$$

2. 导向机构及相关参数

导向机构有横向和纵向之分，下面分别讲述。

(1) 横向导向机构

横向导向机构系由上臂 $\overline{A_uD_u}$ 和下臂 $\overline{A_dD_d}$ 构成。点 A_u、D_u、A_d、D_d 的坐标使两臂的延线交于外侧点 C_T，点 C_T 就是左侧悬架在横向上的瞬时悬架中心，点 C_T 与左侧车轮着地中心点 E 所在直线与车身中心线的交点 O_1 就是前悬架的瞬时侧倾中心，侧倾中心至前悬挂质体质心 C_1 的距离便是前悬架的侧倾力矩臂 e_1，参见图 4-3。下面分别计算各相关参数。

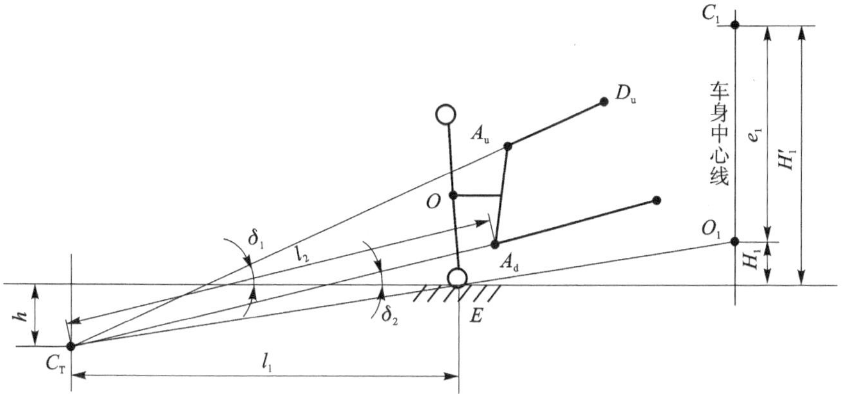

图 4-3　前悬架横向导向机构(左)

1) 上臂角 δ_1

$$\delta_1 = \arctan\left(\frac{Z_{Du}-Z_{Au}}{Y_{Du}-Y_{Au}}\right) = \arctan\left(\frac{245-158}{-322+735}\right) = 11.9^\circ$$

2) 下臂角 δ_2

$$\delta_2 = \arctan\left(\frac{Z_{Dd}-Z_{Ad}}{Y_{Dd}-Y_{Ad}}\right) = \arctan\left(\frac{-73+158}{-141+795}\right) = 9.04^\circ$$

3) 横向瞬时悬架中心 C_T

左侧横向瞬时悬架中心 C_T 的位置由图 4-3 中的 l_1 和 h 两个参数决定。这两个参数计算如下：

$$\begin{aligned}
l_1 &= \frac{Z_{Du}-Z_{Dd}+(Y_{Dd}-Y_E)\tan\delta_2-(Y_{Du}-Y_E)\tan\delta_1}{\tan\delta_1-\tan\delta_2}\\
&= \left[\frac{245-73+(-141+921)\tan 9.04^\circ-(-322+921)\tan 11.9^\circ}{\tan 11.9^\circ-\tan 9.04^\circ}\right]\text{mm}\\
&= 6\,117.6\ \text{mm}
\end{aligned}$$

$$\begin{aligned}
h &= (Y_{Du}-Y_E+l_1)\tan\delta_1-Z_{Du}+Z_E\\
&= [(-322+921+6\,117.6)\times\tan 11.9^\circ-245-445]\ \text{mm}\\
&= 725.4\ \text{mm}
\end{aligned}$$

4) A_d和C_T之间的距离

$$l_2=\sqrt{(Z_{Ad}-Z_E+h)^2+[l_1+(Y_{Ad}-Y_E)]^2}$$
$$=\sqrt{(-177+445+725.4)^2+[6\ 117.6+(921-795)]^2}\ \text{mm}=6\ 322.1\ \text{mm}$$

5) 瞬时侧倾中心 O_1

瞬时侧倾中心 O_1 在车身中心面上，所以只要计算图 4-3 中的参数 H_1 便可确定。

$$H_1=-Y_E\cdot h/l_1=(921\times 725.4/6\ 117.6)\text{mm}=109.2\ \text{mm}$$

6) 侧倾力矩臂 e_1

$$e_1=H'_1-H'=(710.5-109.2)\text{mm}=601.3\ \text{mm}$$

(2) 纵向导向机构

纵向导向机构由上臂$\overline{B_uC_u}$和下臂$\overline{B_dC_d}$构成，B_u、C_u、B_d、C_d的坐标使两臂的连线交于后侧点 C_1，点 C_1 就是左侧悬架在纵向上的瞬时悬架中心，参见图 4-4。下面分别计算有关参数。

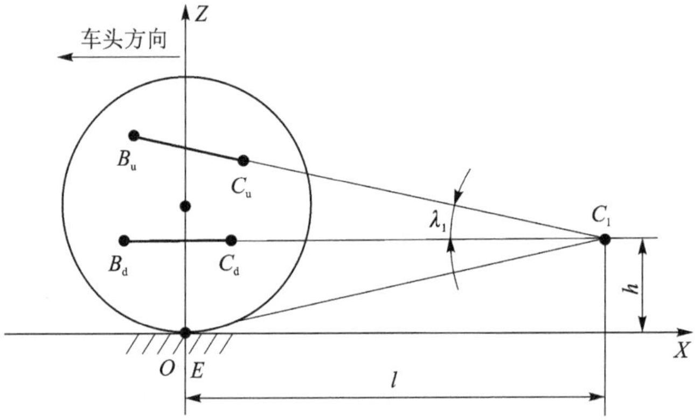

图 4-4　前悬架纵向导向机构(左)

1) 上臂角 λ_1

$$\lambda_1=\arctan\left(\frac{Z_{Bu}-Z_{Cu}}{X_{Cu}-X_{Bu}}\right)=\arctan\left(\frac{296-205}{305+220}\right)=9.2^\circ$$

2) 下臂角 λ_2

由于下臂两端点 B_d 和 C_d 的 Z 坐标相等，故下臂角 $\lambda_2=0^\circ$。

3) 纵向悬架中心 C_1

由于纵向瞬时悬架中心 C_1 的 Z 坐标和点 B_d、C_d 的 Z 坐标等高，故离地高度为

$$h=-Z_{Bd}=-Z_{Cd}=73\ \text{mm}$$

点 C_1 至车轮接地中心 E 的水平距离为

$$l=X_{Bu}+\frac{Z_{Bu}-Z_{Bd}}{\tan\lambda_1}=\left(-220+\frac{290+73}{\tan 9.2^\circ}\right)\text{mm}=2\ 021.2\ \text{mm}$$

(3) 运动学校核

运动学校核，此处是指，当导向机构的下臂 R_1 绕点 D_d 转动，也就是下臂以 α 角做自变量运动时，前轮定位参数的改变情况。前轮定位参数主要包括主销内倾角 γ_i、车轮外倾角 γ_o、轮距 B 以及车轮的垂直位移等，参见图 4-5、图 4-6。

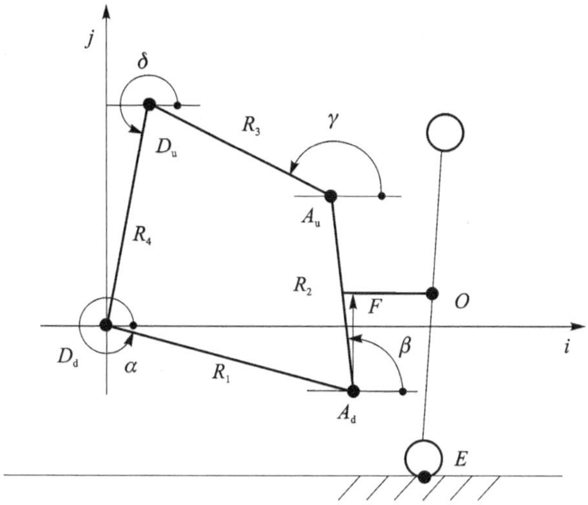

图 4-5 导向机构的运动规律

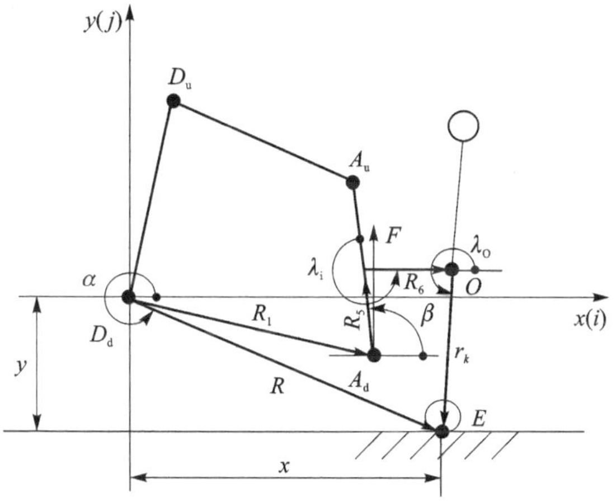

图 4-6 车轮着地点随下臂运动的关系

1) 相关参数

相关参数，是指与计算定位参数有关的参数，包括在 YZ 平面内的投影杆长 R_k 和各杆的初始定位角度等，下面分别计算。

① 杆长 R_k 及其他参数：

$$R_1=\sqrt{(Y_{Ad}+Y_{Dd})^2+(Z_{Ad}-Z_{Dd})^2}=\sqrt{(-795+141)^2+(-177+73)^2}\ \text{mm}$$
$$=662.2\ \text{mm}$$

$$R_2=\sqrt{(Y_{Au}+Y_{Ad})^2+(Z_{Au}-Z_{Ad})^2}=\sqrt{(-735+795)^2+(158+177)^2}\ \text{mm}$$
$$=340.3\ \text{mm}$$

$$R_3=\sqrt{(Y_{Au}-Y_{Du})^2+(Z_{Au}-Z_{Du})^2}=\sqrt{(-735+322)^2+(158-245)^2}\ \text{mm}$$
$$=422.1\ \text{mm}$$

$$R_4=\sqrt{(Y_{Du}-Y_{Dd})^2+(Z_{Du}-Z_{Dd})^2}=\sqrt{(-322+141)^2+(245+73)^2}\ \text{mm}$$

$$=365.9\ \text{mm}$$

$$R_6=a=148.6\ \text{mm},\quad R_7=R_k=385\ \text{mm}$$

$$R_5=\sqrt{(Y_O-Y_{Ad})^2+(Z_O-Z_{Ad})^2-R_6^2}$$

$$=\sqrt{(-925+795)^2+(-60+177)^2-148.6^2}\ \text{mm}=92.2\ \text{mm}$$

$$R=\sqrt{(Y_E-Y_{Dd})^2+(Z_E-Z_{Dd})^2}=\sqrt{(-921+141)^2+(-445+73)^2}\ \text{mm}$$

$$=864.2\ \text{mm}$$

点 D_d 离地初值：$y_0=Z_{Dd}-Z_E=(-73+445)\text{mm}=372\ \text{mm}$。

点 D_d 与点 E 的水平距离初值：$x_0=Y_{Dd}-Y_E=(-141+921)\text{mm}=780\ \text{mm}$。

左、右点 D_d 的水平距离：$S=-2Y_{Dd}=[-2\times(-141)]\text{mm}=282\ \text{mm}$。

初始轮距：$B=S+2x_0=(282+2\times780)\text{mm}=1\ 842\ \text{mm}$。

② 各杆件的定位角：

R_1 的定位角：$\alpha_0=360°-\delta_2=360°-9.04°=350.96°$。

R_2 的定位角：$\beta_0=90°+\gamma_i=90°+10.15°=100.15°$。

R_3 的定位角：$\gamma_0=180°-\delta_1=180°-11.9°=168.1°$。

R_4 的定位角：

$$\delta_0=\delta=180°+\arctan\frac{|Z_{Du}-Z_{Dd}|}{|Y_{Dd}-Y_{Du}|}=180°+\arctan\frac{|245-73|}{|322-141|}=240.35°$$

R_6 的定位角：$\lambda_i=270°$。

R_7 的定位角：$\lambda_0=270°-(\gamma_i+\gamma_o)=270°-(10.15°+0.6°)=259.25°$。

2）下臂临界角

当四杆机构的杆长 R_k 确定之后，下臂 R_1 的转角 α 的变化范围将受到机构运动的限制。在压缩行程可能的最大转角称为压缩临界角 α_{cp}，在复原行程可能的最大转角称为反弹临界角 α_{cr}。由于本悬架机构满足下列条件：

$$(R_1+R_4)>(R_2+R_3),\quad (R_1+R_2)>(R_3+R_4)$$

因此临界角可由下列公式计算。

① 反弹临界角：

$$\alpha_{cr}=180°+\delta-\arccos\left[\frac{R_1^2+R_4^2-(R_2+R_3)^2}{2R_1R_4}\right]$$

$$=180°+240.35°-\arccos\left[\frac{662.2^2+365.9^2-(340.3+422.1)^2}{2\times662.2\times365.9}\right]$$

$$=329.3°$$

② 压缩临界角：

$$\alpha_{cp}=180°+\delta-\arccos\left[\frac{R_1^2+(R_3+R_4)^2-R_2^2}{2R_1\cdot(R_3+R_4)}\right]$$

$$=180°+240.35°-\arccos\left[\frac{662.2^2+(422.1+365.9)^2-340.3^2}{2\times662.2\times(422.1+365.9)}\right]$$

$$=395.1°$$

3）定位参数

以下臂 R_1 的转角 α 作为自变量，计算一系列的车轮外倾角 γ_o、主销内倾角 γ_i、轮距 B、车

轮垂直位移 y 等参数。计算之前，先计算下列过渡参数。所有计算结果均列入表 4－2 之中。

① 过渡参数：

$$A_1=\frac{R_3^2-[R_1^2+R_2^2+R_4^2+2R_1R_4\cos(\alpha-\delta)]}{2R_2(R_1\cos\alpha+R_4\cos\delta)}$$

$$A_1=\frac{422.1^2-[662.2^2+340.3^2+365.9^2+2\times662.2\times365.9\times\cos(\alpha-240.35^\circ)]}{2\times340.3\times(662.2\cos\alpha+365.9\cos240.35^\circ)}$$

$$A_2=\frac{R_1\sin\alpha+R_4\sin\delta}{R_1\cos\alpha+R_4\cos\delta}=\frac{365.9\sin240.35^\circ+662.2\sin\alpha}{365.9\cos240.35^\circ+662.2\cos\alpha}$$

$$\beta=180^\circ-\arcsin\left(\frac{A_1A_2+\sqrt{A_2^2-A_1^2+1}}{1+A_2^2}\right)$$

$$\gamma=180^\circ-\arcsin\left[\frac{-(R_1\sin\alpha+R_2\sin\beta+R_4\sin\delta)}{R_3}\right]$$

$$=180^\circ-\arcsin\left[\frac{-(662.2\sin\alpha+340.3\sin\beta+365.9\sin240.35^\circ}{422.1}\right]$$

$$x=R_1\cos\alpha+R_5\cos\beta+R_6\cos(\beta+\lambda_i)+R_7\cos(\beta+\lambda_i+\lambda_0)$$

$$=662.2\cos\alpha+92.2\cos\beta+148.6\cos(\beta+270^\circ)+385\cos(\beta+270^\circ+259.25^\circ)$$

$$y=R_1\sin\alpha+R_5\sin\beta+R_6\sin(\beta+\lambda_i)+R_7\sin(\beta+\lambda_i+\lambda_0)$$

$$=662.2\sin\alpha+92.2\sin\beta+148.6\sin(\beta+270^\circ)+385\sin(\beta+270^\circ+259.25^\circ)$$

② 定位参数：

车轮外倾角：$\gamma_o=630^\circ-\lambda_0-\lambda_i-\beta=100.75^\circ-\beta$。

主销内倾角：$\gamma_i=\beta-90^\circ$。

轮距：$B=S+2x=282+2x$。

三参数的计算结果均列于表 4－2 之中，各参数与垂直位移的关系曲线绘于图 4－7～图 4－9 之中。

表 4－2　前轮定位参数随下臂运动的关系

$\alpha/(^\circ)$	A_1	A_2	$\beta/(^\circ)$	$\gamma/(^\circ)$	x/mm	y/mm	$\gamma_o/(^\circ)$	$\gamma_i/(^\circ)$	B/mm
α_{cp}－395.1	－0.292 1	0.174 0	116.6	240.41	858.9	159	－15.85	26.60	2 000
390(39)	－0.343 8	0.033 4	112.01	231.12	751.9	95	－11.26	22.04	1 786
385(34)	－0.402 3	－0.091 0	108.42	222.42	763.4	33	－7.67	18.42	1 809
383(32)	－0.427 9	－0.138 3	107.20	219.03	767.5	8	－6.45	17.20	1 817
381(30)	－0.454 7	－0.184 5	106.11	215.69	771.4	－16	－5.36	16.11	1 825
379(28)	－0.482 8	－0.230 1	105.11	212.39	774.8	－41	－4.36	15.11	1 832
377(26)	－0.512 1	－0.275 0	104.21	209.14	777.9	－65	－3.46	14.21	1 838
375(24)	－0.542 9	－0.319 7	103.41	205.91	780.7	－89	－2.66	13.41	1 843
373(22)	－0.575 1	－0.364 1	102.70	202.71	783.0	－113	－1.95	12.70	1 848
371(20)	－0.608 8	－0.408 6	102.08	199.53	785.0	－137	－1.33	12.08	1 852
369(18)	－0.644 1	－0.453 2	101.54	196.38	786.5	－161	－0.79	11.54	1 855
367(16)	－0.681 1	－0.498 2	101.08	193.24	787.6	－185	－0.33	11.08	1 857

续表 4-2

α/(°)	A_1	A_2	β/(°)	γ/(°)	x/mm	y/mm	γ_o/(°)	γ_i/(°)	B/mm
365(14)	−0.719 8	−0.543 8	100.69	190.11	788.2	−209	0.06	10.69	1 858
363(12)	−0.760 5	−0.589 9	100.39	186.99	788.4	−233	0.36	10.39	1 859
361(10)	−0.803 2	−0.637 0	100.15	183.88	788.1	−257	0.6	10.15	1 858
359(8)	−0.848 1	−0.685 0	99.99	180.76	787.3	−280	0.76	9.99	1 857
357(6)	−0.895 3	−0.734 3	99.90	177.64	786.1	−303	0.85	9.90	1 854
355(4)	−0.945 2	−0.784 9	99.90	174.50	784.5	−326	0.85	9.90	1 851
353(2)	−0.997 8	−0.837 1	99.98	171.34	782.5	−349	0.77	9.98	1 847
α_f=350.96	−1.053 4	−0.891 2	100.15	168.10	780	−372	0.6	10.15	1 842
349(−2)	−1.112 3	−0.947 4	100.40	164.95	777.2	−394	0.35	10.40	1 836
347(−4)	−1.174 8	−1.005 9	100.75	161.69	774.0	−416	0.00	10.75	1 830
345(−6)	−1.241 3	−1.067 1	101.22	158.37	770.6	−437	−0.47	11.22	1 823
343(−8)	−1.312 2	−1.131 2	101.83	154.98	767.1	−458	−1.08	11.83	1 816
341(−10)	−1.388 0	−1.198 8	102.59	151.49	763.4	−478	−1.84	11.59	1 809
339(−12)	−1.469 1	−1.270 1	103.56	147.87	759.9	−497	−2.81	13.56	1 802
337(−14)	−1.556 2	−1.345 8	104.76	144.07	756.7	−516	−4.01	14.76	1 795
335(−16)	−1.650 2	−1.426 3	106.36	140.00	754.4	−533	−5.61	16.36	1 791
α_{cr}=329.3(21.7)	−1.953 1	−1.689 2	117	123.28	767.7	−558	−16.25	27.00	1 817

注：括号中的数值是 α 与 α_0=350.96°的差值。

3. 弹性元件及相关参数

(1) 螺旋弹簧的结构参数

前悬架的弹性元件由两个相同的两组不同节距的等丝径变刚度螺旋弹簧组成，参见图 4-1。每一螺旋弹簧的结构参数列于表 4-3 之中。

表 4-3 前螺旋弹簧的结构参数

参　数	数　值	参　数	数　值
钢丝直径 d/mm	15	一组节距 t_1/mm	30
簧圈中径 D/mm	114	二组节距 t_2/mm	46
一组圈数 n_1	6	自由高度 H_0/mm	532
二组圈数 n_2	7	满载高度 H/mm	408.9
死圈圈数 n_d	2		

(2) 螺旋弹簧的布置参数

螺旋弹簧的布置位置系由上、下两点 S_u 和 S_d 的坐标所决定，现利用其坐标值计算它在 YZ 平面内的轴线与垂直平面的交角 ξ 以及轴线与下臂垂线的夹角 θ，参见图 4-10。

① 螺旋弹簧轴线与垂直平面的夹角：

$$\xi=\arctan\left(\frac{Y_{Su}-Y_{Sd}}{Z_{Su}-Z_{Sd}}\right)=\arctan\left(\frac{592-511}{444-28}\right)=11.02^\circ$$

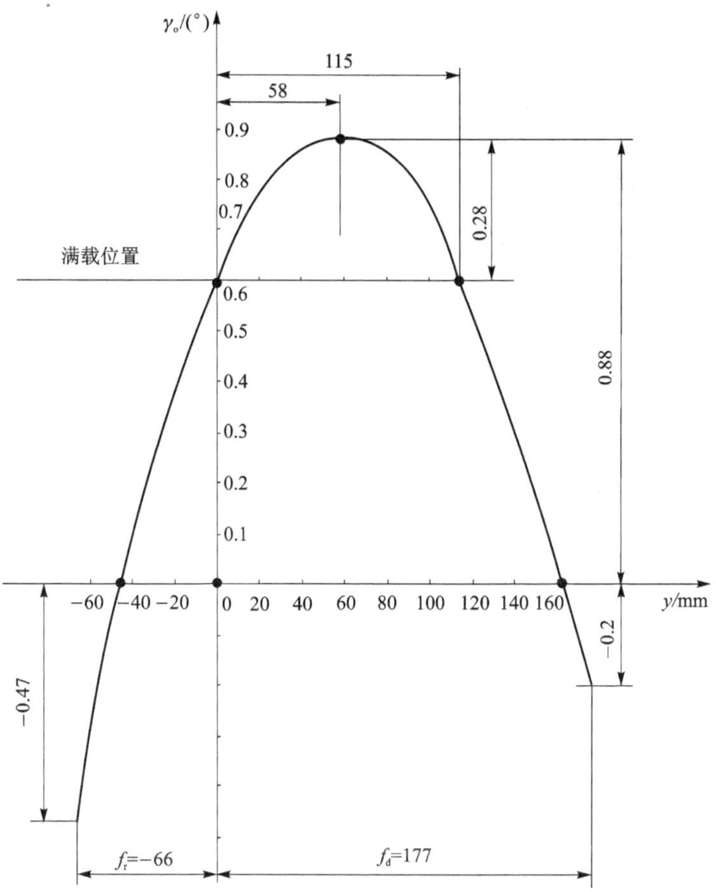

图 4-7　车轮外倾与垂直位移的关系 $\gamma_o = f(y)$

② 螺旋弹簧轴线与下臂垂线的交角：

$$\theta = \xi + \delta_2 = 11.02° + 9.04° = 20.06°$$

③ 杠杆臂 n 和 m：

$$n = R_1 = 662.2\ \text{mm}$$

$$m = \frac{(Z_{Su} - Z_{Dd})\tan\xi - Y_{Su} + Y_{Dd}}{\cos\delta_2 - \dfrac{(Z_{Dd} - Z_{Ad})\tan\xi}{n}} = \frac{(444 + 73)\tan 11.02° + 511 - 141}{\cos 9.04° - \dfrac{(-73 + 177)\tan 11.02°}{662.2}}$$

$$= 491.83\ \text{mm}$$

$$m/n = 491.83/662.2 = 0.743$$

(3) 螺旋弹簧的受力工况

1) 传力角 α

$$\alpha = \arctan\frac{Y_{Ad} - Y_E}{(Z_{Du} - Z_{Ad}) - (Y_{Du} - Y_E)\tan\delta_1}$$

$$= \arctan\left[\frac{-795 + 921}{(245 + 177) - (-322 + 921)\tan 11.9°}\right]$$

$$= 23.07°$$

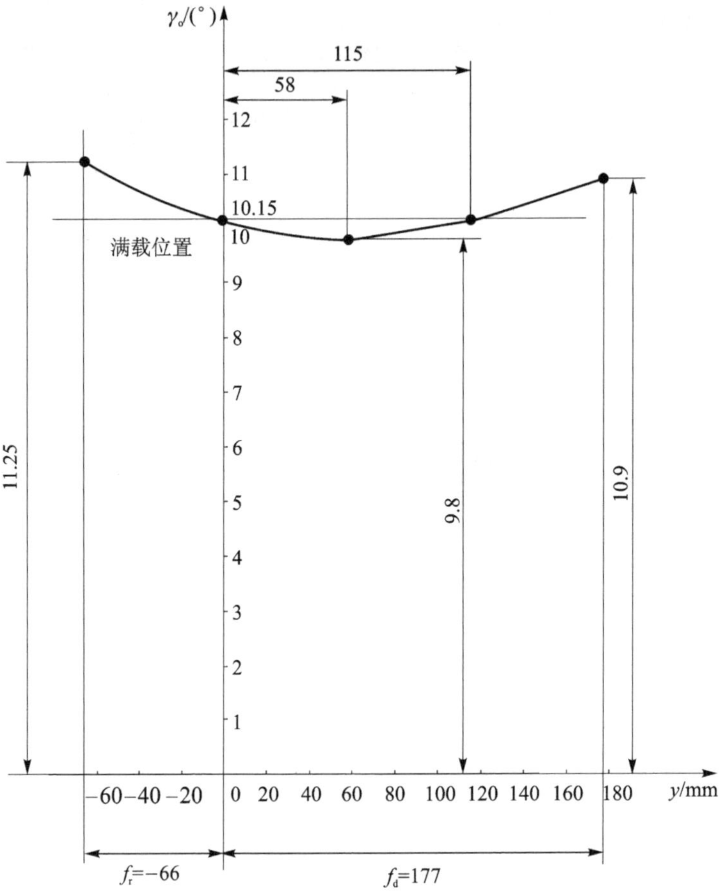

图 4-8　主销内倾与垂直位移的关系 $\gamma_i = f(y)$

2）螺旋弹簧受力

两螺簧由前轴悬挂质量 M_1' 引起的轴线方向上的力可用下式计算：

$$S = \frac{n\cos(\alpha - \delta_2)\cos\delta_1}{m\cos(\alpha - \delta_1)\cos\theta} \cdot P$$

$$= \left[\frac{662.2 \times \cos(23.07° - 9.04°)\cos 11.9°}{491.8 \times \cos(23.07° - 11.9°)\cos 20.06°} \times 4594.4\right] \text{N}$$

$$= 6\ 372.8\ \text{N}$$

(4) 螺旋弹簧的刚度特性

1）第一段刚度 k_1

$$k_1 = \frac{Gd^4}{8D^3(n_1 + n_2)} = \left[\frac{7.88 \times 10^4 \times 15^4}{8 \times 114^3 \times (6+7)}\right] \text{N/mm} = 25.89\ \text{N/mm}$$

2）第一段刚度 k_2

$$k_2 = \frac{Gd^4}{8D^3 n_2} = \left[\frac{7.88 \times 10^4 \times 15^4}{8 \times 114^3 \times 8}\right] \text{N/mm} = 48.08\ \text{N/mm}$$

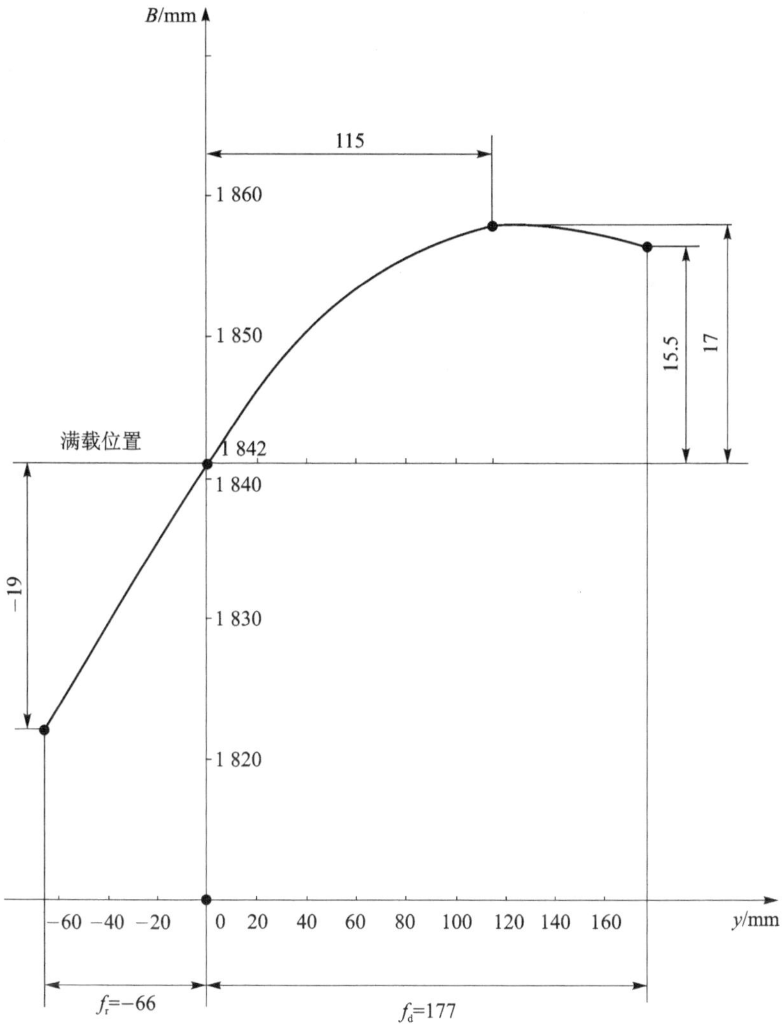

图 4－9　轮距与垂直位移的关系 $B=f(y)$

3）第一段的压并载荷 S_1

$$S_1=k_1(t_1-d)(n_1+n_2)=[25.89\times(30-15)\times(6+7)]\ \text{N}=5\ 048.6\ \text{N}$$

4）全簧压并载荷 S_2

$$S_2=\frac{Gd^4}{8D^3}(t_2-d)=\frac{7.88\times10^4\times15^4\times(46-15)}{8\times114^3}\ \text{N}=10\ 434\ \text{N}$$

5）第一段的压并变形量 f_1

$$f_1=(t_1-d)(n_1+n_2)=(15\times13)\text{mm}=195\ \text{mm}$$

6）全簧压并变形量 f_2

$$f_2=f_1+(t_2-t_1)\ n_2=[195+(46-30)\times7]\text{mm}=307\ \text{mm}$$

7）螺旋弹簧的刚度特性

单个螺旋弹簧的刚度特性示于图 4－11 之中。

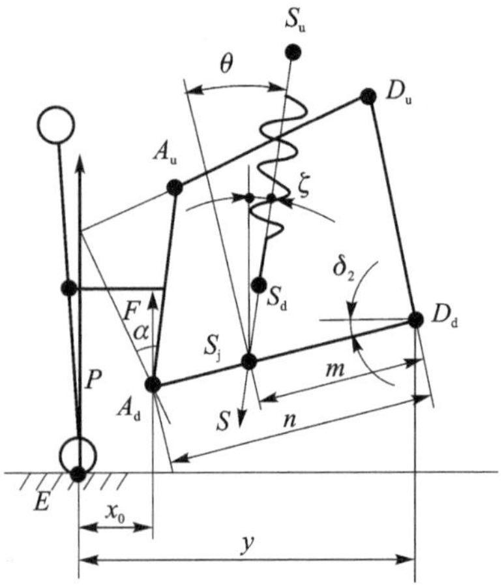

图 4-10　螺簧布置及受力

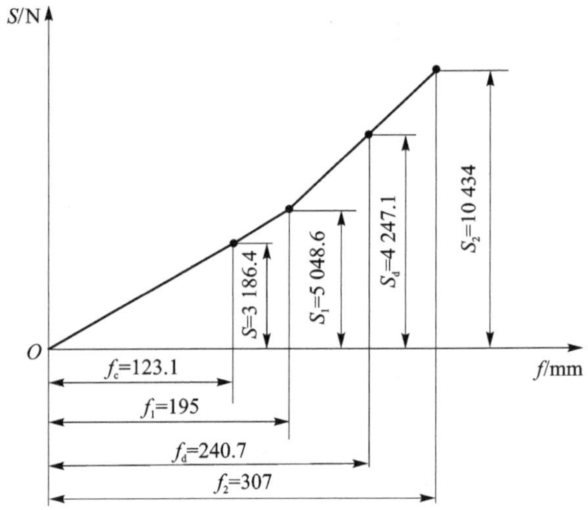

图 4-11　前弹簧的刚度特性

(5) 悬架刚度及偏频

1) 满载点的螺旋弹簧刚度 c

由于在满载状态下,作用于单个螺旋弹簧的载荷 $S_c=3\ 186.4$ N,尚未超过第一段螺旋弹簧的压并载荷 $S_1=5\ 048.6$ N,故满载点单个螺旋弹簧的刚度为

$$c=c_1=25.89\ \text{N/mm}$$

2) 前悬架线刚度 K_1

两个螺旋弹簧在满载点的线刚度 $2c$ 换算到车轮着地点处的等效刚度便是前悬架的换算线刚度 K_1。根据图 4-3 和图 4-10 的关系,它可用下式计算:

$$K_1=2c\left(\frac{ml_2}{nl_1}\cos\theta\right)^2=\left[2\times 25.89\times\left(\frac{491.83\times 6\ 322.1\times\cos 20.06^\circ}{662.2\times 6\ 117.6}\right)^2\right]\text{N/mm}$$
$$=26.92\ \text{N/mm}$$

3) 偏频 n_1

① 满载悬架静变形量 f_c。要计算车身在前桥处的偏频 n_1,必须先计算车轮满载时的垂直位移 f_c,即

$$f_c=\frac{P_c}{K_1}=\frac{937g}{2\times 26.92}=170.67\ \text{mm}$$

② 偏频:

$$n_1=\frac{300}{\sqrt{f_c}}=\frac{300}{\sqrt{17.067}}\text{次/分}=72.62\ \text{次/分}=1.21\ \text{次/秒}$$

这个数值,接近于设计要求的 1.2 次/秒。

4) 横向角刚度 $C_{\alpha s1}$

前悬架由螺旋弹簧提供的横向角刚度 $C_{\alpha s1}$ 可由下式计算:

$$C_{\alpha s1}=\frac{1}{2}K_1B^2=\frac{1}{2}\times 26\ 920\times 1.842^2\ \text{N}\cdot\text{m/rad}=45\ 669\ \text{N}\cdot\text{m/rad}$$

(6) 载荷特性及行程分配

1) 前悬架的载荷-变形特性

为了得到前悬架的载荷-变形特性,必先求出下列参数。

① 满载载荷 P_c:

$$P_c = \frac{M'_1 g}{2} = \frac{937g}{2} = 4\ 594.4\ \text{N}$$

② 悬架满载变形量 f_c:

$$f_c = \frac{P_c}{K_1} = \frac{4\ 594.4}{26.92}\ \text{mm} = 170.7\ \text{mm}$$

③ 第一组螺簧压并时的悬架载荷 P_a:

$$P_a = \frac{2S_1}{\zeta} = \frac{2 \times 5\ 048.4}{1.387\ 08}\ \text{N} = 7\ 279.5\ \text{N}$$

④ 第一组螺簧压并时的悬架变形量 f_a:

$$f_a = \frac{P_a}{K_1} = \frac{7\ 279.5}{26.92}\ \text{mm} = 270.4\ \text{mm}$$

⑤ 全簧压并时的悬架载荷 P_b:

$$P_b = \frac{2S_2}{\zeta} = \frac{2 \times 10\ 434}{1.387\ 08}\ \text{N} = 15\ 044.6\ \text{N}$$

⑥ 全簧压并时的悬架变形量 f_b:

$$f_b = f_a + \frac{(P_b - P_a)(f_2 - f_1)}{S_2 - S_1}$$

$$= \left[270.4 + \frac{(15\ 044.6 - 7\ 279.5) \times (307 - 195)}{10\ 434 - 5\ 048.6}\right]\ \text{mm} = 431.9\ \text{mm}$$

根据上列参数,绘制悬架的载荷-变形特性于图 4-12 之中。

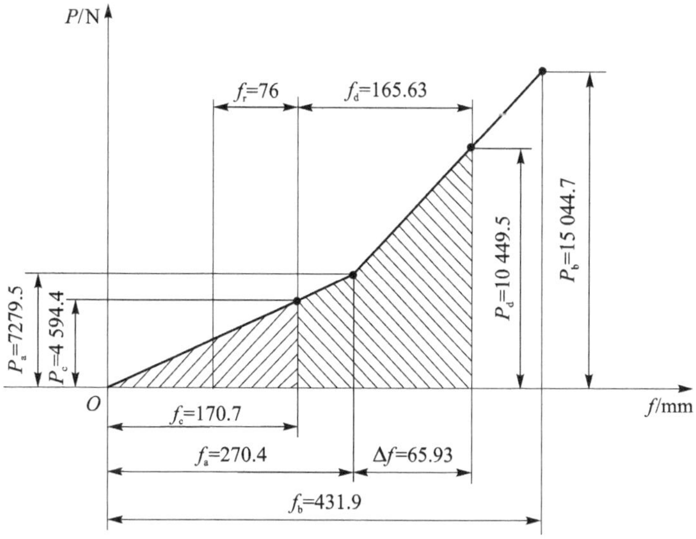

图 4-12　前悬架的载荷-变形特性和行程分配

2）前悬架的行程分配

行程分配是指在已知静挠度 f_c 的情况下，确定其合理的动挠度 f_d 和复原行程 f_r，参见图 4-12。现分别确定如下：

① 确定动挠度 f_d。在线性特性悬架中，越野汽车取 $f_c=f_d$ 是较为合理的。亦即动容量 U_d 与静容量 U_c 应满足如下关系：

$$\frac{U_d}{U_c}=\lambda$$

按照这一要求，本悬架的动挠度可按下式计算：

$$f_d=(f_a-f_c)+\Delta f$$

式中

$$\Delta f=\frac{-B+\sqrt{B^2-4AC}}{2A}$$

$$A=\frac{P_b-P_a}{f_b-f_a}=\frac{15\ 044.7-7\ 279.5}{431.9-270.4}=48.1$$

$$B=2P_a=2\times 7\ 279.5=14\ 559$$

$$C=(P_a+P_c)(f_a-f_c)-\lambda P_c f_c=-1\ 168\ 964.4$$

$$\Delta f=\frac{-14\ 559+\sqrt{14\ 559^2+4\times 48.1\times 1\ 168\ 964.4}}{2\times 48.1}=65.93$$

$$f_d=[(270.4-170.7)+65.93]\text{mm}=165.63\text{ mm}$$

② 确定对应动挠度的载荷 P_d：

$$P_d=P_a+\left(\frac{P_b-P_a}{f_b-f_a}\right)\cdot\Delta f=\left[7\ 279.5+\left(\frac{15\ 044.7-7\ 279.5}{431.9-270.4}\right)\times 65.93\right]\text{N}$$

$$=10\ 449.5\text{ N}$$

对应 P_d 的弹簧载荷 S_a：

$$S_a=\frac{\zeta P_d}{2}=\frac{1.387\ 08\times 10\ 449.5}{2}\text{ N}=7\ 247.2\text{ N}$$

对应载荷 S_a 的弹簧行程 f_d：

$$f_d=f_2-\frac{(f_2-f_1)(S_2-S_d)}{S_2-S_1}$$

$$=\left[307-\frac{(10\ 434-7\ 247)(307-195)}{10\ 434-5\ 048.6}\right]\text{mm}=240.7\text{ mm}$$

③ 确定复原行程 f_r。由于半周期振幅比 $\tau_{半}=-e^{\frac{\pi\psi}{\sqrt{1-\psi^2}}}$，当阻尼比 ψ 取 0.3，并留出余量 $\Delta=15$ mm 时，复原行程为

$$f_r=-\left(\frac{f_d}{e^{\frac{\pi\psi}{\sqrt{1-\psi^2}}}}+\Delta\right)=-77\text{ mm}$$

④ 悬架静容量 U_c：

$$U_c=\frac{1}{2}P_c f_c=\frac{4\ 594.4\times 170.7}{2}\text{ N}\cdot\text{mm}=392\ 132\text{ N}\cdot\text{mm}=392\text{ N}\cdot\text{m}$$

⑤ 悬架动容量 U_d：

$$U_d = \frac{1}{2}[(P_a + P_c)(f_a - f_c) + (P_a + P_d)\Delta f]$$

$$= \frac{1}{2}[(7\ 279.5 + 4\ 594.4)(270.4 - 170.7) +$$

$$(7\ 279.5 + 10\ 449.5) \times 65.93]\ \mathrm{N \cdot m}$$

$$= 1\ 176.4\ \mathrm{N \cdot m}$$

(7) 螺旋弹簧及下臂的应力

1) 螺旋弹簧载荷及应力

① 螺旋弹簧载荷

螺旋弹簧在不同工况下的载荷如下：

- 满载状况：$S_c = 3\ 186.4$ N；
- 首段压并：$S_1 = 5\ 048.6$ N；
- 最大行程：$S_d = 7\ 247.1$ N；
- 全簧压并：$S_2 = 10\ 434$ N。

② 螺旋弹簧应力

螺旋弹簧应力，主要计算在不同工况载荷作用下的断面内侧的最大剪应力 τ_{max}。它是均布剪应力 τ' 和周边最大剪应力 τ'' 之和，可用下式计算：

$$\tau_{max} = \frac{0.16KR}{\pi d^3}\left(1 + \frac{d}{4R}\right)S$$

式中　K——曲度系数，$K = \frac{4C-1}{4C-4} + \frac{0.615}{C}$，其中 C 为弹簧指数(旋绕比)，$C = \frac{2R}{d}$；

d——钢丝直径(cm)；

R——簧圈半径(cm)。

具体计算如下：

$$C = \frac{2 \times 5.7}{1.5} = 7.6$$

$$K = \frac{4 \times 7.6 - 1}{4 \times 7.6 - 4} + \frac{0.615}{7.6} = 1.194\ 56$$

$$\tau_{max} = \frac{0.16 \times 1.194\ 56 \times 5.7}{1.5^3 \pi} \times \left(1 + \frac{1.5}{4 \times 5.7}\right)S = 0.109\ 51S$$

- 满载状况：$\tau_{max} = 348.94$ MPa；
- 首段压并：$\tau_{max} = 552.85$ MPa；
- 最大行程：$\tau_{max} = 793.62$ MPa；
- 全簧压并：$\tau_{max} = 1\ 142.63$ MPa。

全簧压并是不会发生的。最大行程点的最大剪应力为 1 016 MPa，这个值略微偏高，但仍是可以接受的。本螺旋弹簧由上海弹簧厂生产。选用材料为 $60Si_2MnCrV$，其许用剪应力 $\tau_{max} = 960$ MPa 。考虑压缩至最大行程的频次极少，故设计可行。

2）下臂载荷及应力

① 下臂载荷

下臂载荷就其工况而言，包括满载工况、螺旋弹簧首段压并工况以及悬架最大行程工况；就着力部位而言，包括下臂两端点和螺旋弹簧在下臂上的着力点，参见图 4-13。下面分别计算各工况下各点的载荷：

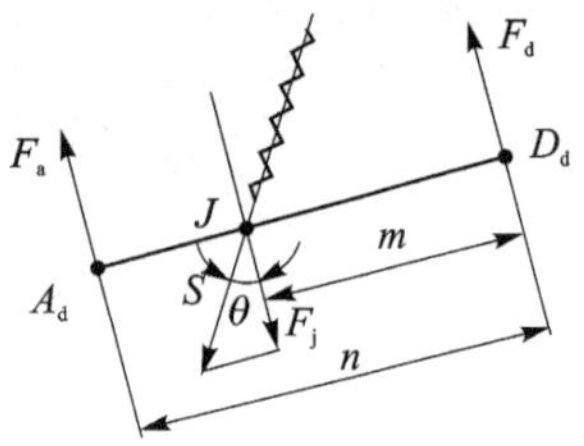

图 4-13　下臂受力状况

$$F_a=\frac{\cos(\alpha-\delta_2)\cos\delta_1}{\cos(\alpha-\delta_1)}\cdot P=\frac{\cos(23.07^\circ-9.04^\circ)\cos 11.9^\circ}{\cos(23.07^\circ-11.9^\circ)}\cdot P=0.967\ 7P$$

$$F_J=S\cos\theta=S\cos 20.06^\circ=0.939\ 3S$$

各工况下的具体载荷：

$$F_a=\begin{cases}0.967\ 7\times 4\ 594.4=4\ 446\ \text{N（满载工况）}\\0.967\ 7\times 7\ 279.5=7\ 044\ \text{N（首段压并）}\\0.967\ 7\times 10\ 449.5=10\ 112\ \text{N（最大行程）}\end{cases}$$

$$F_J=\begin{cases}0.939\ 3\times 3\ 186.4\times 2=5\ 986\ \text{N（满载工况）}\\0.939\ 3\times 5\ 048.6\times 2=9\ 484\ \text{N（首段压并）}\\0.939\ 3\times 7\ 247.1=13\ 614\ \text{N（最大行程）}\end{cases}$$

② 下臂弯矩

作用于下臂的弯矩应是 F_a 和 F_J 两力所产生的弯矩之和，最大弯矩的位置在螺旋弹簧轴线与下臂着力点 J 处，见图 4-14。主要工况下的最大弯矩值如下：

满载工况：

$$M_{Jm}=F_a(n-m)=[4\ 446\times(662.2-491.83)]\ \text{N}\cdot\text{mm}=747\ 465\ \text{N}\cdot\text{mm}$$

首段螺旋弹簧压并工况：

$$M_{Jm}=F_a(n-m)=[7\ 044\times(662.2-491.83)]\ \text{N}\cdot\text{mm}=1\ 200\ 086\ \text{N}\cdot\text{mm}$$

最大行程工况：

$$M_{Jm}=F_a(n-m)=[10\ 112\times(662.2-491.83)]\ \text{N}\cdot\text{mm}=1\ 722\ 781\ \text{N}\cdot\text{mm}$$

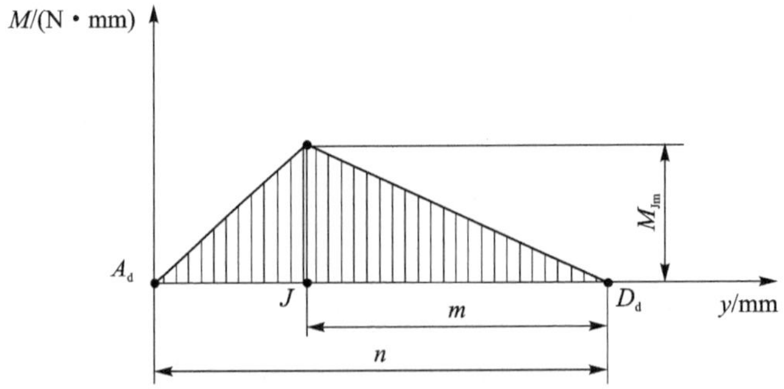

图 4-14　下臂弯矩的位置关系

本悬架的杠杆比 $m/n=0.74$，取值较为合理，这可使下臂端点 D_d 的轴承受力 F_d 较小，因

为 $F_d=\left(\frac{n}{m}-1\right)F_a$，$m$ 增大，F_d 减小，如果 $m=n$，则 $F_d=0$。

同时，m 相对增大，还可使最大弯矩减小，因为 $M_{Jm}=(n-m)F_a$，m 增大，M_{Jm} 减小，如果 $m=n$，则 $M_{Jm}=0$。

③ 下臂应力

为计算下臂的弯曲应力，必先求出下臂 J 点处的断面系数 W_J。根据下臂的设计图样，J 点处的断面参数有如图 4-15 所示。

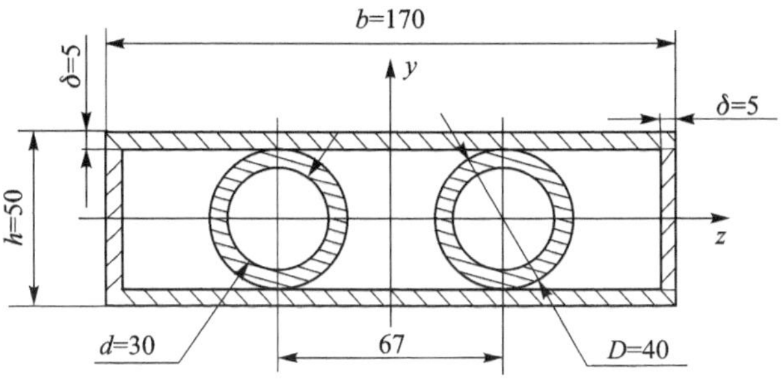

图 4-15　在下臂 J 点处的断面

由图 4-15 可知，J 点处的断面是一个复合断面。绕 z 轴的惯性矩为

$$J_z=\int_F z^2\mathrm{d}F=\frac{\pi}{32}(D_4-d^4)+\frac{1}{12}[bh^3-(b-2\delta)(h-2\delta)^3]$$
$$=1\ 089\ 305.848\ \mathrm{mm}^4$$

该断面的断面系数如下：

$$W_z=\frac{J_z}{h}=21\ 786.12\ \mathrm{mm}^3$$

该断面的应力如下：

满载工况下，

$$\sigma=\frac{M_{Jm}}{W_z}=\frac{757\ 465}{21\ 786.12}\ \mathrm{N/mm^2}=34.8\ \mathrm{N/mm^2}=34.8\ \mathrm{MPa}$$

首段弹簧压并工况下，

$$\sigma=\frac{M_{Jm}}{W_z}=\frac{1\ 200\ 086}{21\ 786.12}\ \mathrm{N/mm^2}=55\ \mathrm{N/mm^2}=55\ \mathrm{MPa}$$

最大行程工况下，

$$\sigma=\frac{M_{Jm}}{W_z}=\frac{1\ 722\ 781}{21\ 786.12}\ \mathrm{N/mm^2}=79.1\ \mathrm{N/mm^2}=79.1\ \mathrm{MPa}$$

上述应力值是相当低的，例如 45 号优质碳素钢的抗拉强度 $\sigma_b\approx600\ \mathrm{N/mm^2}$，所以其结构设计是保守的，应当改为冲压件。

4. 阻尼元件及相关参数

(1) 结构及特性参数

前悬架的阻尼元件是由两个缸径 $\phi=30$ mm 的油气混合筒式双向作用减振器组成的。它安装于两螺簧的中部。其型号为 JX-G7651-2905000C，厂家图样代号为 JX-G7651-

2905H－0107。它的阻力-速度特性参数如表 4－4 所列。

表 4－4 前减振器的速度特性

速度 $v/(\mathrm{m \cdot s^{-1}})$	复原阻尼力 P_r/N	压缩阻尼力 P_p/N
0.30	866±126	289±45
(0.52)	(1 500)	(500)
0.60	1 731	577

说明：括号中的数字是分析插入的。

(2) 行程及布置参数

1) 行程关系

该型减振器的最小压缩长度 $l_{\min}=390$ mm，最大拉伸长度 $l_{\max}=610$ mm，其有效行程为

$$S=l_{\max}-l_{\min}=(610-390)\text{mm}=220\text{ mm}$$

前减振器的行程关系参见图 4－16。

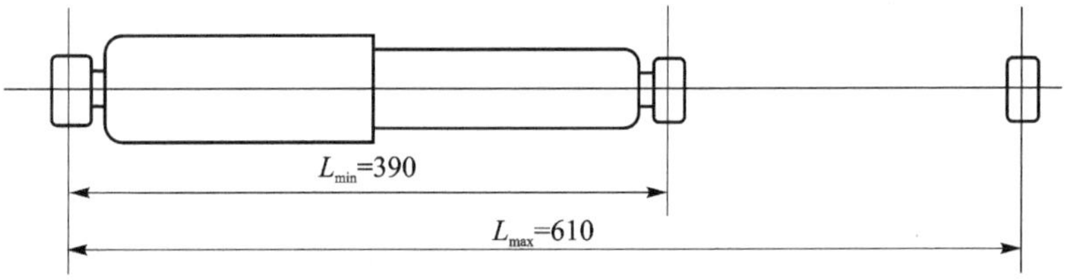

图 4－16 前减振器的行程关系

2) 布置关系

根据前减振器上下支点的坐标值，可以求出减振器在满载状态下的空间长度为

$$l_p=\sqrt{(Y_{Du}-Y_{Dd})^2+(Z_{Du}-Z_{Dd})^2}$$
$$=\sqrt{(-510+615)^2+(446+90)^2}\text{ mm}=546.2\text{ mm}$$

由于减振器与螺簧要同轴安装，故由图 4－11 的关系可知：

满载时的压缩量为

$$\Delta f=l_{\max}-l_p=(610-546.2)\text{mm}=63.8\text{ mm}$$

满载时的压缩量 Δf 较小，不能满足复原行程的需要，即不能满足下面的关系：

$$\Delta f\geqslant f_r=76\text{ mm}$$

也就是说，至少要将减振器的有效行程 S 从 220 mm 增加到 230 mm，即应使 $l_{\max}$ 增大 10 mm。由图 4－11 的关系可知，最大动挠度时的压缩量为

$$\Delta d=f_d-f_c=(310.5-161.3)\text{mm}=149.2\text{ mm}$$

最大行程时，减振器工作行程的剩余量为

$$\delta=S-\Delta f-\Delta d=(220-63.8-149.2)\text{mm}=7\text{ mm}$$

结论：如果不改变布置坐标，就需要将 S 由 220 mm 改为 230 mm，即将最大拉伸长度 $l_{\max}$ 由 610 mm 改为 620 mm。

(3) 速度特性

根据表 4－4 中的阻力-速度特性参数，可利用下式求出两速度点的阻力系数。

复原阻力系数 k_r：

- 当 $v=0.3$ m/s 时，$k_r=\frac{P_r}{0.3}=\frac{866}{0.3}$ N·s/m=2 887 N·s/m；
- 当 $v=0.6$ m/s 时，$k_r=\frac{P_r}{0.6}=\frac{1\ 731}{0.6}$ N·s/m=2 885 N·s/m。

压缩阻力系数 k_p：

- 当 $v=0.3$ m/s 时，$k_p=\frac{P_p}{0.3}=\frac{289}{0.3}$ N·s/m=963.3 N·s/m；
- 当 $v=0.6$ m/s 时，$k_p=\frac{P_p}{0.6}=\frac{577}{0.6}$ N·s/m=961.7 N·s/m。

压拉比：

$$\lambda=\frac{k_p}{k_r}=\frac{961.7}{2\ 885}=\frac{1}{3}$$

平均阻力系数：

$$k=\frac{1}{2}(k_p+k_r)=\frac{1}{2}(2\ 887+963.3)\text{N·s/m}=1\ 925\text{ N·s/m}$$

表 4－5 所列是速度特性的调整参数。

表 4－5　速度特性的调整参数

$v/(\text{m·s}^{-1})$	P_r/N	$k_r/(\text{N·s·m}^{-1})$	P_p/N	$k_p/(\text{N·s·m}^{-1})$	$k_r/(\text{N·s·m}^{-1})$	ψ
0.30	450	1 500	150	500	1 000	0.298
0.52	780	1 500	260	500	1 000	0.298
0.60	900	1 500	300	500	1 000	0.298

5. 横向稳定器

(1) 结构形式及尺寸参数

本车横向稳定器是置于前桥的普通式稳定器。具体结构及相关点(A、B、C)示于图 4－17 之中，其结构参数参见图 4－18。相关点的坐标参见表 4－1。

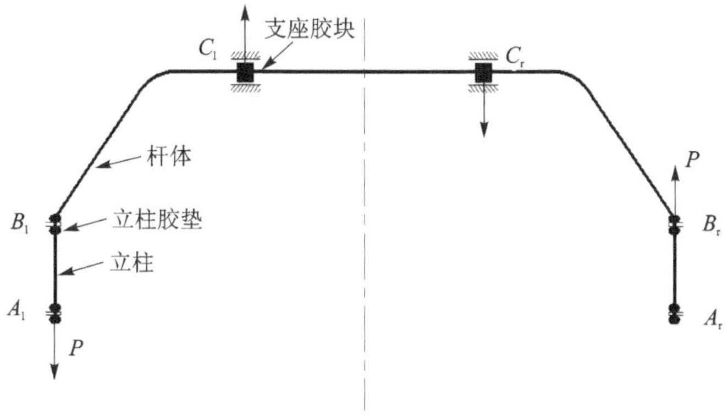

图 4－17　横向稳定器的示意结构

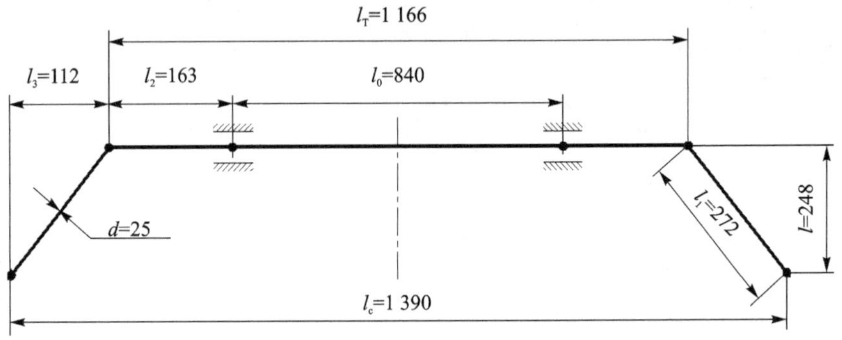

图 4-18　稳定器的尺寸参数

(2) 变形及刚度

1) 杆体及胶件的变形

杆体及胶件的变形，是指杆体端部在垂直载荷 P 的作用下，杆体和胶件换算到立柱处的垂直方向上的合成位移。杆体和胶件的合成变形量 f_c 是由杆体换算到立柱处的变形量 f'_c 及胶件换算到立柱处的变形量 f_r 两部分组成的，亦即 $f_c = f'_c + f_r$，现分别计算如下：

$$f'_c = \frac{l^2 l_T}{2} \cdot \frac{P}{GJ_p} + \left[\frac{l_1^3}{3} + \frac{(l_2+l_3)^2 l_0}{6} + \frac{3(l_2+l_3)l_2 l_3 + l_2^3}{3}\right] \cdot \frac{P}{EJ}$$

其中，

$$E = 2.059 \times 10^7\ \text{N/cm}^2$$

$$J = \frac{\pi d^4}{64} = \frac{\pi \times 2.5^4}{64}\ \text{cm}^4 = 1.917\ 476\ \text{cm}^4$$

$$G = 7.94 \times 10^6\ \text{N/cm}^2$$

$$J_p = \frac{\pi d^4}{32} = 3.834\ 952\ \text{cm}^4$$

将数值代入，可得

$$f'_c = \frac{24.8^2 \times 116.6}{2 \times 7.94 \times 3.835 \times 10^6} \times P + \left[\frac{27.2^3}{3} + \frac{(16.3+11.2)^2 \times 84}{6}\right] \times \frac{1}{2.059 \times 1.917\ 5 \times 10^7} \times P - \frac{3 \times (16.3+11.2) \times 16.3 \times 11.2 + 16.3^3}{3} \cdot \frac{1}{2.059 \times 1.917\ 5 \times 10^7} \times P$$

$$= (0.001\ 177\ 583 + 0.000\ 163\ 723) \times P = 0.001\ 341\ 3P$$

$$f_r = \left[\left(\frac{l_c}{l_0}\right)^2 \cdot \frac{1}{c_s} + \frac{1}{c_{pu}} + \frac{1}{c_{pd}}\right] \times p$$

式中　c_s——支座胶垫线刚度；

c_{pu}——立柱上胶垫线刚度；

c_{pd}——立柱下胶垫线刚度。

计算结果：

$$f_r = 0.001\ 881P \quad (\text{cm})$$

所以合成变形

$$f_c = (0.001\ 341\ 29 + 0.001\ 881)P = 0.003\ 222\ 3P$$

2）线刚度及角刚度

① 稳定器换算到立柱处的线刚度为

$$c_w = \frac{P}{f_c} = \frac{P}{0.003\ 222\ 3P} = 310.34\ \text{N/m}$$

② 横向稳定器提供的角刚度为

$$C_{\alpha w} = \frac{1}{2} c_w l_c^2 = \left(\frac{1}{2} \times 310.34 \times 139^2\right) \text{N} \cdot \text{cm/rad} = 2\ 998\ 040\ \text{N} \cdot \text{cm/rad}$$
$$= 29\ 980.4\ \text{N} \cdot \text{m/rad}$$

③ 前悬架的横向角刚度为

$$C_{\alpha 1} = C_{\alpha s} + C_{\alpha w} = (45\ 669 + 29\ 980.4)\text{N} \cdot \text{m/rad} = 75\ 649.4\ \text{N} \cdot \text{m/rad}$$

由此可知，稳定器的横向角刚度约占前悬架横向角刚度的 42%。

(3) 杆体强度校核

为校核杆体强度，必先确定作用于杆体端部的垂直载荷 P。它可用下式计算：

$$P = \frac{1}{2} c_w l_c \alpha_1$$

式中，α_1 为车身极限侧倾角(rad)。它相当于侧向加速度 $j = 0.7 \sim 0.9g$ 时的车身侧倾角，可近似取 $\alpha_1 = 6$ rad，于是

$$P = \left(\frac{1}{2} \times 310.34 \times 139 \times \frac{6\pi}{180}\right) \text{N} = 2\ 258.7\ \text{N}$$

杆体弯臂根部是应力最大的部位，故仅校核这一部位。

① 弯臂根部的弯曲应力由下式计算：

$$\sigma = \frac{32Pl_1}{\pi d^3} = \frac{32 \times 2\ 258.7 \times 272}{25^3 \times \pi}\ \text{MPa} = 400.5\ \text{MPa}$$

② 杆体扭转应力由下式计算：

$$\tau = \frac{16Pl}{\pi d^3} = \frac{16 \times 2\ 258.7 \times 248}{\pi \times 25^3}\ \text{MPa} = 182.6\ \text{MPa}$$

③ 弯臂根部的合成应力由下式计算：

$$\sigma_n = \sqrt{\sigma^2 + (2\tau)^2} = \sqrt{400.5^2 + (2 \times 182.6)^2}\ \text{MPa} = 542\ \text{MPa}$$

稳定器杆体材料为 $60Si_2Mn$，因此强度足够。

4.2　双横臂独立悬架设计计算第二实例

4.2.1　使用环境及设计要求

该型越野救护车主要行驶于越野道路，包括三级公路和无路地区，也可在良好道路上行驶。其设计要求如下：

① 应保证具有良好的平顺性，车身在前桥处的频率应不大于 1.3 Hz，其阻尼比应为 0.3

左右；

② 应保证具有良好的车身稳定性，配合后悬架应使车身在 0.4g 加速度作用下，侧倾角不大于 3.5°，纵倾角不大于 1.5°；

③ 结合后悬架应保证整车具有合适的不足转向趋势。

4.2.2 悬架形式及有关参数

1. 悬架形式

前悬架形式为双横臂扭杆弹簧(置于上臂)独立悬架，筒式减振器，并装有横向稳定装置。

2. 质量参数

- 整备质量：M_0=3 570 kg；
- 最大总质量：M=4 450 kg；
- 前轴总质量：M_1=1 950 kg；
- 后轴总质量：M_2=2 500 kg；
- 整车悬挂质量：M'=3 770 kg；
- 前轴悬挂质量：M'_1=1700 kg；
- 后轴悬挂质量：M'_2=2070 kg；
- 整车非悬挂质量：M''=680 kg；
- 前轴非悬挂质量：M''_1=250 kg；
- 后轴非悬挂质量：M''_2=430 kg。

3. 尺寸参数

- 轴距：L=3 310 mm；
- 轮距：B=1 700 mm；
- 整车质心高度：H=989 mm；
- 前轴质心高度：H_1=980 mm；
- 后轴质心高度：H_2=996 mm；
- 整车质心至前轴的距离：a=1 859.5 mm；
- 悬挂质体质心至前轴的距离：a'=1 817.4 mm；
- 整车悬挂质体质心高度：H'=1 086 mm；
- 前轴悬挂质体质心高度：H'_1=1 058 mm；
- 后轴悬挂质体质心高度：H'_2=1 109 mm；
- 整车非悬挂质体质心高度：H''=450 mm；
- 前轴非悬挂质体质心高度：H''_1=450 mm；
- 后轴非悬挂质体质心高度：H''_2=450 mm。

4.2.3 悬架的设计计算

1. 悬架模型及相关参数

前悬架模型参见图 4－19，其相关点的坐标列于表 4－6 之中。

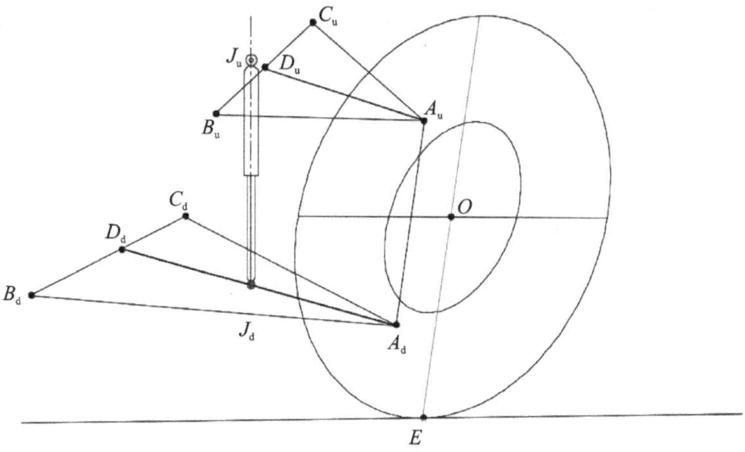

图 4-19　前悬架相关点的坐标

表 4-6　前悬架系统相关点的坐标(左右对称)

相关点	X/mm	Y/mm	Z/mm
A_u(上臂外支点)	2	727	−17
B_u(上拉杆前支点)	−402	479	31
C_u(上拉杆后支点)	−35	664	−8
D_u(上臂内支点)	0	476	26
A_d(下臂外支点)	−1	766	−292
B_d(下拉杆前支点)	−402	382	−256
C_d(下拉杆后支点)	−45	613	−277
D_d(下臂内支点)	0	380	−251
J_u(减振器上支点)	41	532	92
J_d(减振器下支点)	41	626	−276
S_f(扭杆前端点)	0	476	26
S_r(扭杆调节臂中心点)	1 182	476	12
W_u(稳定杆立柱上支点)	−89	577	−158
W_d(稳定杆立柱下支点)	−89	577	−195
L_f(稳定杆与大梁连接点)	−289	405	−158
O(轮心)	0	849	−208
E(车轮着地中心)	0	833	−655

2. 悬架的定位参数及机构运动

前悬架部分的相关点的代号已示于图 4-20 之中，相关点的数值已列于表 4-6 之中。现就满载点的定位参数、导向机构和运动学校核等问题分析研究如下：

(1) 定位参数

前轮定位参数主要有主销内倾角、主销后倾角、车轮外倾角、主销内倾距和主销后倾距等，现分别计算如下：

① 主销内倾角 γ_i：

$$\gamma_i = \arctan\left(\frac{|Y_{Au} - Y_{Ad}|}{|Z_{Au} - Z_{Ad}|}\right) = \arctan\left(\frac{|-727.3 + 765.8|}{|-17.1 + 292.4|}\right) = 7.96^\circ$$

② 主销后倾角 γ_r：

$$\gamma_r = \arctan\left(\frac{|X_{Au} - X_{Ad}|}{|Z_{Au} - Z_{Ad}|}\right) = \arctan\left(\frac{|2.03 + 1.21|}{|-17.1 + 292.4|}\right) = 0.67^\circ$$

③ 车轮外倾角 γ_o：

$$\gamma_o = \arcsin\left(\frac{|Y_E - Y_O|}{R}\right) = \arcsin\left(\frac{|-833.4 + 849.4|}{447}\right) = 2.05^\circ$$

④ 主销内倾距(磨半径)a_i：

$$\begin{aligned} a_i &= (Y_O - Y_{Au}) - (Z_{Au} - Z_O)\tan\gamma_i - R\sin(\gamma_o + \gamma_i) \\ &= [(849.4 - 727.3) - (-17.1 + 207.6) \times \tan 7.96^\circ - \\ &\quad 447 \times \sin(2.05^\circ + 7.96^\circ)]\text{mm} \\ &= 17.8\ \text{mm} \end{aligned}$$

⑤ 主销后倾距 a_r：

$$a_r = R \times \sin\gamma_r = (447 \times \sin 0.67^\circ)\text{mm} = 5.23\ \text{mm}$$

(2) 导向机构及相关参数

导向机构有横向和纵向之分，现分述如下：

1) 横向导向机构

横向导向机构如图 4-20 所示，它由上臂$\overline{A_u D_u}$和下臂$\overline{A_d D_d}$构成。点 A_u、D_u、A_d、D_d 的坐标使两臂的延线交于外侧的点 O_T，点 O_T 就是左侧悬架在横向上的瞬时悬架中心。点 O_T 与左侧车轮着地点 E 的连线与车身中心线的交点 O_1 就是前悬架的瞬时侧倾中心。侧倾中心至前悬挂质体质心 C_1 的距离便是前悬架的侧倾力矩臂 e_1。

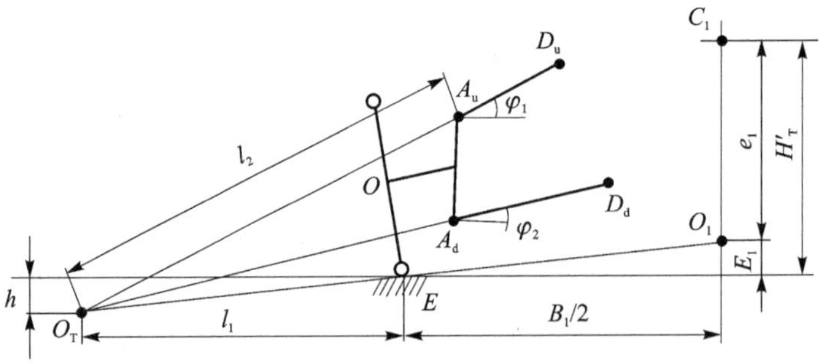

图 4-20 前悬架横向导向机构

有关参数计算如下：

① 摆臂角 φ_1、φ_2：

上摆臂角：

$$\varphi_1=\arctan\left(\frac{|Z_{Du}-Z_{Au}|}{|Y_{Du}-Y_{Au}|}\right)=\arctan\left(\frac{26+17}{-476+727.3}\right)=9.73°$$

下摆臂角：

$$\varphi_2=\arctan\left(\frac{|Z_{Dd}-Z_{Ad}|}{|Y_{Dd}-Y_{Ad}|}\right)=\arctan\left(\frac{-251+292.4}{-380+765.8}\right)=6.13°$$

② 杠杆臂 l_1、l_2：

平杆：

$$l_1=\left|\frac{Z_{Ad}-Z_{Au}+Y_{Ad}\cdot\tan\varphi_2-Y_{Au}\cdot\tan\varphi_1}{\tan\varphi_1-\tan\varphi_2}-y_E\right|=4\ 117\ \text{mm}$$

斜杆：

$$l_2=\left|\frac{Z_{Ad}-Z_{Au}+(Y_{Ad}-Y_{Au})\cdot\tan\varphi_2}{\cos\varphi_1\cdot(\tan\varphi_2-\tan\varphi_1)}\right|=4\ 284\ \text{mm}$$

③ 悬架中心 O_{e1} 的位置：

$$h=(B_1/2+l_1-Y_{Dd})\cdot\tan\varphi_2-|Z_E-Z_{Dd}|$$
$$=[(1\ 700/2+4\ 117-380)\times\tan 6.13°-|251-654.6|]\text{mm}=89\ \text{mm}$$

④ 悬架侧倾中心 O_1 的位置：

$$E_1=\frac{hB_1}{2l_1}=\frac{89\times 1\ 700}{2\times 4\ 117}\ \text{mm}=18.4\ \text{mm}$$

⑤ 侧倾力矩臂 e_1：

$$e_1=H'_1-E_1=(1058-18.4)\text{mm}=1\ 039.6\ \text{mm}$$

2）纵向导向机构

前悬架纵向导向机构系由两纵臂组成，参见图 4-21。有关参数计算如下：

上臂角：

$$u=\arctan\left(\frac{Z_{Bu}-Z_{Cu}}{X_{Cu}-X_{Bu}}\right)=\arctan\left(\frac{31+8.12}{-34.5+402}\right)=6.08°$$

下臂角：

$$d=\arctan\left(\frac{Z_{Bd}-Z_{Cd}}{X_{Cd}-X_{Bd}}\right)=\arctan\left(\frac{-256+276.5}{-44.7+402}\right)=3.28°$$

过渡参数：

$$l=\frac{Z_{Bu}-Z_{Cd}}{\tan u-\tan d}=\frac{31+256}{\tan 6.08°-\tan 3.28°}\ \text{mm}=5\ 832.5\ \text{mm}$$

过渡参数：

$$h=l\tan d=(5\ 832.5\times\tan 3.28°)\text{mm}=334.3\ \text{mm}$$

纵向瞬时悬架中心 O_1 的位置由离地高度 Δ 和离前桥中心线的距离 S 所决定：

离地高度：

$$\Delta=-Z_E+Z_{Bd}-h=(654.6-256-334.3)\text{mm}=64.3\ \text{mm}$$

至前轴距离：

$$S=l+X_{Bd}=(5\ 832.5-402)\text{mm}=5\ 430.5\ \text{mm}$$

纵向推杆角：

$$\lambda_1=\arctan(\Delta/S)=\arctan(64.3/5\ 430.5)=0.68°$$

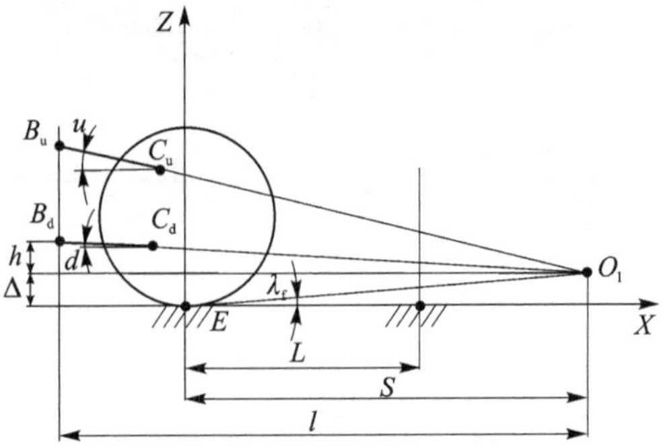

图 4-21　前悬架纵向导向机构

(3) 运动学校核

所谓运动学校核，此处指的是当导向机构的上臂 R_3 绕点 D_u 转动，也就是上臂以 γ 角做自变量运动时前轮定位参数的改变情况。

前轮定位参数主要包括主销内倾角 γ_i、车轮外倾角 γ_o、轮距 B 以及车轮的垂直位移 Y 等，参见图 4-22、图 4-23。

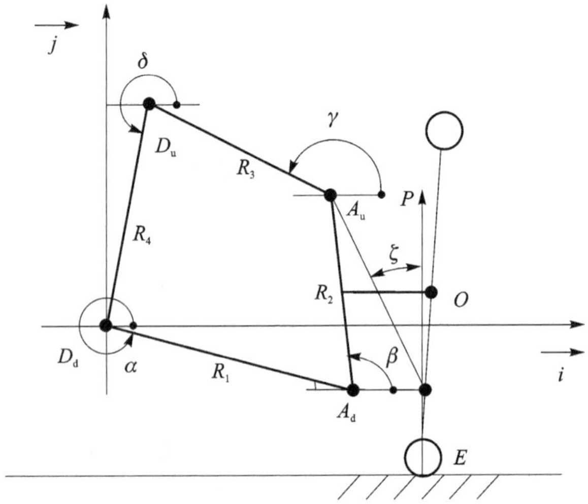

图 4-22　导向机构的运动规律

1) 相关参数

相关参数是指与前轮定位参数有关的参数，包括在 YZ 平面内的投影杆长 R_k 及各杆的初始定位角等。

① 杆长 R_k 及其他参数

$$R_1=\sqrt{(Y_{Dd}-Y_{Ad})^2+(Z_{Dd}-Z_{Ad})^2}=\sqrt{(380-765.8)^2+(-251+292.4)^2}\ \text{mm}=388\ \text{mm}$$

$$R_2=\sqrt{(Y_{Au}-Y_{Ad})^2+(Z_{Au}-Z_{Ad})^2}=\sqrt{(-17.1+292.4)^2+(727.3-765.8)^2}\ \text{mm}=278\ \text{mm}$$

$$R_3=\sqrt{(Y_{Au}-Y_{Du})^2+(Z_{Au}-Z_{Du})^2}=\sqrt{(727.3-476)^2+(17.1+26)^2}\ \text{mm}=255\ \text{mm}$$

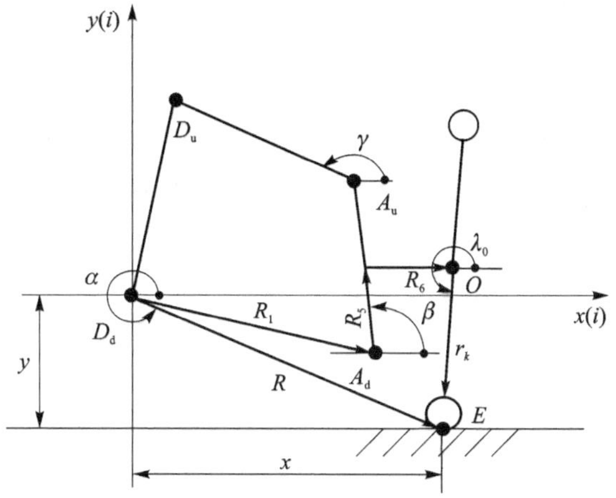

图 4-23　车轮着地点随上臂运动的关系

$$R_4=\sqrt{(Y_{Du}-Y_{Dd})^2+(Z_{Du}-Z_{Dd})^2}=\sqrt{(476-380)^2+(26+2\,513)^2}\ \text{mm}$$
$$=293\ \text{mm}$$

$$R_5=\sqrt{(Y_O-Y_{Ad})^2+(Z_O-Z_{Ad})^2-R_6^2}$$
$$=\sqrt{(849.4-765.8)^2+(-207.6+292.4)^2-95.5^2}\ \text{mm}$$
$$=71.1\ \text{mm}$$

$$R_6=(Y_O-Y_{Au})+(Z_{Au}-Z_O)\tan\gamma_i$$
$$=[(849.4-727.3)-(-17.1+207.6)\times\tan 7.96°]\text{mm}$$
$$=95.5\ \text{mm}$$

$$R_7=R_k=447\ \text{mm}$$

$$R=\sqrt{(Y_E-Y_{Dd})^2+(Z_E-Z_{Dd})^2}=\sqrt{(833.4-380)^2+(-654.6+251)^2}\ \text{mm}$$
$$=607\ \text{mm}$$

② 点 D_d 离地初值：

$$y_0=Z_{Dd}-Z_F=(-251+654.6)\text{mm}=403.6\ \text{mm}$$

③ 点 D_d 与点 E 的水平距离初值：

$$x_0=Y_{Dd}-Y_E=(833.4-380)\text{mm}=453.4\ \text{mm}$$

④ 点 D_d 左、右位置水平距离：

$$S=2Y_{Dd}=2\times 380\ \text{mm}=760\ \text{mm}$$

⑤ 初始轮距：

$$B=S+2x_0=(760+2\times 453.4)\text{mm}=1\,666.8\ \text{mm}$$

⑥ 各杆件的定位角(从第一象限记起)

- R_1 的定位角：$\alpha_0=360°-\varphi_2=360°-6.13°=353.87°$；
- R_2 的定位角：$\beta_0=90°+\gamma_i=90°+7.96°=97.96°$；
- R_3 的定位角：$\gamma_0=180°-\varphi_1=180°-9.73°=170.27°$；
- R_4 的定位角：

$$\delta_0=180°+\arctan\frac{|Z_{Du}-Z_{Dd}|}{|Y_{Dd}-Y_{Du}|}=180°+\arctan\frac{|26+251|}{|476-380|}=250.89°$$

- R_6 的定位角：$\lambda_i = 180° + 90° = 270°$；
- R_7 的定位角：$\lambda_0 = 270° - (\gamma_i + \gamma_o) = 270° - 2.05° - 7.95° = 260°$。

2）上臂临界角

当四杆机构的杆长 R_k 确定之后，上臂 R_3 的转角 γ（从第一象限记起）的变化范围将受到机构运动的限制。在压缩行程可能的最大转角称为压缩临界角 γ_{cp}，在复原行程可能的最大转角称为反弹临界角 γ_{cr}。本悬架机构满足下列条件：

- 反弹$(R_1 + R_4) > (R_2 + R_3)$，即$(388 + 293) > (278 + 255)$；
- 压缩$(R_1 + R_2) > (R_3 + R_4)$，即$(388 + 278) > (255 + 293)$。

因此临界角可由下列公式计算：

① 反弹临界角 γ_{cr}：

$$\begin{aligned}\gamma_{cr} &= Z + \delta_0 - 180° \\ &= \arccos\left[\frac{R_4^2 - R_1^2 + (R_2 + R_3)^2}{2R_4 \cdot (R_2 + R_3)}\right] + \delta_0 - 180° \\ &= \arccos\left[\frac{293^2 - 388^2 + (278 + 255)^2}{2 \times 293 \times (278 + 255)}\right] + 250.89° - 180° \\ &= 116.3°\end{aligned}$$

② 压缩临界角 γ_{cp}：

$$\gamma_{cp} = \delta_0 = 250.89°$$

3）定位参数

以上臂 R_3 的转角 γ 作自变量，计算一系列的车轮外倾角 γ_o、主销内倾角 γ_i、轮距 B、车轮垂直位移 y 等参数。

表 4-7　前轮定位参数随上臂运动的关系

γ/(°)	A_1	A_2	β/(°)	α/(°)	x/mm	y/mm	γ_o/(°)	γ_i/(°)	B/mm
γ_{cp}=250.88	1.322	1.579	102.6	387.2	441.9	−177.6	−2.636	12.636	1 643.8
218(48)	1.231	1.462	101.6	384.6	443.3	−195.2	−1.611	11.611	1 646.6
210(40)	1.082	1.277	100.1	379.7	446.3	−228.4	−0.074	10.074	1 652.6
202(32)	0.952	1.121	98.9	374.6	449.3	−262.9	1.066	8.934	1 658.5
200(30)	0.916	1.079	98.7	373.1	450.1	−273.1	1.328	8.672	1 660.1
198(28)	0.892	1.051	98.5	372.0	450.6	−280.4	1.495	8.505	1 661.2
γ_d=195.86	0.861	1.016	98.3	370.6	451.2	−289.9	1.687	8.313	1 662.4
194(24)	0.834	0.986	98.2	369.4	451.7	−298.2	1.834	8.166	1 663.5
192(22)	0.806	0.955	98.0	368.1	452.2	−307.1	1.970	8.030	1 664.4
190(20)	0.779	0.926	97.9	366.8	452.6	−316.1	2.084	7.916	1 665.3
188(18)	0.752	0.897	97.8	365.5	453.0	−325.0	2.176	7.824	1 666.0
186(16)	0.726	0.869	97.8	364.1	453.3	−334.0	2.246	7.754	1 666.6
184(14)	0.700	0.841	97.7	362.8	453.6	−342.9	2.295	7.705	1 667.1
182(12)	0.674	0.815	97.7	361.5	453.7	−351.9	2.322	7.679	1 667.4

续表 4－7

$\gamma/(°)$	A_1	A_2	$\beta/(°)$	$\alpha/(°)$	x/mm	y/mm	$\gamma_o/(°)$	$\gamma_i/(°)$	B/mm
180(10)	0.649	0.789	97.7	360.2	453.8	−360.8	2.326	7.674	1 667.7
178(8)	0.623	0.764	97.7	358.9	453.9	−369.7	2.309	7.692	1 667.7
176(6)	0.598	0.740	97.7	357.6	453.8	−378.5	2.268	7.732	1 667.7
174(4)	0.574	0.716	97.8	356.3	453.8	−387.2	2.206	7.794	1 667.5
172(2)	0.549	0.693	97.9	355.0	453.6	−395.9	2.120	7.880	1 667.3
γ_f=170.27(0)	0.528	0.673	98.0	353.9	453.5	−403.4	2.026	7.974	1 667.0
166(−4)	0.476	0.627	98.3	351.1	453.0	−421.4	1.718 79	8.282	1 666.0
162(−8)	0.429	0.585	98.7	348.6	452.5	−437.7	1.323	8.677	1 665.0
158(−12)	0.379	0.546	99.2	346.1	452.0	−453.4	0.818	9.182	1 664.0
154(−16)	0.330	0.508	99.8	343.7	451.7	−468.3	0.193	9.807	1 663.4
150(−20)	0.280	0.472	100.6	341.4	451.7	−482.3	−0.564	10.564	1 663.4
146(−24)	0.229	0.437	101.5	339.1	452.2	−495.2	−1.471	11.471	1 664.5
142(−28)	0.177	0.404	102.5	337.0	453.6	−506.7	−2.546	12.546	1 667.1
γ_0=140.88	0.162	0.395	102.9	336.5	454.1	−509.7	−2.881	12.881	1 668.2
γ_{cr}=116.3	−0.235	0.231	116.3	328.8	509.7	−523.3	−16.258	26.258	1 779.3

计算之前，先计算下列过渡参数：

① 过渡参数：

$$A=\frac{R^2-[R_2^2+R_3^2+R_4^2+2R_3R_4\cos(\gamma-\delta)]}{2R_2(R_3\cos\gamma+R_4\cos\delta)}$$

$$B=\frac{R_3\sin\gamma+R_4\sin\delta}{R_3\cos\gamma+R_4\cos\delta}$$

$$\alpha=360°-\arcsin\left(\frac{R_2\sin\beta+R_3\sin\gamma+R_4\sin\delta}{R_1}\right)$$

$$\beta=180°-\arcsin\left(\frac{AB+\sqrt{B^2-A^2+1}}{1+B^2}\right)$$

$$x=R_1\cos\alpha+R_5\cos\beta+R_6\cos(\beta+\lambda_i)+R_k\cos(\beta+\lambda_i+\lambda_0)$$

$$y=R_1\sin\alpha+R_5\sin\beta+R_6\sin(\beta+\lambda_i)+R_k\sin(\beta+\lambda_i+\lambda_0)$$

② 定位参数：

- 车轮外倾角：$\gamma_o=630°-\lambda_0-\lambda_i-\beta=630°-260°-270°-\beta=100°-\beta$；
- 主销内倾角：$\gamma_i=\beta-90°$；
- 轮距：$B=S+2x=760+2x$。

将上述结果列于表 4－7 中，还将 γ_o、γ_i 和 B 与垂直位移 y 的关系曲线绘于图 4－24～图 4－26 之中。

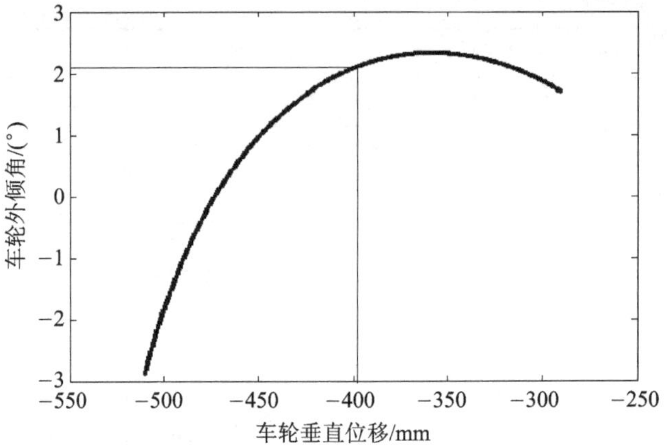

图 4-24　γ_o 与 y 的关系曲线

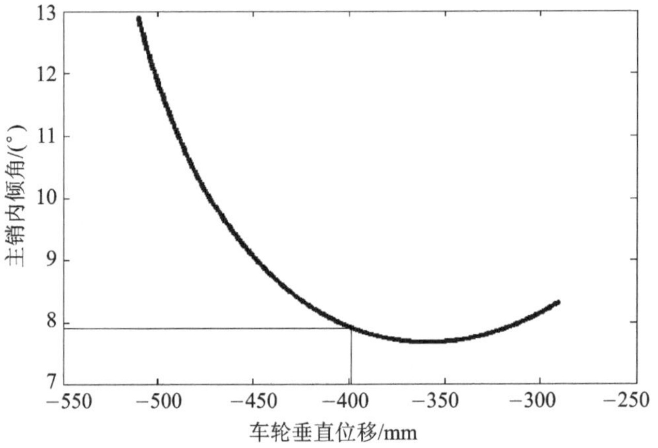

图 4-25　γ_i 与 y 的关系曲线

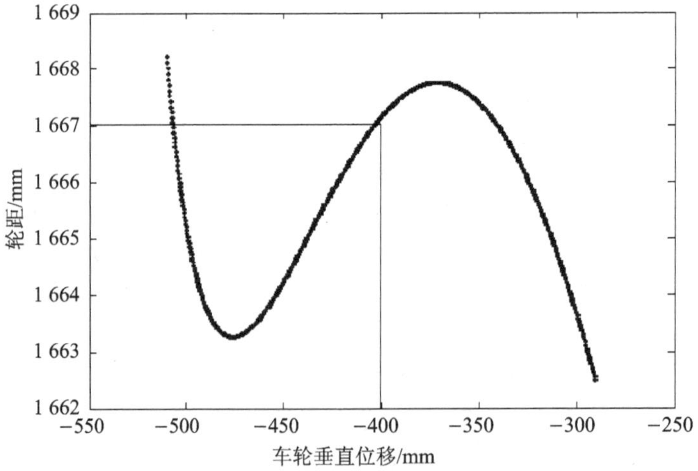

图 4-26　B 与 y 的关系曲线

3. 弹性元件

(1) 扭杆直径的选择

前悬架的弹性元件选定为单根扭杆弹簧，顺纵梁布置。根据厂方现实情况和满足较大变形量的要求，选定扭杆的有效长度 $L=139.2\ \text{cm}$。下面就扭杆直径的选取做具体的分析计算。

1) 布置参数

扭杆装于四杆机构的上臂之上，它完全由点 D_u 和点 A_u 坐标所定，其扭杆臂长就是上臂长度 R_3，参见图 4 - 22。

2) 杆径的选定

扭杆直径的选定，必须具备以下先决条件：

① 根据悬架的频率要求(本车要求前悬架的偏频 $n_1\approx 80$ 次/分)，换算出悬架线刚度 k_1，进而换算出扭杆在满载点的垂直线刚度 c_f。

② 把悬架在满载点的载荷(本车前悬架在满载点的载荷 $P=8\ 336\ \text{N}$)转化为作用于扭杆的扭矩 T_f。

③ 必须定出扭杆臂 R_3 在满载点相对于垂直平面的夹角 φ_f。

具备上述条件后，方可利用特定的计算公式(3 - 116)计算扭杆的直径 d。现分别研究如下：

悬架线刚度 k_1：

$$k_1=\frac{P_1}{(300/n_1)^2}=\frac{8\ 336}{(300/80)^2}\ \text{N/cm}=592.8\ \text{N/cm}$$

满载点的扭杆线刚度 c_f：

$$c_f=\frac{k_1}{(l_2/l_1\cdot\cos\varphi_1)^2}=\frac{592.8}{\left(\dfrac{4\ 284}{4\ 117}\times\cos 9.73^\circ\right)^2}\ \text{N/cm}=563.58\ \text{N/cm}$$

传力角 ξ：

$$\begin{aligned}\xi&=\arctan\left(\frac{|Y_{Au}-Y_E|}{|Z_{Au}-Z_{Dd}|+|Y_{Dd}-Y_E|\cdot\tan\varphi_2}\right)\\&=\arctan\left(\frac{|727.3-833.4|}{|-17.1+251|+|380-833.4|\cdot\tan 6.12^\circ}\right)\\&=20.58^\circ\end{aligned}$$

扭杆承受的满载扭矩 T_f：

$$\begin{aligned}T_f&=F\cdot R_3\\&=\frac{\cos(\xi+\varphi_1)\cos\varphi_2}{\cos(\xi+\varphi_2)}R_3P_1\\&=\left[\frac{\cos(20.58^\circ+9.73^\circ)\cos 6.12^\circ}{\cos(20.58^\circ+6.12^\circ)}\times 25.5\times 8\ 336\right]\text{N}\cdot\text{cm}\\&=204\ 244\ \text{N}\cdot\text{cm}\end{aligned}$$

扭杆臂的满载位置(从第三象限记起)：

$$\varphi_f=90^\circ-\varphi_1=90^\circ-9.73^\circ=80.27^\circ$$

扭杆杆径的选定：

$$d=\left[\frac{32L}{\pi G}(c_f R_3^2\sin^2\varphi_f+T_f\cdot\cot\varphi)\right]^{1/4}$$

$$=\left[\frac{32\times139.2}{7.983\times10^6\pi}(563.58\times25.5^2\times\sin^2 80.27°+204\ 244\times\cot 80.27°)\right]^{1/4}\text{cm}$$

$$=2.89\ \text{cm}$$

因此，决定取扭杆直径 $d=2.9$ cm。

(2) 扭杆臂的初相角

初相角就是扭杆臂的零载荷角 φ_0，它是扭杆臂满载角 φ_f 的保证参数。

$$\varphi_0=\varphi_f-\frac{180T_fL}{\pi GJ_p}$$

$$=80.27°-\frac{180\times204\ 244\times139.2\times32}{7.983\times10^6\times2.9^4\times\pi^2}=50.88°\quad(\gamma_o=140.88°)$$

(3) 压缩行程限位角

压缩行程限位角是动行程的极限角，如果把动容量 U_d 和静容量 U_J 的比 λ 取为 3.5，那么极限角为

$$\varphi_d=\varphi_0+\sqrt{1+\lambda}(\varphi_J-\varphi_0)$$

$$=50.88°+\sqrt{3.5}(80.27°-50.88°)=105.86\quad(\gamma_d=195.86°)$$

(4) 扭杆弹簧的刚度特性

随着扭杆臂转角 $\varphi(\gamma)$ 的变化，臂端的垂直位移 f、作用于臂端的力 F、扭杆的刚度 c 以及容量 U 等都在变化。下面分别计算这些参数，并将计算结果列于表 4－8 之中。扭杆的刚度特性和负荷变形特性分别绘于图 4－27 和图 4－28 之中。

① 臂端垂直位移 f：

$$F=R_3(\cos\varphi_0-\cos\varphi)=25.5\ \text{cm}\times(\cos 50.88°-\cos\varphi)$$

② 臂端力 F：

$$F=\frac{GJ_p(\varphi-\varphi_0)}{R_3L\sin\varphi}=\frac{7.983\times10^6\times\pi^2\times2.9^4\times(\varphi-50.88°)}{25.5\times139.2\times32\times180\times\sin\varphi}$$

$$=\frac{272.56\times(\varphi-50.88°)}{\sin\varphi}$$

③ 扭杆线刚度：

$$c=\frac{GJ_p}{R_3^2L}\cdot\frac{1-\dfrac{\pi(\varphi-\varphi_0)}{180\tan\varphi}}{\sin^2\varphi}$$

$$=\frac{7.983\times10^6\times2.9^4\times\pi}{32\times25.5^2\times139.2}\cdot\frac{1-\dfrac{\pi(\varphi-50.88°)}{180\tan\varphi}}{\sin^2\varphi}$$

$$=612.405\times\frac{1-\dfrac{\pi(\varphi-50.88°)}{180\tan\varphi}}{\sin^2\varphi}$$

④ 容量 U：

$$U=\frac{GJ_p}{2L}(\varphi-\varphi_0)^2=\frac{7.983\times10^6\times2.9^4\times\pi^3}{2\times139.2\times32\times180^2}(\varphi-\varphi_0)^2$$
$$=60.652(\varphi-50.88°)$$

表 4-8　力、变形、刚度、容量随扭杆转角的变化

$\varphi(\gamma)/(°)$	f/cm	F/N	$c/(\mathrm{N\cdot cm^{-1}})$	$U/(\mathrm{N\cdot m})$
$\varphi_{cr}=26.3$				
$\varphi_0=50.88$	0	0	1 017.44	0
$\varphi_0=55$	1.46	1 369.8	866.74	1 030
$\varphi_0=60$	3.34	2 869.3	741.53	5 040
$\varphi_0=65$	5.31	4 245.4	659.91	12 090
$\varphi_0=70$	7.37	5 544.8	609.31	22 170
$\varphi_0=75$	9.49	6 805.1	582.34	35 280
$\varphi_f=80.27$	11.78	8 126.5	574.97	52 378
$\varphi_f=85$	13.87	9 334.3	584.95	70 600
$\varphi_f=90$	16.09	10 661.5	612.41	92 810
$\varphi_f=95$	18.31	12 070.3	658.66	118 050
$\varphi_f=100$	20.52	13 593.6	726.89	14 630
$\varphi_d=105.86$	23.06	15 577.0	842.25	183 320
$\varphi_{cp}=160.88$				

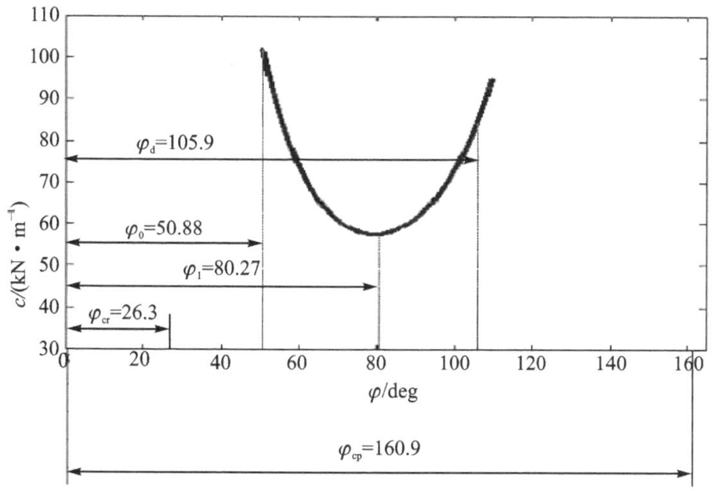

图 4-27　扭杆刚度与转角的关系

(5) 悬架刚度及频率

1) 前悬架的线刚度

从表 4-8 中的数据可知,扭杆簧在满载点($\varphi=80.27°$)的垂直线刚度 $c_f=574.96$ N/cm,将其换算到车轮着地点的等效刚度便是前悬架的换算线刚度 k_1,即

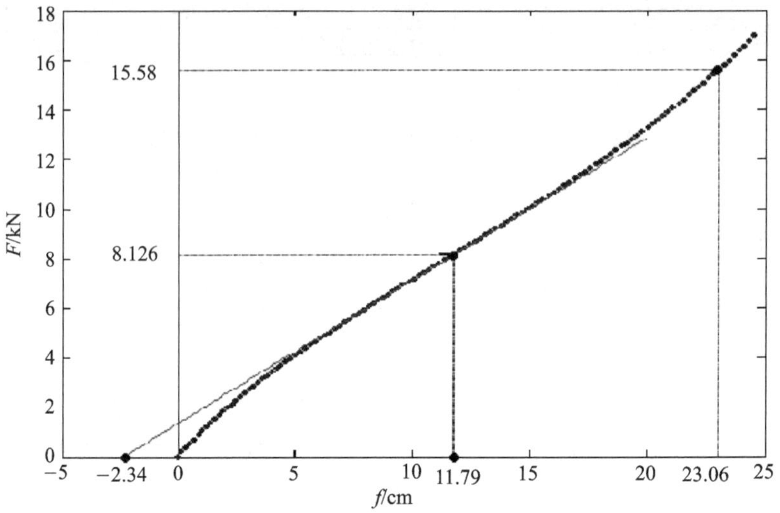

图 4-28 载荷与扭杆变形的关系

$$k_1 = c_f\left(\frac{l_2}{l_1}\cos\varphi_1\right)^2 = \left[574.96\times\left(\frac{4\ 284}{4\ 117}\cos 9.73^\circ\right)^2\right]\ \text{N/cm} = 604.77\ \text{N/cm}$$

2）前悬架的频率

$$n_1 = \frac{300}{\sqrt{P_1/k_1}} = \frac{300}{\sqrt{8\ 336/604.77}} = 80.8\quad（次/分）$$

这个数据和设计要求的 1.3 Hz 接近。

3）前簧横向角刚度

$$C_{\alpha S1} = \frac{1}{2}k_1 B_1{}^2 = \frac{1}{2}\times 60\ 477\times 1.7^2\ \text{N}\cdot\text{m/rad} = 87\ 389.3\ \text{N}\cdot\text{m/rad}$$

（6）悬架负荷特性

由于扭杆弹簧为渐变刚度簧，因此悬架的载荷-变形特性也是渐变刚度的。扭杆臂在不同转角 φ 下的力 F、变形量 f_t 以及刚度 c 等均必须换算成悬架的载荷 P、变形量 f 以及刚度 k 等。然而，换算系数却是随 φ 角变化的。为了求取不同转角下的不同参数，必须借用表 4-7 中的数据计算如下一系列的准备参数，然后再计算 P、f 和 k 等参数。计算结果列入表 4-9 和表 4-10 之中，最后绘制前悬架的 $P-k$、$P-f$ 等特性曲线于图 4-29 和图 4-30 之中。现计算不同 φ 值下的各种过渡参数：

① R_3 杆的转角：

$$\gamma = 90^\circ + \varphi$$

② R_1 及 R_2 的转角 α、β：α、β 在表 4-7 中与 γ 对应。

③ 车轮着地点 E 的变化参数 x、y：x 值和 y 值在表 4-7 中与 γ 值对应。

④ 上臂角 φ_1：

$$\varphi_1 = 180^\circ - \gamma$$

⑤ 下臂角 φ_2：

$$\varphi_2 = 360^\circ - \alpha$$

⑥ 车轮着地点 E 的 y 坐标：

$$Y_E = Y_{Ef} - (x_f - x) = 833.4 - 453.5 + x = 380 + x \quad (\text{mm})$$

⑦ 扭杆臂端点 A_u 的 y 坐标：

$$Y_{Au} = Y_{Auf} - R_3(\cos\varphi_{1f} - \cos\varphi_1) = 727.3 - 255 \times (\cos 9.73° - \cos\varphi_1)$$
$$= 475.97 + 255\cos\varphi_1 \quad (\text{mm})$$

⑧ 扭杆臂端点 A_u 的 z 坐标：

$$Z_{Au} = Z_{Auf} - R_3(\sin\varphi_{1f} - \sin\varphi_1) = -17.1 + 255 \times (\sin 9.73° - \sin\varphi)$$
$$= 26 - 255\sin\varphi_1 \quad (\text{mm})$$

⑨ 右侧横向瞬时悬架中心 O_e 点的位置参数 l_1：

$$l_1 = \frac{Z_{Du} - Z_{Dd} + (Y_{Dd} - Y_E)\tan\varphi_2 - (Y_{Du} - Y_E)\tan\varphi_1}{\tan\varphi_1 - \tan\varphi_2}$$
$$= \frac{26 + 251 + (Y_E - 380)\tan\varphi_2 - (Y_E - 476)\tan\varphi_1}{\tan\varphi_1 - \tan\varphi_2} \quad (\text{mm})$$

⑩ 车轮着地点 E 的 z 坐标：

$$Z_E = Z_{Ef} - (y_f - y) = -654.6 - (-403.4 - y) = -251.2 + y \quad (\text{mm})$$

⑪ 点 O_e 的位置参数 h：

$$h = (l_1 + |Y_{Du} - Y_E|)\tan\varphi_1 - |Z_{Du} - Z_E|$$
$$= (l_1 + |Y_E - 476.1|)\tan\varphi_1 - |26 - Z_E| \quad (\text{mm})$$

⑫ 点 O_e 的位置参数 l_2：

$$l_2 = \sqrt{(Z_{Au} - Z_E + h)^2 + (l_1 + |Y_{Au} - Y_E|)^2} \quad (\text{mm})$$

⑬ m 传力角 ξ：

$$\xi = \arctan\left[\frac{|Y_{Au} - Y_E|}{(Z_{Au} - Z_{Dd}) + |Y_{Dd} - Y_E|\tan\varphi_2}\right]$$
$$= \arctan\left[\frac{|Y_{Au} - Y_E|}{(Z_{Au} + 251) + |Y_{Dd} - Y_E|\tan\varphi_2}\right]$$

⑭ 车轮着地点的垂直位移 f：

$$f = y_\varphi - y_{\varphi 0} = y + 509.7 \quad (\text{mm})$$

⑮ 臂端力 F：

$$F = \frac{GJ_p(\varphi - \varphi_0)}{R_3 L\sin\varphi}$$
$$= \frac{7.983 \times 10^6 \times 2.9^4\pi(\varphi - 50.88°)}{32 \times 25.5 \times 139.2 \times 57.3\sin\varphi}$$
$$= 272.54 \times \frac{\varphi - 50.88°}{\sin\varphi} \quad (\text{N})$$

⑯ 车轮载荷 P：

$$P = \frac{\cos(\xi + \varphi_2)}{\cos\varphi_2 \cdot \cos(\xi + \varphi_1)} \cdot F \quad (\text{N})$$

⑰ 扭杆刚度 c：

$$c = \frac{GJ_p}{R_3^2 L} \cdot \frac{1 - \dfrac{\pi(\varphi - \varphi_0)}{180\tan\varphi}}{\sin^2\varphi} = 612.405 \times \frac{1 - \dfrac{\pi(\varphi - 50.88°)}{180\tan\varphi}}{\sin^2\varphi} \quad (\text{N/cm})$$

⑱ 悬架刚度 k_1：

$$k_1=\left(\frac{l_2\cos\varphi}{l_1}\right)^2\cdot c\quad (\text{N/cm})$$

⑲ 悬架频率 n：

$$n_1=\frac{300}{\sqrt{P_1/k_1}}\quad (\text{次 / 分})$$

表 4-9　随 φ 角变化的各种准备参数

φ/(°)	γ/(°)	β/(°)	α/(°)	x/mm	y/mm	φ_1/(°)	φ_2/(°)	Y_E/mm	Y_{Au}/mm	Z_{Au}/mm	Z_E/mm
$\varphi_{cr}=26.3$											
$\varphi_0=50.9$	140.9	102.9	336.5	454.1	−509.7	39.1	23.6	834.1	673.8	−134.9	−760.9
$\varphi_0=55$	145	101.7	338.6	452.5	−498.2	35	21.4	832.5	684.9	120.3	−749.4
$\varphi_0=59$	149	100.8	340.8	451.8	−485.6	31	19.2	831.8	694.6	105.3	−736.8
$\varphi_0=63$	153	100.0	343.1	451.6	−471.9	27	16.9	831.6	703.2	89.8	−723.1
$\varphi_0=67$	157	99.3	345.5	451.9	−457.2	23	14.5	831.9	710.7	73.6	−708.4
$\varphi_0=71$	161	98.8	348.0	452.4	−441.7	19	12.0	832.4	717.1	57.0	−692.9
$\varphi_0=75$	165	98.4	350.5	452.9	−425.5	15	9.5	832.9	722.3	40.0	−676.7
$\varphi_0=79$	169	98.1	353.0	453.4	−408.8	11	7.0	833.4	726.3	22.7	−660.0
$\varphi_f=80.3$	170.3	98.0	353.9	453.5	−403.4	9.7	6.2	833.5	727.3	−17.1	−654.6
$\varphi_f=84$	174	97.8	356.3	453.8	−387.2	6	3.7	833.8	729.6	−0.7	−638.4
$\varphi_f=88$	178	97.7	358.9	453.9	−369.7	2	1.1	833.9	730.8	17.1	−620.9
$\varphi_f=92$	182	97.7	361.5	453.7	−351.9	−2	−1.5	833.8	730.8	34.9	−603.1
$\varphi_f=96$	186	97.8	364.2	453.3	−334.0	−6	−4.2	833.3	729.6	52.7	−585.2
$\varphi_f=100$	190	97.98	366.8	452.7	−316.1	−10	−6.8	832.7	727.1	70.3	−567.3
$\varphi_f=104$	194	98.8	369.4	451.7	−298.2	−14	−9.4	831.7	723.4	87.7	−549.4
$\varphi_d=105.9$	195.9	98.3	370.6	451.2	−289.9	−15.8	−10.6	831.2	721.3	95.7	−541.1
$\varphi_{cp}=160.9$											

表 4-10　悬架特性参数

φ/(°)	l_1/mm	h/mm	l_2/mm	ξ/(°)	f/mm	F/N	P/N	c/(N·cm^{-1})	K/(N·cm^{-1})	N/(次·分$^{-1}$)
$\varphi_{cr}=26.3$										
$\varphi_0=50.9$					0	0	0			
$\varphi_0=55$	649.1	−71.2	796.7	25.6	11.5	1 369.8	2 043.8	866.7	1 131.8	223.3
$\varphi_0=59$	857.5	−33.8	994.7	24.4	24.1	2 580.9	3 484.5	762.6	915.2	153.7
$\varphi_0=63$	1 115.4	0.46	1 243.9	23.3	37.8	3 706.5	4 632.6	688.3	783.7	123.4
$\varphi_0=67$	1 446.7	30.8	1 567.9	22.4	52.5	4 772.1	5 613.9	636.5	700.7	106.0
$\varphi_0=71$	1 894.9	56.3	2 010.1	21.7	68.0	5 798.9	6 502.9	602.2	648.2	94.7

续表 4-10

$\varphi/(°)$	l_1/mm	h/mm	l_2/mm	$\xi/(°)$	f/mm	F/N	P/N	c/(N·cm^{-1})	K/(N·cm^{-1})	N/(次·分$^{-1}$)
$\varphi_0=75$	2 548.2	75.7	2 658.8	21.1	84.2	6 805.1	7 348.7	582.3	616.6	86.9
$\varphi_0=79$	3 617.6	86.7	3 724.7	20.7	100.9	7 806.9	8 186.9	574.9	600.5	81.3
$\varphi_f=80.3$	4 116.6	86.6	4 282.4	20.6	106.4	8 126.5	8 456.2	575.0	6 051.2	80.8
$\varphi_f=84$	6 692	76.5	6 796	20.4	122.5	9 076	9 267.2	581.6	597.3	76.2
$\varphi_f=88$	17 528	−22.3	17 631	20.4	140.0	10 123	10 188	599.3	606.1	73.2
$\varphi_f=92$	−32 628	497.8	−32 525	20.6	157.8	11 213	11 185.1	628.5	624.1	70.9
$\varphi_f=96$	−8 603	255.4	−8 499	21.0	175.7	12 365	12 283.6	670.4	650.9	69.1
$\varphi_f=100$	−4 953	217.1	−4 847	21.5	193.6	13 594	13 510.8	726.9	686.6	67.6
$\varphi_f=104$	−3 453	196.8	−3 345	22.3	211.5	14 921	14 897.8	800.8	731.3	66.5
$\varphi_d=105.9$	−2 820.6	184.6	−2 709.8	23.0	224.0	15 942	16 007.3	866.6	769.3	65.7
$\varphi_{cp}=160.9$										

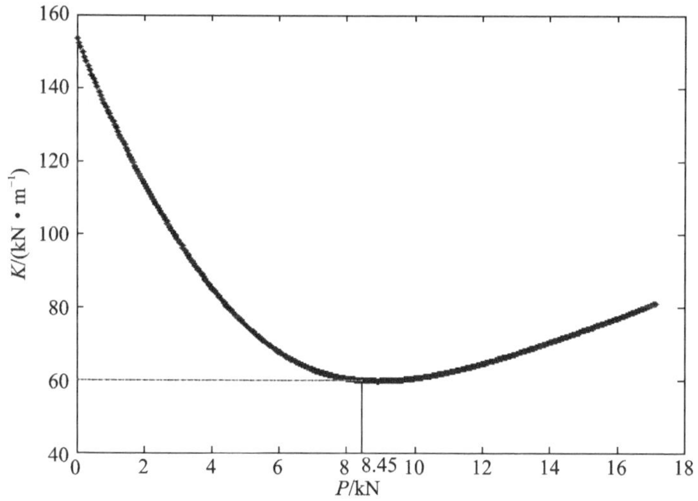

图 4-29　前悬架的 P-K 曲线

(7) 扭杆强度校核

扭杆强度校核只计算最大剪应力和比应力。

1) 最大剪应力 τ_{max}

① 满载点的扭矩 T_f 值：

$$T_f=204\ 244\ \text{N/cm}$$

② 限位点的扭矩 T_d 值：

$$T_d=F_dR_3\cos(\varphi_d-90°)=[15\ 578\times25.5\times\cos(105.86°-90°)]\text{N/cm}$$
$$=382\ 117\ \text{N/cm}$$

③ 满载点的剪应力 τ_{mf} 值：

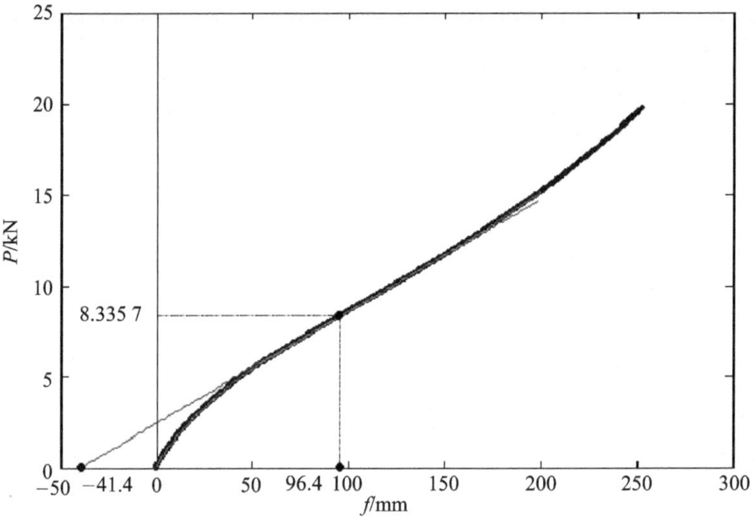

图 4-30 前悬架的 $P-f$ 曲线

$$\tau_{mf}=\frac{16T_f}{100\pi d^3}=\frac{16\times 204\ 244}{100\pi\times 2.9^3}\ \text{MPa}=426.5\ \text{MPa}$$

④ 限位点的剪应力 τ_{df} 值：

$$\tau_{df}=\frac{16T_d}{100\pi d^3}=\frac{16\times 382\ 117}{100\pi\times 2.9^3}\ \text{MPa}=797.94\ \text{MPa}$$

2）比应力

满载点：

$$\frac{\tau}{\varphi}=\frac{\tau_f\times 180}{(\varphi_f-\varphi_0)\pi}=\frac{180\times 426.51\ \text{MPa}}{(80.27°-50.88°)\pi}=831.5\ \text{MPa/rad}$$

限位点：

$$\frac{\tau}{\varphi}=\frac{\tau_d\times 180}{(\varphi_d-\varphi_0)\pi}=\frac{180\times 797.94\ \text{MPa}}{(105.86°-50.88°)\pi}=831.0\ \text{MPa/rad}$$

4. 阻尼元件

前悬架减振器仍选万向钱潮减振器公司生产的双向作用筒式减振器，其工作缸径 $d=45$ mm。

(1) 行程关系

行程关系见图 4-31 和表 4-11。

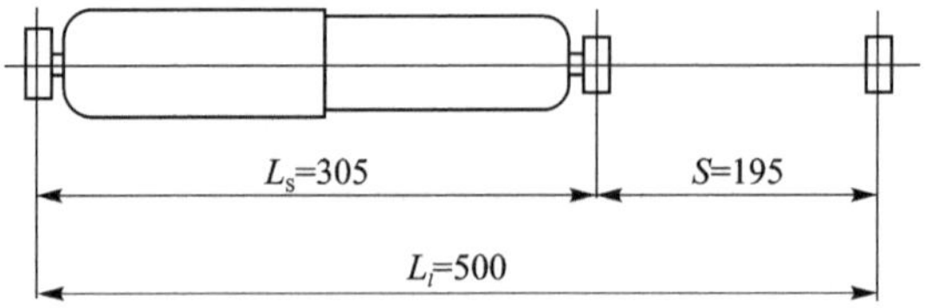

图 4-31 前减振器的行程关系

表 4－11　前减振器的行程关系

参　数	L_s/mm	L_l/mm	S/mm
前减振器	305±3	500±3	195±5
后减振器	338±3	550±3	212±5

(2) 布置关系

前减振器上下支点的布置参数见图 4－32。

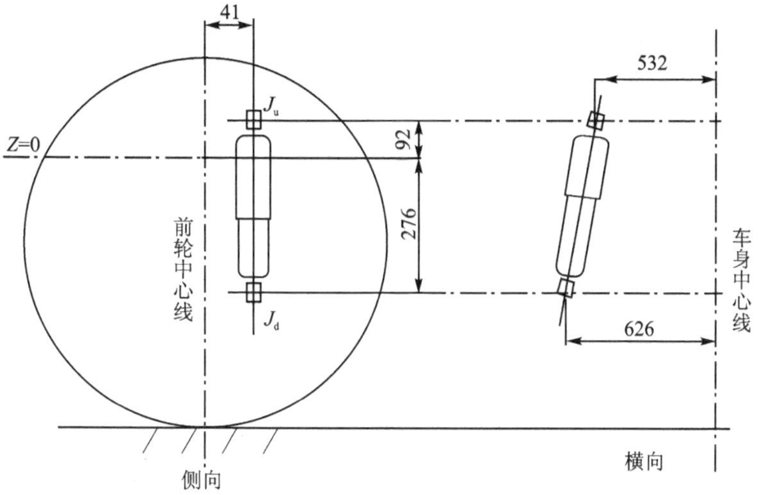

图 4－32　前减振器的布置参数

由图 4－32 的参数可知，减振器的满载空间长度为

$$l=[(626-532)^2+(92+276)^2]^{1/2}\ \mathrm{mm}=380\ \mathrm{mm}$$

可用压缩行程：

$$S_p=(380-305)\mathrm{mm}=75\ \mathrm{mm}$$

可用复原行程：

$$S_r=(500-380)\mathrm{mm}=120\ \mathrm{mm}$$

这种布置显然是极不合理的。正确的做法应是加大两支点间的距离，使 $S_p>S_r$。同时还应使上下支点的 y 坐标尽量靠向车轮，以提高减振器的阻尼效果。

(3) 阻尼特性

假设减振器的阻力系数为

$$k=(k_r+k_p)/2$$

式中，k_p 和 k_r 分别为压缩阻力系数和复原阻力系数，并取 $k_r/k_p=3$，取阻尼比 $\psi=0.3$，其前后减振器的阻尼特性见表 4－12。

表 4-12　前后减振器的阻尼特性

减振器	$v/(\mathrm{m\cdot s^{-1}})$	P_r/N	$k_r/(\mathrm{N\cdot s\cdot m^{-1}})$	P_p/N	$k_p/(\mathrm{N\cdot s\cdot m^{-1}})$	$k/(\mathrm{N\cdot s\cdot m^{-1}})$	ψ
前减	0.30	2 017	6 722	672	2 241	4 481	0.3
	0.52	3 495	6 722	1 165	2 241	4 481	0.3
	0.60	4 033	6 722	1 345	2 241	4 481	0.3
后减	0.30	2 648	8 826	883	2 942	5 884	0.3
	0.52	4 590	8 826	1 530	2 942	5 884	0.3
	0.60	5 296	8 826	1 765	2 942	5 884	0.3

5. 稳定装置

本车前后悬架均装有横向稳定杆，杆径均为 30 mm，材料为 $60Si_2Mn$ 。杆体中部通过两支座装于车身上，其端部通过立柱装于车桥之上。支座和立柱胶垫采用聚氨酯橡胶。下面介绍杆体结构参数、杆体和胶件变形以及线刚度和角刚度等的计算。

(1) 杆体结构参数

杆体的结构参数如图 4-33 所示，具体尺寸如表 4-13 所列。

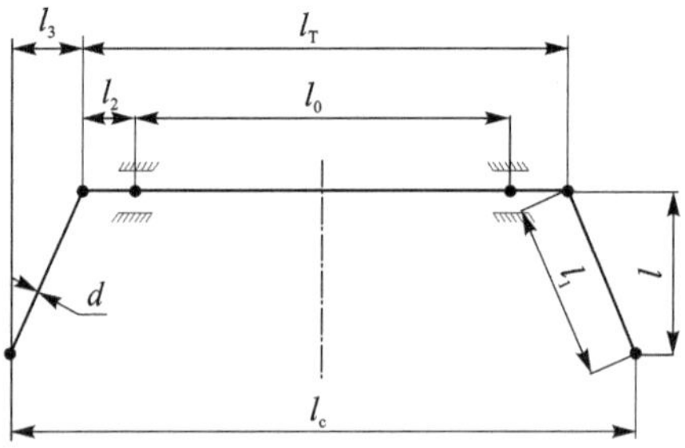

图 4-33　稳定杆的结构参数

表 4-13　稳定杆的尺寸参数

mm

悬　架	l	l_0	(l_1)	l_2	l_3	l_c	l_T	d
前	200	750	242.4	65	137	1 154	880	30
后	250	810	251.8	75	30	1 020	960	30

(2) 杆体和胶件变形

杆体换算到立柱处的变形用下列公式计算：

$$f'_c=\frac{l^2 l_T}{2}\cdot\frac{P}{GJ_p}+\left[\frac{l_1^3}{3}+\frac{(l_2+l_3)^2 l_0}{6}+\frac{3(l_2+l_3)l_2 l_3+l_2^3}{2}\right]\frac{P}{EJ}$$

式中

$$E=2.058\times10^7\ \mathrm{N/cm^2},\quad J=\frac{\pi d^4}{64}\mathrm{cm^4}$$

$$G=7.94\times10^{6}\ \mathrm{N/cm^{2}},\quad J_{p}=\frac{\pi d^{4}}{32}\mathrm{cm^{4}}$$

代入表 4-13 中的参数计算后可得：$f'_{c}=0.000\ 420\ 72P$。

胶件换算到立柱处的变形用下列公式计算：

$$f_{R}=\left[\left(\frac{l_{c}}{l_{0}}\right)^{2}\frac{1}{c_{s}}+\frac{2}{c_{p}}\right]P$$

式中，立柱胶垫（共 8 块）取刚度 $c_{p}=10\ 000$ N/cm；支座胶垫（共 2 块）取刚度 $c_{s}=30\ 000$ N/cm。

代入数值计算后可得：$f_{R}=0.000\ 278\ 92P$。

（3）线刚度和角刚度

① 稳定杆的垂直线刚度 $c_{1稳}$：

$$c_{1稳}=\frac{P}{f'_{c}+f_{R}}=\frac{1}{0.000\ 420\ 72+0.000\ 278\ 92}\ \mathrm{N/cm}=1\ 429.31\ \mathrm{N/cm}$$

② 稳定杆的角刚度 $C_{\alpha1稳}$：

$$C_{\alpha1稳}=\frac{1}{2}\times c_{1稳}\times l_{c}^{2}=\left(\frac{1}{2}\times142\ 931\times1.154^{2}\right)\mathrm{N\cdot cm/rad}=95\ 172\ \mathrm{N\cdot cm/rad}$$

（4）杆体强度校核

① 杆体端部载荷 P：

$$P=\frac{1}{2}c_{w}l_{c}\alpha_{1}=\left(\frac{1}{2}\times1\ 429.31\times115.4\times\frac{6\pi}{180}\right)\mathrm{N}=8\ 636.36\ \mathrm{N}$$

② 弯臂根部弯曲应力 σ：

$$\sigma=\frac{32Pl_{1}}{\pi d^{3}}=\frac{32\times8\ 636.36\times24.24}{\pi\times3^{3}\times100}\ \mathrm{MPa}=789.77\ \mathrm{MPa}$$

③ 根体扭转应力 τ：

$$\tau=\frac{16Pl}{\pi d^{3}}=\frac{16\times8\ 636.36\times20}{\pi\times3^{3}\times100}\ \mathrm{MPa}=325.81\ \mathrm{MPa}$$

④ 弯臂根部的合成应力 σ_{n}：

$$\sigma_{n}=\sqrt{\sigma^{2}+(2\tau)^{2}}=\sqrt{789.77^{2}+(2\times325.81)^{2}}\ \mathrm{MPa}=1\ 023.89\ \mathrm{MPa}$$

$60Si_{2}Mn$ 的 $\sigma_{b}=1\ 470$ MPa。

附录　计算示例表

附表 1　变丝径等圈径等螺旋角压缩螺旋弹簧(十———)

$\alpha=6°, d_0=2$ cm, $D=18.2$ cm, $\beta=0.2°, n=7, S_n=402.44$ cm, $H=42.07$ cm, $M=18.00$ kg

k	η_k	F_{mk}/N	f_g/cm							f_{gk}/cm	c_{gk}/(N·cm^{-1})	N_{gk}/(次·分$^{-1}$)
			1	2	3	4	5	6	7			
1	0.031 173 3	12 336	3.909	2.710	1.938	1.422	1.067	0.816	0.635	12.497	987	84.9
2	0.021 612 5	16 879		3.708	2.652	1.946	1.460	1.117	0.869	15.661	1 078	75.8
3	0.015 453 2	22 330			3.508	2.574	1.932	1.478	1.150	18.259	1 223	70.2
4	0.011 340 6	28 686				3.307	2.482	1.899	1.477	20.290	1 414	66.6
5	0.008 510 0	35 908					3.106	2.376	1.849	21.763	1 650	64.3
6	0.006 510 2	43 906						2.906	2.261	22.705	1 934	63.0
7	0.005 064 9	52 538							2.705	23.149	2 270	62.4

(1) $d_k=d_0+\dfrac{2\pi D\tan(\beta/2)}{\cos\alpha}k$；(2) $\eta_k=\dfrac{1}{\left[d_0+\dfrac{2\pi D\tan(\beta/2)}{\cos\alpha}(k-1)\right]^3}-\dfrac{1}{\left[d_0+\dfrac{2\pi D\tan(\beta/2)}{\cos\alpha}k\right]^3}=\dfrac{1}{d_{k-1}^3}-\dfrac{1}{d_k^3}$；

(3) $F_{mk}=\dfrac{3\pi^2 G\tan(\beta/2)}{4D\eta_k\cos\alpha}\left[\tan\alpha-\dfrac{d_0}{\pi D}-\dfrac{\tan(\beta/2)}{\cos\alpha}(2k-1)\right]$；(4) $f_k=\dfrac{4D^2\eta_k\cos\alpha}{3\pi G\tan(\beta/2)}F_{mk}$；(5) $f_{gk}=\sum\limits_{k=1}^{n}f_k$；(6) $c_{gk}=\dfrac{F_{mk}}{f_{gk}}$；

(7) $N_{gk}=\dfrac{300}{\sqrt{f_{gk}}}$；(8) $H=\pi Dn\tan\alpha$；(9) $S=\dfrac{H}{\sin\alpha}$；(10) $M=\dfrac{\pi S}{16\ 000}(d_0+d_n)^2\rho=\dfrac{\pi S}{4\ 000}\left(d_0+S\tan\dfrac{\beta}{2}\right)^2\rho$；

(11) $C_\theta=\dfrac{D}{d_\theta}$；(12) $k_\theta=\dfrac{4C_\theta-1}{4C_\theta-4}+\dfrac{0.615}{C_\theta}$；(13) $\sigma_{m\theta}=1.25\tau_{m\theta}$；(14) $\tau_{m\theta}=\dfrac{0.08k_\theta F_{mk}}{\pi d_\theta^3}\left(1+\dfrac{d_\theta}{2D}\right)D$

附表 2 等丝径变节距等圈径压缩螺旋弹簧(— — ⫰ ⫰)

$d=2.7$ cm，$t_1=t_2=5$ cm，$t_3=t_4=t_5=6$ cm，$t_6=t_7=7$ cm，$D=18.2$ cm，$n=7$，$H=42$ cm，$S_n=402.5$ cm，$M=17.98$ kg，$C=6.740\ 74$，$k=1.221\ 881\ 6$

k	t_k/cm	F_{mk}/N	f_g/cm							f_{gk}/cm	N_{gk}/(次·分$^{-1}$)	c_{gk}/(N·cm^{-1})
			1	2	3	4	5	6	7			
1	5	20 048	2.300	2.300	2.296	2.296	2.296	2.292	2.292	16.1	74.8	1 245.2
2	5	20 048		2.300	2.296	2.296	2.296	2.292	2.292	16.1	74.8	1 245.2
3	6	28 812			3.300	3.300	3.300	3.294	3.294	21.1	65.3	1 365.5
4	6	28 812				3.300	3.300	3.294	3.294	21.1	65.3	1 365.5
5	6	28 812					3.300	3.294	3.294	21.1	65.3	1 365.5
6	7	37 616						4.300	4.300	23.1	62.4	1 628.4
7	7	37 616							4.300	23.1	62.4	1 628.4

(1) $F_{mk}=\dfrac{(t_k-d)Gd^4\sqrt{t_k^2+(\pi D)^2}}{8\pi D^4}$；　(2) $f_k=\dfrac{8\pi D^4 F_{mk}}{Gd^4\sqrt{t_k^2+(\pi D)^2}}$；

(3) $f_{gk}=\sum\limits_{k=1}^{n} f_k$；　(4) $c_{gk}=\dfrac{F_{mk}}{f_{gk}}$；

(5) $N_{gk}=\dfrac{300}{\sqrt{f_{gk}}}$；　(6) $H=\sum\limits_{k=1}^{n} t_k$；

(7) $S_n=\sum\limits_{k=1}^{n}\sqrt{t_k^2+(\pi D)^2}$；　(8) $M=\dfrac{\pi d^2 S_n \rho}{4\ 000}$；

(9) $C=\dfrac{D}{d}$；　(10) $k'=\dfrac{4C-1}{4C-4}+\dfrac{0.615}{C}$；

(11) $\tau_{mk}=\dfrac{0.08kD}{\pi d^3}\left(1+\dfrac{d}{2D}\right)F_{mk}$；　(12) $\sigma_{mk}=1.25\tau_{mk}$

附表 3　等丝径等节距圆锥压缩螺旋弹簧(—♀—♀)

$d=2.7$ cm，$R_0=8$ cm，$t=6$，$\psi=6°$，$n=7$，$S_n=402.5$ cm，$H=42$ cm，$M=17.98$ kg

k	R_k/cm	η_k	F_{mk}/N	f_g/cm							f_{gk}/cm	c_{gk}/(N·cm^{-1})	N_{gk}/(次·分$^{-1}$)
				1	2	3	4	5	6	7			
1	8.314	2 171.762	39 771	3.3							23.100	1 722	62.4
2	8.629	2 436.581	35 448	2.941	3.3						22.741	1 559	62.9
3	8.943	2 710.887	31 861	2.644	2.966	3.3					22.110	1 441	63.8
4	9.258	3 020.478	28 596	2.373	2.662	2.962	3.3				21.197	1 349	65.2
5	9.572	3 334.946	25 899	2.149	2.411	2.683	2.988	3.3			20.131	1 287	66.9
6	9.887	3 690.925	23 401	1.942	2.179	2.424	2.701	2.982	3.3		18.828	1 243	69.1
7	10.201	4 048.497	21 334	1.770	1.986	2.210	2.462	2.718	3.009	3.3	17.455	1 222	71.8

(1) $R_k=R_0+kt\tan\frac{\psi}{2}$；

(2) $\eta_k=\frac{R_k^4-R_{k-1}^4}{R_k-R_{k-1}}$；

(3) $F_{mk}=\frac{(t-d)Gd^4}{64\eta_k}$；

(4) $f_k=\frac{32F_{mk}}{G\cdot d^4}\eta_k$；

(5) $f_{gk}=\sum_{k=1}^{n}f_k$；

(6) $c_{gk}=F_{mk}/f_{gk}$；

(7) $N_{gk}=\frac{300}{\sqrt{f_{gk}}}$；

(8) $H=nt$；

(9) $x_n=2\pi n\left(R_0+\frac{1}{2}nt\tan\frac{\psi}{2}\right)$；

(10) $x_{n/2}=\pi n\left(R_0+\frac{1}{4}nt\tan\frac{\psi}{2}\right)$；

(11) $S_n=\sqrt{x_{n/2}^2+\left(\frac{H}{2}\right)^2}+\sqrt{(x_n-x_{n/2})^2+\left(\frac{H}{2}\right)^2}$；

(12) $M=\frac{\pi S_n d^2\rho}{4\ 000}$；

(13) $C_\theta=\frac{2R_\theta}{d}$；

(14) $k_\theta=\frac{4C_\theta-1}{4C_\theta-4}+\frac{0.615}{C_\theta}$；

(15) $\tau_{m\theta}=k_\theta\frac{0.16F_{mk}R_\theta}{\pi d_\theta^3}\left(1+\frac{d_\theta}{4R_\theta}\right)$；

(16) $\sigma_{m\theta}=1.25\tau_{m\theta}$

附表 4 等丝径等螺旋角圆锥压缩螺旋弹簧(一ㅜㅜ一)

$d=2.7$ cm, $R_0=8$ cm, $\psi=6°$, $n=7$, $S_n=400.322$ cm, $H=41.85$ cm, $M=17.88$ kg

k	R_k/cm	t_k/cm	η_k	F_{mk}/N	f_g/cm							f_{gk}/cm	c_{gk}/(N·cm^{-1})	N_{gk}/(次·分$^{-1}$)
					1	2	3	4	5	6	7			
1	8.282	5.381	539.551 9	32 514	2.681							22.945	1417	62.6
2	8.573	5.553	598.544 3	31 189	2.572	2.853						22.836	1 366	62.8
3	8.875	5.763	663.967 7	30 186	2.489	2.761	3.063					22.661	1 332	63.0
4	9.188	5.972	736.681 3	29 063	2.396	2.659	2.949	3.272				22.352	1 300	63.5
5	9.511	6.163	822.525 2	27 549	2.272	2.520	2.796	3.102	3.463			21.766	1 266	64.3
6	9.846	6.392	906.617 6	26 646	2.197	2.437	2.704	3.000	3.350	3.692		21.301	1 251	65.0
7	10.193	6.621	1 005.861 4	25 507	2.103	2.333	2.588	2.872	3.206	3.534	3.921	20.557	1 241	66.2

(1) $R_k=R_0 e^{2\pi k\tan\alpha\tan\frac{\psi}{2}}$;
(2) $t_k=\dfrac{R_k-R_{k-1}}{\tan(\psi/2)}$;
(3) $\eta_k=\dfrac{R_k^3-R_{k-1}^3}{\ln R_k^3-\ln R_{k-1}^3}$;
(4) $F_{mk}=\dfrac{(t_k-d)Gd^4}{64\eta_k}$;

(5) $f_k=\dfrac{32F_{mk}}{Gd^4}\eta_k$;
(6) $f_{gk}=\sum_{k=1}^{n} f_k$;
(7) $c_{gk}=\dfrac{F_{mk}}{f_{gk}}$;
(8) $N_{gk}=\dfrac{300}{\sqrt{f_{gk}}}$;

(9) $x=\dfrac{R_n-R_0}{\tan\alpha\tan(\psi/2)}$;
(10) $H=x\tan\alpha=\sum t_k$;
(11) $S_n=\dfrac{R_n-R_0}{\sin\alpha\tan(\psi/2)}$;
(12) $M=\dfrac{\pi S_n d^2\rho}{4\ 000}$;

(13) $C_\theta=\dfrac{2R_\theta}{d}$;
(14) $k_\theta=\dfrac{4C_\theta-1}{4C_\theta-4}+\dfrac{0.615}{C_\theta}$;
(15) $\tau_{m\theta}=k_\theta\dfrac{0.16F_{mk}R_\theta}{\pi d_\theta^3}\left(1+\dfrac{d_\theta}{4R_\theta}\right)$;
(16) $\sigma_{m\theta}=1.25\tau_{m\theta}$;

(17) $t_{\frac{k}{2}}=\dfrac{R_k-R_{k-0.5}}{\tan(\psi/2)}$;
(18) $\eta_k=\dfrac{R_k^3-R_{k-0.5}^3}{\ln R_k^3-\ln R_{k-0.5}^3}$

附表 5　变丝径等簧径变节距变螺角压缩螺旋弹簧(⫰—⫰⫰)

$d_0=2$ cm, $\beta=0.2°$, $t_1=t_2=5$ cm, $t_3=t_4=t_5=6$ cm, $t_6=t_7=7$ cm, $D=18.2$ cm, $n=7$

k	t_k/cm	t_k/cm	η_k	F_{mk}/N	f_g/cm							f_{gk}/cm	c_{gk}/(N·cm^{-1})	N_{gk}/(次·分$^{-1}$)	C_k	k_k	$\tau_{m\theta}$/MPa
					1	2	3	4	5	6	7						
1	2.200 4	5	0.031 14	9 145	2.90	2.01	1.44	1.05	0.79	0.61	0.47	9.27	987	98.5	8.271 2	1.177 5	497
2	2.400 7	5	0.021 59	12 279		2.70	1.94	1.42	1.06	0.82	0.63	11.47	1071	88.6	7.581 1	1.195 1	524
3	2.602 0	6	0.015 51	22 187			3.50	2.56	1.92	1.48	1.14	16.20	1370	74.5	6.994 6	1.213 0	759
4	2.802 7	6	0.011 34	28 605				3.30	2.48	1.91	1.47	18.26	1 567	70.2	6.493 7	1.231 2	799
5	3.003 4	6	0.008 51	35 798					3.10	2.39	1.84	19.73	1 814	67.5	6.059 8	1.249 7	829
6	3.206 5	7	0.006 58	58 329						3.89	3.00	22.39	2 605	63.4	5.676 0	1.268 5	1 132
7	3.407 5	7	0.005 06	71 934							3.69	23.08	3117	62.5	5.341 2	1.287 9	1 187

(1) $d_k=d_0+2\pi D\sqrt{1+(t_k/\pi D)^2}\tan(\beta/2)\cdot k$;　(2) $\cos\alpha_k=\dfrac{1}{\sqrt{1+(t_k/\pi D)^2}}$;　(3) $\eta_k=\dfrac{1}{d_{k-1}^3}-\dfrac{1}{d_k^3}$;

(4) $F_{mk}=\dfrac{3\pi^2 G\tan(\beta/2)\sqrt{1+(t_k/\pi D)^2}}{4D\eta_k}\left[\dfrac{t_k}{\pi D}-\dfrac{d_0}{\pi D}-(2k-1)\sqrt{1+(t_k/\pi D)^2}\tan(\beta/2)\right]$;　(5) $f_k=\dfrac{4D^2\eta_k F_{mk}}{3\pi G\sqrt{1+(t_k/\pi D)^2}\tan(\beta/2)}$;

(6) $f_{gk}=\sum_{k=1}^{n}f_k$;　(7) $c_{gk}=\dfrac{F_{mk}}{f_{gk}}$;　(8) $N_{gk}=\dfrac{300}{\sqrt{f_{gk}}}$;

(9) $C_k=\dfrac{D}{d_k}$;　(10) $k_k=\dfrac{4C_k-1}{4C_k-4}+\dfrac{0.615}{C_k}$;　(11) $\tau_{mk}=k_k\dfrac{0.08F_{mk}}{\pi d_k^3}\left(1+\dfrac{d_k}{2D}\right)D$;

(12) $l=\sum_{k=1}^{n}\sqrt{t_k^2+(\pi D)^2}$;　(13) $M=\dfrac{\pi(d_0+d_n)^2}{1\ 600}\cdot l\rho$;　(14) $H=\sum_{k=1}^{n}t_k$

附表 6　变丝径等节距变圈径压缩螺旋弹簧(十 十 一 十)

$t=6$ cm(变螺角)，$R_0=8$ cm，$\psi=6°$，$d_0=2$ cm，$\beta=0.2°$，$n=7$

k	R_k/cm	S_k/cm	d_k/cm	m_k/cm	η_k	F_{mk}/N	f_k/cm							f_{gk}/cm	R_{gk}/(N·cm^{-1})	N_{gk}/(次·分$^{-1}$)	C_k	k_k	τ_{mk}/MPa
							1	2	3	4	5	6	7						
1	8.315	51.253	2.180	0.003 515	172.899	17 495	3.91	2.99	2.29	1.75	1.35	1.04	0.80	14.13	1 238	79.8	7.628	1.194	910
2	8.629	53.229	2.374	0.003 513	132.360	21 760		3.72	2.85	2.18	1.67	1.29	1.00	16.62	1 309	73.6	7.270	1.204	920
3	8.943	55.205	2.582	0.003 511	101.361	26 881			3.52	2.69	2.07	1.60	1.23	18.74	1 434	69.3	6.929	1.215	927
4	9.258	57.180	2.803	0.003 510	77.341	33 084				3.31	2.54	1.96	1.52	20.48	1 615	66.3	6.606	1.227	935
5	9.572	59.156	3.038	0.003 509	59.476	40 056					3.08	2.38	1.84	21.76	1 841	64.3	6.302	1.239	931
6	9.887	61.132	3.287	0.003 507	45.898	47 827						2.48	2.19	22.21	2 153	63.7	6.017	1.252	920
7	10.201	63.108	3.549	0.003 506	35.435	56 370							2.58	22.60	2 494	63.1	5.749	1.265	901

(1) $R_k=R_0+tk\tan\frac{\psi}{2}$；　(2) $S_k=2\pi R_{k-1}+\pi t\tan\frac{\psi}{2}$；　(3) $d_k=d_0+2k\sqrt{t^2+S_k^2}\tan\frac{\beta}{2}$；

(4) $m_k=2\tan\frac{\beta}{2}\sqrt{1+(t/S_k)^2}$；　(5) $\eta_k=\frac{1}{6m_k^2}\left(\frac{2R_0^2m_k-2hd_0+3hd_{k-1}}{d_{k-1}^3}-\frac{2R_0^2m_k-2hd_0+3hd_k}{d_k^3}\right)$；

(6) $F_{mk}=\frac{\pi G}{64\eta_k}(2t-d_k-d_{k-1})$；　(7) $f_k=\frac{32F_{mk}}{\pi G}\eta_k$；　(8) $f_{gk}=\sum_{k=1}^{n}f_k$；

(9) $R_{gk}=\frac{F_{mk}}{f_{gk}}$；　(10) $l_n=\sum_{k=1}^{n}(t^2+S_k^2)^{\frac{1}{2}}$；　(11) $M=\frac{\pi l_n}{16\ 000}(d_0+d_n)^2\rho$；

(12) $C_k=\frac{2R_k}{d_k}$；　(13) $k_k=\frac{4C_k-1}{4C_k-4}+\frac{0.615}{C_k}$；　(14) $\tau_{mk}=\frac{0.16k_kR_k}{\pi d_k^3}\left(1+\frac{d_k}{4R_k}\right)F_{mk}$；

(15) $f_k=\frac{32F}{\pi G}\int_{S'_{k-1}}^{S'_k}\frac{R_0^2+hS}{(d_0+m_kS)^4}dS$；　(16) $S'_k=2\pi R_0k+\pi tk^2\tan\frac{\psi}{2}$；　(17) $h=\pi t\tan\frac{\psi}{2}$

附表 7 变丝径等螺角圆锥压缩螺旋弹簧(♀ ⫰ ⫰ 一)

$d_0=3.6$ cm, $\beta=0.22°$, $\alpha=6°$, $R_0=8$ cm, $\psi=6°$, $n=7$, $C_0=5.607\ 383\ 3$, $C_1=9.207\ 383\ 3$

k	R_k/cm	d_k/cm	t_k/cm	η_k	F_{mk}/N	f_g/cm							f_{gk}/cm	R_{gk}/(N·cm^{-1})	N_{gk}/(次·分$^{-1}$)	C_k	k_k	τ_{mk}/MPa
						1	2	3	4	5	6	7						
1	8.282	3.403	5.375	0.000 244	64 024	1.87							21.8	2 935	64.2	4.868	1.320	998
2	8.573	3.198	5.566	0.000 343	55 024	1.61	2.27						21.6	2 552	64.6	5.362	1.287	1 033
3	8.875	2.987	5.761	0.000 494	44 992	1.32	1.85	2.67					20.9	2158	65.7	5.944	1.255	1 039
4	9.188	2.767	5.963	0.000 732	35 097	1.03	1.45	2.08	3.09				19.6	1 793	67.8	6.640	1.226	1 021
5	9.511	2.541	6.173	0.001 123	26 102	0.76	1.08	1.55	2.30	3.52			17.6	1 483	71.5	7.488	1.198	985
6	9.846	2.306	6.390	0.001 795	18 395	054	0.76	1.09	1.61	2.48	3.97		14.9	1 236	77.8	8.540	1.172	933
7	10.193	2.063	6.617	0.003 026	12 191	0.36	0.50	0.72	1.07	1.64	2.63	4.43	11.4	1 073	89.0	9.883	1.147	869

(1) $R_k=R_0 e^{2\pi k\tan\alpha\tan\frac{\psi}{2}}$;

(2) $d_k=d_0-\dfrac{2\tan(\beta/2)}{\sin\alpha\tan(\psi/2)}(R_k-R_0)$;

(3) $t_k=\dfrac{R_k-R_{k-1}}{\tan(\psi/2)}$;

(4) $C_0=\dfrac{2R_0\tan(\beta/2)}{\sin\alpha\tan(\psi/2)}$;

(5) $C_1=d_0+C_0$;

(6) $\eta_k=\dfrac{1}{3C_0^3}\left(\dfrac{3d_k^2-3C_1d_k+C_1^2}{d_k^3}-\dfrac{3d_{k-1}^2-3C_1d_{k-1}+C_1^2}{d_{k-1}^3}\right)$;

(7) $F_{mk}=\dfrac{\pi G\tan\alpha\tan(\psi/2)}{64R_0^3\eta_k}(2t_k-d_{k-1}-d_k)$;

(8) $f_k=\dfrac{32R_0^3F_{mk}\eta_k}{\pi G\tan\alpha\tan(\psi/2)}$;

(9) $C_k=\dfrac{2R_k}{d_k}$;

(10) $k_k=\dfrac{4C_k-1}{4C_k-4}+\dfrac{0.615}{C_k}$;

(11) $\tau_{mk}=k_k\dfrac{0.16F_{mk}R_k}{\pi d_k^3}\left(1+\dfrac{d_k}{4R_k}\right)$;

(12) $l_n=\dfrac{R_n-R_0}{\sin\alpha\tan(\psi/2)}$;

(13) $H=l_n\sin\alpha$;

(14) $M=\dfrac{\pi l_n}{16\ 000}(d_0+d_n)^2\rho$

附表 8 变丝径等螺旋角圆锥压缩螺旋弹簧(ㄊㄊㄊ一)

$d_0=2$ cm, $R_C=8$ cm, $\alpha=6°$, $\beta=0.2°$, $\psi=6°$, $n=7$, $S_n=400.33$ cm, $H=41.85$ cm, $M=17.88$ kg

k	R_k/cm	d_k/cm	t_k/cm	η_k	F_{mk}/N	f_g/cm							f_{gk}/cm	c_{gk}/(N·cm^{-1})	N_{gk}/(次·分$^{-1}$)
						1	2	3	4	5	6	7			
1	8.281 7	2.179 5	5.375 2	0.001 920 15	14 241	3.286	2.606	2.098	1.175	1.417	1.184	0.999	13.305	1 070	82.2
2	8.573 4	2.365 4	5.566 0	0.001 523	17 999		3.294	2.651	2.167	1.791	1.497	1.263	15.949	1 129	75.1
3	8.875 3	2.557 7	5.760 6	0.001 226	22 396			3.299	2.696	2.228	1.862	1.572	18.237	1 228	70.3
4	9.187 8	2.756 9	5.962 9	0.001 002	27 457				3.306	2.732	2.283	1.927	20.127	1 364	66.9
5	9.511 4	2.963 1	6.174 7	0.000 828	33 319					3.315	2.770	2.338	21.608	1 542	64.5
6	9.846 3	3.176 5	6.390 3	0.000 692	39 937						3.321	2.802	22.623	1 765	63.1
7	10.193 1	3.397 5	6.617 3	0.000 584	47 462							3.330	23.151	2 050	

(1) $R_k=R_0e^{2\pi k\tan\alpha\tan(\psi/2)}$;

(2) $d_k=d_0+\dfrac{2R_0\tan(\beta/2)}{\sin\alpha\tan(\psi/2)}(R_k-R_0)=d_0+\dfrac{2R_0\tan(\beta/2)}{\sin\alpha\tan(\psi/2)}(e^{2\pi k\tan\alpha\tan(\psi/2)}-1)$;

(3) $t_k=\dfrac{R_k-R_{k-1}}{\tan(\psi/2)}$;

(4) $\eta_k=\dfrac{1}{3C_1^3}\left(\dfrac{3d_{k-1}^2-3C_0d_{k-1}+C_0^2}{d_{k-1}^3}-\dfrac{3d_k^2-3C_0d_k+C_0^2}{d_k^3}\right)$,式中,$C_0=d_0-C_1$,$C_1=\dfrac{2R_0\tan(\beta/2)}{\sin\alpha\tan(\psi/2)}$;

(5) $F_{mk}=\dfrac{\pi G\tan\alpha\tan(\psi/2)\cdot(2t_k-d_{k-1}-d_k)}{64R_0^3\eta_k}$;

(6) $f_k=\dfrac{32R_0^3F_{mk}\eta_k}{\pi G\tan\alpha\tan(\psi/2)}$;

(7) $f_{gk}=\sum\limits_{k=1}^{n}f_k$;

(8) $c_{gk}=\dfrac{F_{mk}}{f_{gk}}$;

(9) $N_{gk}=\dfrac{300}{\sqrt{f_{gk}}}$;

(10) $S_n=\dfrac{R_n-R_0}{\sin\alpha\tan(\psi/2)}$;

(11) $H=S_n\sin\alpha$;

(12) $M=\dfrac{\pi S_n}{16\ 000}(d_0+d_n)^2\rho$;

(13) $\tau_{m\theta}=k_\theta\dfrac{0.16F_{mk}R_\theta}{\pi d_\theta^3}\left(1+\dfrac{d_\theta}{4R_\theta}\right)$,式中,$k_\theta=\dfrac{4C_\theta-1}{4C_\theta-4}+\dfrac{0.615}{C_\theta}$,$C_\theta=\dfrac{2R_\theta}{d_\theta}$;

(14) $\sigma_{m\theta}=1.25\tau_{m\theta}$

附表 9　变丝径变节距变螺角圆锥压缩螺旋弹簧(♀ ⫰ ♀ ♀)

$t=7\times2,6\times3,5\times2$；$R_0=8$ cm，$\psi=6°$，$d_0=3.6$ cm，$\beta=0.2°$，$n=7$，$l_n=419.6$ cm，$M=21.194$ kg，$H=42$ cm

k	t_k/cm	$\sum t_k$/cm	R_k/cm	S_k/cm	$\sum S_k$/cm	d_k/cm	h_k	b_k	η_k	F_{mk}/N	f_g/cm							f_{gk}/cm	c_{gk}/(N·cm^{-1})	N_{gk}/(次·分$^{-1}$)	C_k	k_k	τ_{mk}/MPa
											1	2	3	4	5	6	7						
1	7	7	8.367	53.72	53.72	3.413	0.117	0.003 520	0.001 752	112 778	3.49							21.72	5 193	64.4	4.904	1.318	1 776
2	7	14	8.734	56.03	109.75	3.217	0.117	0.003 518	0.002 499	83 423	2.58	3.69						20.81	4 009	65.8	54.30	1.283	1 561
3	6	20	9.048	57.84	167.59	3.015	0.100	0.003 509	0.003 570	45 689	1.41	2.02	2.88					17.97	2 542	70.8	6.002	1.252	1 042
4	6	26	9.363	59.82	227.41	2.806	0.100	0.003 508	0.005 203	33 584	1.04	1.48	2.12	3.09				16.30	2 060	74.3	6.673	1.224	954
5	6	32	9.677	61.79	289.20	2.591	0.100	0 003 507	0.007 790	23 972	0.74	1.06	1.51	2.21	3.30			14.09	1 702	79.9	7.471	1.198	869
6	5	37	9.939	63.27	352.47	2.370	0.083 4	0.003 502	0.011 869	12 008	0.37	0.53	0.76	1.11	1.65	2.52		9.68	1 240	96.4	8.389	1.175	569
7	5	42	10.201	64.92	417.39	2.143	0.083 4	0.003 501	0.018 783	8 262	0.26	0.37	0.52	0.76	1.14	1.73	2.74	7.52	1 099	109.4	9.520	1.153	529

(1) $R_k=R_0+\tan\dfrac{\psi}{2}\sum_{i=1}^{k}t_i$；　(2) $S_k=2\pi R_{k-1}+\pi t_k\tan\dfrac{\psi}{2}$；　(3) $d_k=d_0-b_k\sum_{i=1}^{k}S_i$；

(4) $h_k=\tan\dfrac{\psi}{2}\cdot\dfrac{t_k}{\pi}$；　(5) $b_k=2\tan\dfrac{\beta}{2}\sqrt{1+(t_k/S_k)^2}$；　(6) $\eta_k=\dfrac{3b_kR_{k-1}^2-h_kd_{k-1}+3b_kh_kS_k}{d_k^3}-\dfrac{2b_kR_{k-1}^2-h_kd_{k-1}}{d_{k-1}^3}$；

(7) $F_{mk}=\dfrac{3\pi Gb_k^2}{32\eta_k}(2t_k-d_{k-1}-d_k)$；　(8) $f_{mk}=\dfrac{16F_{mk}\eta_k}{3\pi Gb_k^2}$；　(9) $l_n=\sum_{k=1}^{n}\sqrt{t_k^2-S_k^2}$；

(10) $M=\dfrac{\pi l_n}{16\ 000}(d_0+d_n)^2\rho$；　(11) $H=\sum_{k=1}^{n}t_k$；　(12) $C_k=\dfrac{2R_k}{d_k}$；

(13) $k_k=\dfrac{4C_k-1}{4C_k-4}+\dfrac{0.615}{C_k}$；　(14) $\tau_{mk}=k_k\dfrac{0.16F_{mk}R_k}{\pi d_k^3}\left(1+\dfrac{d_k}{4R_k}\right)$

注：由于原式与改式误差较小，故表中数据暂时未改。表中数据 $b_k=C=0.003\ 491$，$R_{\tau e}=15.8$，$R_{\tau f}=64.0$。

附表 10 变丝径等螺角中凹双圆锥压簧，变丝径变节距中凸变圈径压缩螺旋弹簧

$d_0=2$ cm，$\beta=0.2^\circ$，$\alpha=6^\circ$，$R_0=8$ cm，$\psi=6^\circ$，$n=2\times4=8$，$H=45.1$ cm，$S_n=431.4$ cm，$S_{n/2}=215.7$ cm，$M=14.95$ kg

k	R_k/cm	d_k/cm	t_k/cm	S_k/cm	η_k	F_{mk}/N	f_g/cm				f_{gk}/cm	c_{gk}/(N·cm^{-1})	N_{gk}/(次·分$^{-1}$)
							1,1	2,2	3,3	4,4			
1,1	8.281 7	2.179 5	5.375 2		0.001 920 15	14 241	3.286	2.606	2.098	1.715	19.41	734	68.1
2,2	8.573 4	2.365 4	5.566 0		0.001 523	17 999		3.294	2.651	2.167	22.80	790	62.8
3,3	8.875 3	2.557 7	5.760 6		0.001 226	22 396			3.299	2.696	25.15	891	59.8
4,4	9.181 7	2.756 9	5.962 9		0.001 002	27 457				3.306	26.37	1041	58.4

(1) $R_k=R_0 e^{2\pi k\tan\alpha\tan\frac{\psi}{2}}$；

(2) $d_k=d_0+\dfrac{2\tan(\beta/2)}{\sin\alpha\tan(\psi/2)}(R_k-R_0)$；

(3) $t_k=\dfrac{R_k-R_{k-1}}{\tan(\psi/2)}$；

(4) $\eta_k=\dfrac{S_{k-1}-S_k}{3C_1^3}$，式中，$S_{k-1}=\dfrac{3d_{k-1}^2-3C_0d_{k-1}+C_0^2}{d_{k-1}^3}$，$S_k=\dfrac{3d_k^2-3C_0d_k+C_0^2}{d_k^3}$，$C_0=d_0-C_1$，$C_1=\dfrac{2R_0\tan(\beta/2)}{\sin\alpha\tan(\psi/2)}$；

(5) $F_{mk}=\dfrac{\pi G\tan\alpha\tan(\psi/2)}{64R_0^3\eta_k}(2t_k-d_{k-1}-d_k)$；

(6) $f_k=\dfrac{32R_0^3F_{mk}\eta_k}{\pi G\tan\alpha\tan(\psi/2)}$；

(7) $f_{gk}=\sum\limits_{k=1}^{n}f_k$；

(8) $c_{gk}=\dfrac{F_{mk}}{f_{gk}}$；

(9) $N_{gk}=\dfrac{300}{\sqrt{f_{gk}}}$；

(10) $S_{n/2}=\dfrac{R_{n/2}-R_0}{\sin\alpha\tan(\psi/2)}$；

(11) $H=S_n\sin\alpha$；

(12) $M=\dfrac{\pi S_{n/2}}{8\,000}(d_0+d_{n/2})^2\rho$；

(13) $\tau_{m\theta}=k_\theta\dfrac{0.16F_{mk}R_\theta}{\pi d_\theta^3}\left(1+\dfrac{d_\theta}{4R_\theta}\right)$，式中，$k_\theta=\dfrac{4C_\theta-1}{4C_\theta-4}+\dfrac{0.615}{C_\theta}$，$C_\theta=\dfrac{2R_\theta}{d_\theta}$；

(14) $\sigma_{m\theta}=1.25\tau_{m\theta}$

注：中凹双锥与中凸双锥的计算结果是完全一样的。不同的是 R_0 的位置：中凸双锥的 R_0 在两端，中凹双锥的 R_0 在中部。这是一个 $n=8$ 的中凸对称变圈径簧；1,1 表示第 1 圈和第 8 圈；2,2 表示第 2 圈和第 7 圈，以此类推。

附表 11　无簧圈叠压变丝径等螺角圆锥压缩螺旋弹簧

$d_0=1.2$ cm，$\beta=0.2°$，$\alpha=4°$，$R_0=5$ cm，$\psi=48°$，$n=7$，$C_1=0.569\ 661\ 4$，$C_2=-0.638\ 033\ 86$

k	R_k/cm	d_k/cm	t_k/cm	η_k	F_{mk}/N	f_g/cm							f_{gk}/cm	c_{gk}/(N·cm^{-1})	N_{gk}/(次·分$^{-1}$)	C_k	k_k	τ_{mk}/MPa	α_{mk}/MPa
						1	2	3	4	5	6	7							
1	6.080 3	1.321 4	2.426	0.980 153 3	477	2.426	2.258	2.057	1.843	1.622	1.408	1.208	12.82	37	83.8	9.203	1.024 6	69.2	86.5
2	7.394 0	1.469 1	2.951	0.912 142 6	623		2.949	2.687	2.407	2.119	1.840	1.578	16.01	39	75.0	10.066	1.021 6	79.3	99.2
3	8.991 6	1.648 6	3.588	0.831 097 1	832			3.589	3.214	2.829	2.457	2.108	19.57	43	67.8	10.908 2	1.019 3	90.7	113.3
4	10.934 3	1.867 0	4.363	0.744 341 7	1 129				4.361	3.839	3.333	2.860	23.36	48.3	62.1	11.713	1.017 5	102.5	128.1
5	13.296 8	2.132 5	5.306	0.655 218 9	1 560					5.305	4.606	3.952	27.19	57.4	57.5	12.471	1.016 1	115.1	143.9
6	16.169 7	2.455 4	6.453	0.568 934 0	2 182						6.443	5.527	30.60	71.3	54.2	13.171	1.014 9	127.9	159.8
7	19.663 4	2.848 1	7.847	0.488 076 3	3 098							7.847	32.92	94	52.3	13.808	1.014 0	141.1	176.4

(1) $R_k=R_0 e^{2\pi k\tan\alpha\tan\frac{\psi}{2}}$；

(2) $d_k=d_0+\dfrac{2\tan(\beta/2)}{\sin\alpha\tan(\psi/2)}(R_k-R_0)$；

(3) $t_k=\dfrac{R_k-R_{k-1}}{\tan(\psi/2)}$；

(4) $C_1=\dfrac{2R_0\tan(\beta/2)}{\sin\alpha\tan(\psi/2)}$；

(5) $C_0=d_0-C_1$；

(6) $A_k=\dfrac{3d_{k-1}^2-3C_0d_{k-1}+C_0^2}{d_{k-1}^3}$；

(7) $B_k=\dfrac{3d_k^2-3C_0d_k+C_0^2}{d_k^3}$；

(8) $\eta_k=\dfrac{A_k-B_k}{3C_1^3}$；

(9) $F_{mk}=\dfrac{\pi G t_k\tan\alpha\tan(\psi/2)}{32R_0^3\eta_k}$；

(10) $f_k=\dfrac{32R_0^3F_{mk}\eta_k}{\pi G\tan\alpha\tan(\psi/2)}$；

(11) $f_{gk}=\sum\limits_{k=1}^{n}f_k$；

(12) $c_{gk}=\dfrac{F_{mk}}{f_{gk}}$；

(13) $N_{gk}=\dfrac{300}{\sqrt{f_{gk}}}$；

(14) $C_k=\dfrac{2R_k}{d_k}$；

(15) $k_k=\dfrac{4C_k-1}{4C_k-4}+\dfrac{0.615}{C_k}$；

(16) $\tau_{mk}=k_k\dfrac{0.16F_{mk}R_k}{\pi d_k^3}\left(1+\dfrac{d_k}{4R_k}\right)$；

(17) $\sigma_{mk}=1.25\tau_{mk}$；

(18) $S_n=\dfrac{R_n-R_0}{\sin\alpha\tan(\psi/2)}$；

(19) $H=S_n\sin\alpha$；

(20) $M=\dfrac{\pi S_n}{16\ 000}(d_0+d_n)^2\rho$

附表 12 变丝径等螺角上直下锥压缩螺旋弹簧(凸)

$d_0=2\ \text{cm},\beta=0.2^\circ,\alpha=6^\circ,R_0=8\ \text{cm},\psi=6^\circ,n=2\times4=8$

k	R_k/cm	d_k/cm	t_k/cm	S_k/cm	η_k	F_{mk}/N	f_g/cm								f_{gk}/cm	c_{gk}/(N·cm^{-1})	N_{gk}/(次·分$^{-1}$)	C_θ	k_θ	$\tau_{m\theta}$/MPa	$\alpha_{m\theta}$/MPa
							1	2	3	4	5(1)	6(2)	7(3)	8(4)							
1	8	2.176	5.283		0.027 997	14 525	3.195	2.309	1.708	1.292	1.044	0.900	0.780	0.681	11.91	1 220	86.9	7.352	1.197	733.8	917.3
2	8	2.353	5.283		0.020 233	18 988		3.018	2.233	1.688	1.365	1.176	1.019	0.890	14.58	1 302	78.6	6.800	1.220	777.7	972.1
3	8	2.529	5.283		0.014 968	24 167			2.842	2.149	1.737	10 497	1.297	1.133	16.87	1 433	73.0	6.326	1.238	812.9	1 016.1
4	8	2.706	5.283	2.377 8	0.011 317	29 980				2.666	2.155	1.857	1.069	1.405	18.75	1 599	69.3	5.913	1.257	840.5	1 050.6
5(1)	8.282	2.885	5.375	2.140 0	0.000 598 4	35 884					2.580	2.222	1.926	1.682	20.13	1 783	66.9	5.741	1.265	866.8	1 083.5
6(2)	8.573	3.071	5.566	1.935 2	0.000 515 4	41 787						2.588	2.242	1.958	21.09	1 982	65.3	5.583	1.274	874.2	1 092.8
7(3)	8.875	3.263	5.761	1.757 7	0.000 446 6	43 327							2.593	2.265	21.75	2 222	64.3	5.439	1.282	879.9	1 099.9
8(4)	9.188	3.463	5.963	1.602 7	0.000 390 0	55 478								2.600	22.08	2 512	63.8	5.307	1.290	882.7	1 103.3
						232%										106%				20%	

直体部分(等径部分)：

(1) $d_k=d_0+\dfrac{2\pi D\tan(\beta/2)}{\cos\alpha}k$；　(2) $\eta_k=\dfrac{1}{d_{k-1}^3}-\dfrac{1}{d_k^3}$；

(3) $t_k=\pi D\tan\alpha$；　(4) $F_{mk}=\dfrac{3\pi^2G\tan(\beta/2)}{4D\eta_k\cos\alpha}\left[\tan\alpha-\dfrac{d_0}{\pi D}-\dfrac{\tan(\beta/2)}{\cos\alpha}(2k-1)\right]$；

(5) $f_k=\dfrac{4D^2\cos\alpha}{3\pi G\tan(\beta/2)}F_{mk}\eta_k$；　(6) $S_{n1}=\dfrac{\pi Dn_1}{\cos\beta}$

锥体部分(变径部分)：

(1) $R_k=R_0e^{2\pi k\tan\alpha\tan\frac{\psi}{2}}$；

(2) $d_k=d_0+\dfrac{2\tan(\beta/2)}{\sin\alpha\tan(\psi/2)}(R_k-R_0)$(注意：$d_0=d_{n1}$)；

续附表 12

(3) $t_k=\dfrac{R_k-R_{k-1}}{\tan(\psi/2)}$；

(4) $S_{k-1}=\dfrac{3d_{k-1}^2-3C_0d_{k-1}+C_0^2}{d_{k-1}^3}S_k=\dfrac{3d_k^2-3C_0d_k+C_0^2}{d_k^3}$，式中，$C_0=d_0-C_1$，$C_1=\dfrac{2R_0\tan(\beta/2)}{\sin\alpha\tan(\psi/2)}$；

(5) $\eta_k=\dfrac{S_{k-1}-S_k}{3C_1^3}$；

(6) $F_{mk}=\dfrac{\pi G\tan\alpha\tan\dfrac{\psi}{2}}{64R_0^3\eta_k}(2t_k-d_{k-1}-d_k)$；

(7) $f_k=\dfrac{32R_0^3F_{mk}\eta_k}{\pi G\tan\alpha\tan\dfrac{\psi}{2}}$；

(8) $S_{n2}=\dfrac{R_{n2}-R_0}{\sin\alpha\tan\dfrac{\psi}{2}}$

共同部分(整体部分)：

(1) $f_{gk}=\sum_{k=1}^{n}f_k$；

(2) $c_{gk}=\dfrac{F_{mk}}{f_{gk}}$；

(3) $N_{gk}=\dfrac{300}{\sqrt{f_{gk}}}$；

(4) $S_n=S_{n1}+S_{n2}$；

(5) $M=\dfrac{\pi S_n\rho}{16\ 000}(d_0+d_n)^2$；

(6) $\tau_{m\theta}=k_\theta\dfrac{0.16F_{mk}R_\theta}{\pi d_\theta^3}\left(1+\dfrac{d_\theta}{4R_\theta}\right)$，式中，$k_\theta=\dfrac{4C_\theta-1}{4C_\theta-4}+\dfrac{0.615}{C_\theta}$，$C_\theta=\dfrac{2R_\theta}{d_\theta}$；

(7) $\sigma_{m\theta}=1.25\tau_{m\theta}$

注：(1) k 表示弹簧圈数。变丝径弹簧分为上直和下锥两部分，5(1)、6(2)、7(3)、8(4)中 5、6、7、8 为该弹簧总圈数序号，括号内的 1、2、3、4 表示下锥部分第 1、2、3、4 圈。

(2) 282%表示压并整个弹簧所需的力与压并弹簧第一圈所需力的差值与压并弹簧第一圈所需力的比值；

106%表示压并整个弹簧所需的刚度与压并弹簧第一圈所需刚度的差值与压并弹簧第一圈所需刚度的比值；

20%表示压并整个弹簧所需的剪应力与压并弹簧第一圈所需剪应力的差值与压并弹簧第一圈所需剪应力的比值。

附表 13 变丝径等内径组合式压缩螺旋弹簧

示例参数：上体部分 $d_0=2$ cm，$R_0=8$ cm，$\beta=0.5°$，$\alpha=7°$，$n_v=3$；下体部分 $d=3.382\ 3$ cm，$R=8.691\ 1$ cm，$\alpha=7°$，$n_s=3$

k	d_k/cm	R_k/cm	S_k/cm	t_k/cm	η_k	F_{mk}/N	f_k/cm				f_{gk}/cm	R_{gk}/(N·cm^{-1})	N_{gk}/(次·分$^{-1}$)	C_k	k_k	$\tau_{m\theta}$/MPa
							锥体			直体						
							1	2	3							
1	2.448 1	8.224 1	50.966 1	6.257 9	14.907 8	22 085	4.034	2.065	1.173	0.900×3=2.699	9.97	2 215	95	3.359 4	1.500 9	1 017
2	2.908 7	8.454 4	52.393 5	6.433 1	7.632 0	40 154		3.755	2.133	1.636×3=4.908	14.83	2 708	78	2.906 6	1.605 0	1 225
3	3.382 3	8.691 1	53.860 8	6.613 3	4.336 5	65 269			3.468	2.659×3=7.977	19.23	3 393	68	2.569 6	1.717 2	1 407
	3.382 3	8.691 1	54.607 8	6.705 0	1	81 557				3.323×3=9.968	21.23	3 842	65	2.569 6	1.717 2	1 758

锥体、直体共用公式：

(1) $a=d_0-2R_0$；

(2) $b=2R_0$；

(3) $C=\dfrac{\tan\dfrac{\beta}{2}}{\cos\alpha}$；

(4) $d_k=d_0+2R_0(e^{2\pi Ck}-1)$；

(5) $R_k=R_0e^{2\pi Ck}$；

(6) $S_k=\dfrac{R_0}{c}[e^{2\pi Ck}-e^{2\pi C(k-1)}]$；

(7) $t_k=S_k\tan\alpha$；

(8) $\eta_k=\eta_{1k}-\eta_{2k}$；

(9) $\eta_{1k}=\dfrac{3b^2e^{4\pi C(k-1)}+3abe^{2\pi C(k-1)}+a^2}{d_{k-1}^3}$；

(10) $\eta_{2k}=\dfrac{3b^2e^{4\pi Ck}+3abe^{2\pi Ck}+a^2}{d_k^3}$；

(11) $F_{mk}=\dfrac{3\pi CG(2t_k-d_{k-1}-d_k)}{8\eta_k}$；

(12) $f_k=\dfrac{4F_{mk}}{3\pi CG}\eta_k$；

(13) $\tau_{mk}=\dfrac{0.16k_kR_k}{\pi d_k^3}\left(1+\dfrac{d_k}{4R_k}\right)F_{mk}$；

(14) $k_k=\dfrac{4C_k-1}{4C_k-4}+\dfrac{0.615}{C_k}$；

(15) $C_k=\dfrac{R_k}{d_k}$

直体部分专用公式：

(1) $S_k=2\pi R$；

(2) $\eta_k=1$；

(3) $F_{mk}=\dfrac{Gd^4(2\pi R\tan\alpha-d)}{64R^3}$；

(4) $f_k=\dfrac{64F_{mk}R^3}{Gd^4}\eta_k$

附表 14　各种截面形状的扭杆弹簧的设计计算公式

杆的截面形状	极惯性矩 J_p/mm^4	扭转断面系数 Z_t/mm^3	扭转变形角 φ/rad	扭转切应力 τ/MPa	扭角刚度 $T'/(N\cdot mm\cdot rad^{-1})$	载荷作用点刚度 $c/(N\cdot mm^{-1})$	变形能 $U/(N\cdot mm)$
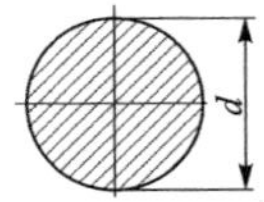	$J_p=\frac{\pi d^4}{32}$	$Z_t=\frac{\pi d^3}{16}$	$\varphi=\frac{32TL}{\pi d^4 G}=\frac{2\tau L}{dG}$	$\tau=\frac{16T}{\pi d^3}=\frac{\varphi dG}{2L}$	$T'=\frac{\pi d^4 G}{32L}$	$c=\frac{\pi d^4 G}{32LR^2}$	$U=\frac{\tau^2 V}{4G}$
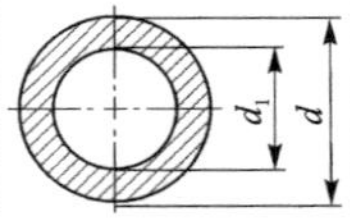	$J_p=\frac{\pi(d^4-d_1^4)}{32}$	$Z_t=\frac{\pi(d^4-d_1^4)}{16d}$	$\varphi=\frac{32TL}{\pi(d^4-d_1^4)G}=\frac{2\tau L}{dG}$	$\tau=\frac{16Td}{\pi(d^4-d_1^4)}=\frac{\varphi dG}{2L}$	$T'=\frac{\pi(d^4-d_1^4)G}{32L}$	$c=\frac{\pi(d^4-d_1^4)G}{32LR^2}$	$U=\frac{\tau^2(d^2+d_1^2)V}{4d^2G}$
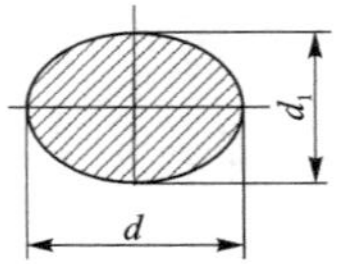	$J_p=\frac{\pi d^3 d_1^3}{16(d^2+d_1^2)}$	$Z_t=\frac{\pi d d_1^2}{16}$	$\varphi=\frac{16TL(d^2+d_1^2)}{\pi d^3 d_1^3 G}=\frac{\tau L(d^2+d_1^2)}{d^2 d_1 G}$	$\tau=\frac{16T}{\pi d d_1^2}=\frac{\varphi d^2 d_1 G}{L(d^2+d_1^2)}$	$T'=\frac{\pi d^3 d_1^3 G}{16L(d^2+d_1^2)}$	$c=\frac{\pi d^3 d_1^3 G}{16LR^2(d^2+d_1^2)}$	$U=\frac{\tau^2(d^2+d_1^2)V}{8d^2G}$
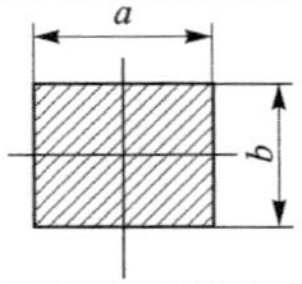	$J_p=k_1 a^3 b$	$Z_t=k_2 a^2 b$	$\varphi=\frac{TL}{k_1 a^3 bG}=\frac{k_2 \tau L}{k_1 aG}$	$\tau=\frac{T}{k_2 a^2 b}=\frac{k_1 \varphi aG}{k_2 L}$	$T'=\frac{k_1 a^3 bG}{L}$	$c=\frac{k_1 a^3 bG}{LR^2}$	$U=\frac{k_2^2}{k_1}\frac{\tau^2 V}{2G}$
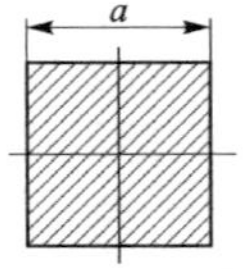	$J_p=0.141a^4$	$Z_t=0.208a^3$	$\varphi=\frac{TL}{0.141a^4 G}=\frac{1.482\tau L}{aG}$	$\tau=\frac{T}{0.208a^3}=\frac{0.675\varphi aG}{L}$	$T'=\frac{0.141a^4 G}{L}$	$c=\frac{0.141a^4 G}{LR^2}$	$U=\frac{\tau^2 V}{6.48G}$
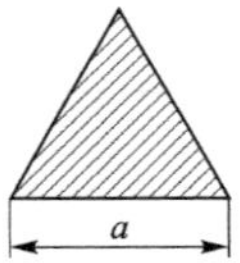	$J_p=0.0216a^4$	$Z_t=0.05a^3$	$\varphi=\frac{TL}{0.216a^4 G}=\frac{2.31\tau L}{aG}$	$\tau=\frac{20T}{a^3}=\frac{0.43\varphi aG}{L}$	$T'=\frac{a^4 G}{46.2L}$	$c=\frac{a^4 G}{46.2LR^2}$	$U=\frac{\tau^2 V}{7.5G}$

注：$\varphi=TL/GJ_p$，$\tau=4T/Z_t$，$T'=T/\varphi$，$C=dF/df$，$U=T\varphi/2$。

参考文献

[1] 彭莫，刁增祥，党潇正. 汽车悬架构件的设计计算[M]. 2版. 北京：机械工业出版社，2020.

[2] 党潇正，彭莫，岳惊涛，等. 汽车车身运动的分析计算[M]. 北京：机械工业出版社，2022.

[3] 李新耀，张印，等. 双横臂扭杆悬架的特性分析及设计方法[J]. 汽车工程，2003，2.

[4] 彭莫. 角刚度与角刚度比[J]. 天津汽车，1981，12.

[5] 彭莫，减振器布置位置的探讨[J]. 天津汽车，1978，12.

[6] 刁增祥，余建新，彭莫. 变丝径等内径压缩螺旋弹簧的计算方法[J]. 汽车工程，2005，4.